영재학교 영재교육원,

를 위한

KB132464

력

초등수학

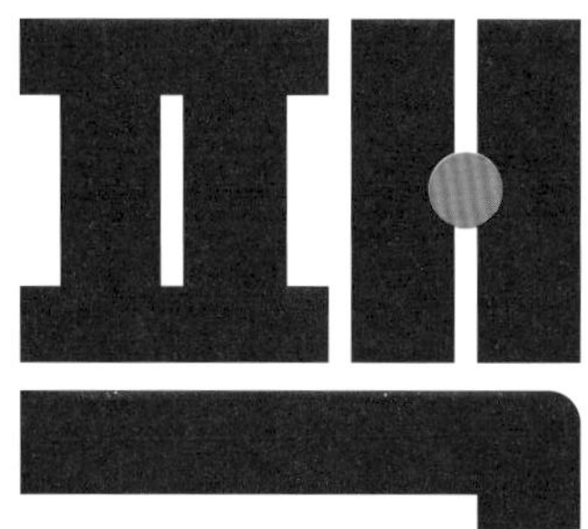

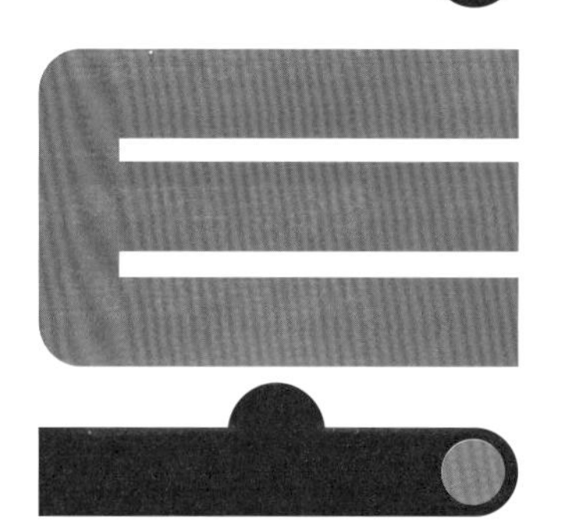

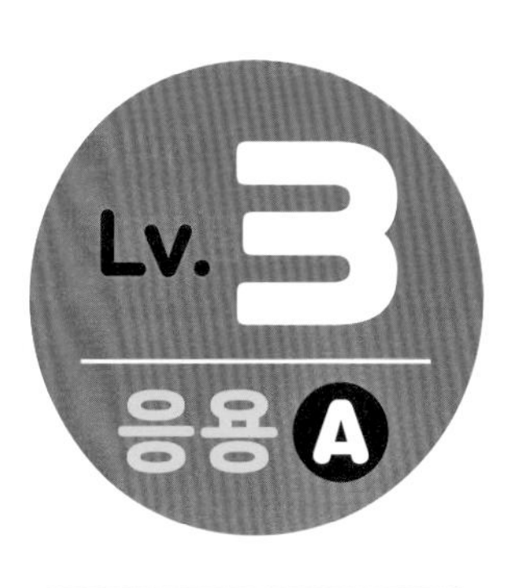

수 · 퍼즐 · 측정

머리말

"

서로 다른 펜토미노 조각 퍼즐을 맞추어
직사각형 모양을 만들어 본 경험이 있는지요?

한참을 고민하여 스스로 완성한 후 느끼는 행복은 꼭 말로 표현하지 않아도 알겠지요.
퍼즐 놀이를 했을 뿐인데, 여러분은 펜토미노 12조각을 어느 사이에 모두 외워버리게 된답니다. 또 보도블록을 보면서 조각 맞추기를 하고, 화장실 바닥과 벽면의 조각들을 보면서 멋진 퍼즐을 스스로 만들기도 한답니다.
이 과정에서 공간에 대한 감각과 또 다른 퍼즐 문제, 도형 맞추기, 도형 나누기 에 대한 자신감도 생기게 되지요. 완성했다는 행복감보다 더 큰 자신감과 수학에 대한 흥미가 생기게 되는 것입니다.

팩토가 만드는 창의사고력 수학은 바로 이런 것입니다.

수학 문제를 한 문제 풀었을 뿐인데, 그 결과는 기대 이상으로 여러분을 행복하게 해줍니다. 학교에서도 친구들과 다른 멋진 방법으로 문제를 해결할 수 있고, 중학생이 되어서는 더 큰 꿈을 이루는 밑거름이 되어 줄 것입니다.
물론 고민하고, 시행착오를 반복하는 것은 퍼즐을 맞추는 것과 같이 여러분들의 몫입니다. 팩토는 여러분에게 생각할 수 있는 기회를 주고, 그 과정에서 포기하지 않도록 여러분들을 도와주는 친구가 되어줄 것입니다.
자 그럼 시작해 볼까요?

"

Contents

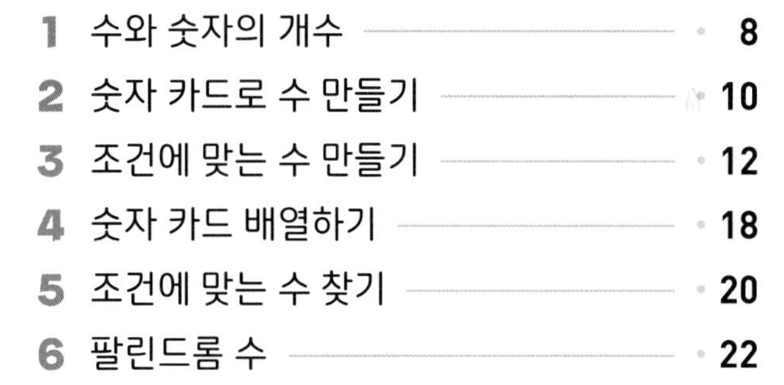

Ⅰ 수

Ⅱ 퍼즐

Ⅲ 측정

구성과 특징

팩토를 공부하기 前 » 진단평가

1. 매스티안 홈페이지 www.mathtian.com의 교재 자료실에서 해당 학년의 진단평가 시험지와 정답지를 다운로드 하여 출력한 후 정해진 시간 안에 풀어 봅니다.
2. 학부모님 또는 선생님이 정답지를 참고하여 채점하고 채점한 결과를 홈페이지에 입력한 후 팩토 교재 추천을 받습니다.

팩토를 공부하는 방법

① 대표 유형 익히기

대표 유형 문제를 해결하는 사고의 흐름을 단계별로 전개하였고, 반복 수행을 통해 효과적으로 유형을 습득할 수 있습니다.

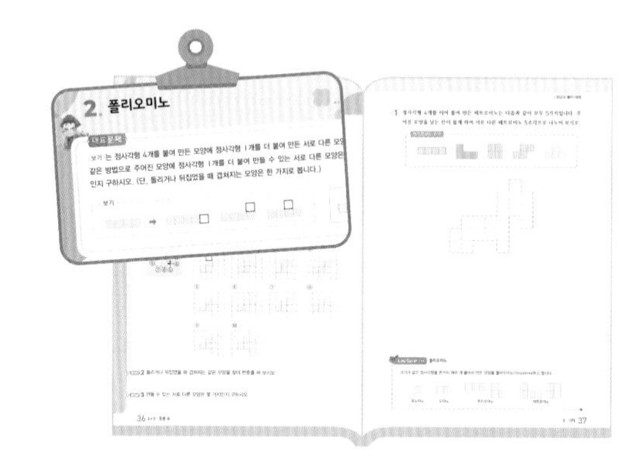

② 실력 키우기

유형별 학습이 가장 놓치기 쉬운 주제 통합형 문제를 수록하여 내실 있는 마무리 학습을 할 수 있습니다.

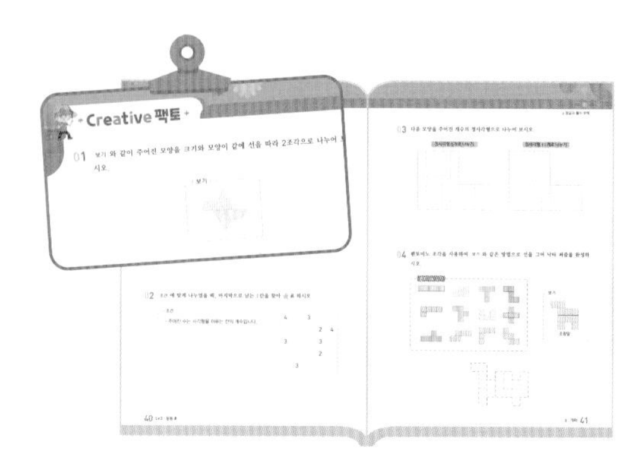

③ 경시대회 대비

각 주제의 대표적인 경시대회 대비, 심화 문제를 담았습니다.

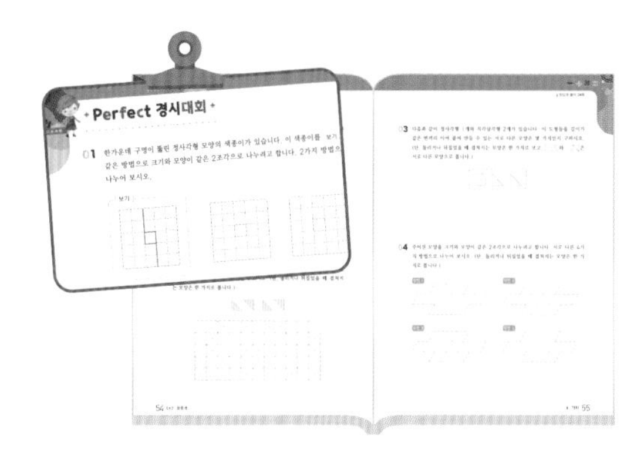

④ 영재교육원 대비

영재교육원 선발 문제인 영재성 검사를 경험할 수 있는 개방형 · 다답형 문제를 담았습니다.

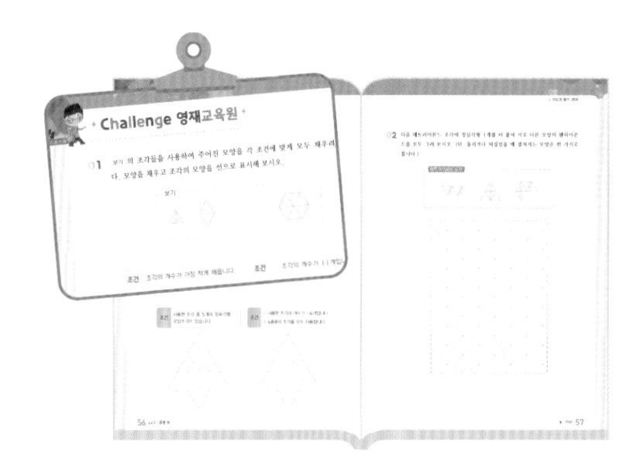

⑤ 명확한 정답 & 친절한 풀이

채점하기 편하게 직관적으로 정답을 구성하였고, 틀린 문제를 이해하거나 다양한 접근을 할 수 있도록 친절하게 풀이를 담았습니다.

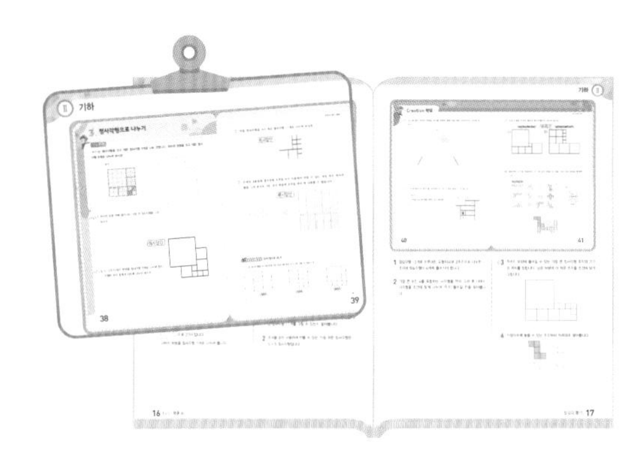

팩토를 공부하고 난 後 » 형성평가·총괄평가

1. 팩토 교재의 부록으로 제공된 형성평가와 총괄평가를 정해진 시간 안에 풀어 봅니다.
2. 학부모님 또는 선생님이 정답지를 참고하여 채점하고 채점한 결과를 매스티안 홈페이지 www.mathtian.com에 입력한 후 학습 성취도와 다음에 공부할 팩토 교재 추천을 받습니다.

I 수

학습 Planner

계획한 대로 공부한 날은 😀에, 공부하지 못한 날은 ☹️에 ◯표 하세요.

공부할 내용	공부할 날짜	확 인
1 수와 숫자의 개수	월 일	😀 ☹️
2 숫자 카드로 수 만들기	월 일	😀 ☹️
3 조건에 맞는 수 만들기	월 일	😀 ☹️
Creative 팩토	월 일	😀 ☹️
4 숫자 카드 배열하기	월 일	😀 ☹️
5 조건에 맞는 수 찾기	월 일	😀 ☹️
6 팔린드롬 수	월 일	😀 ☹️
Creative 팩토	월 일	😀 ☹️
Perfect 경시대회	월 일	😀 ☹️
Challenge 영재교육원	월 일	😀 ☹️

1. 수와 숫자의 개수

대표 문제

민호는 일주일 동안 수학 문제집의 80쪽부터 109쪽까지 공부했습니다. 민호가 공부한 수학 문제집의 쪽수 중 홀수 쪽에 적혀 있는 숫자는 모두 몇 개인지 구해 보시오.

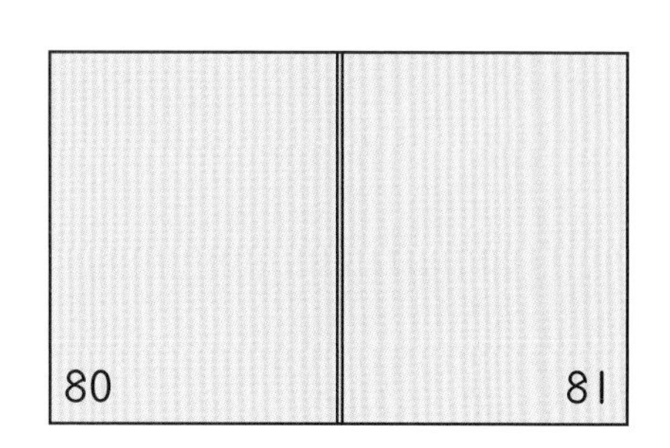

…

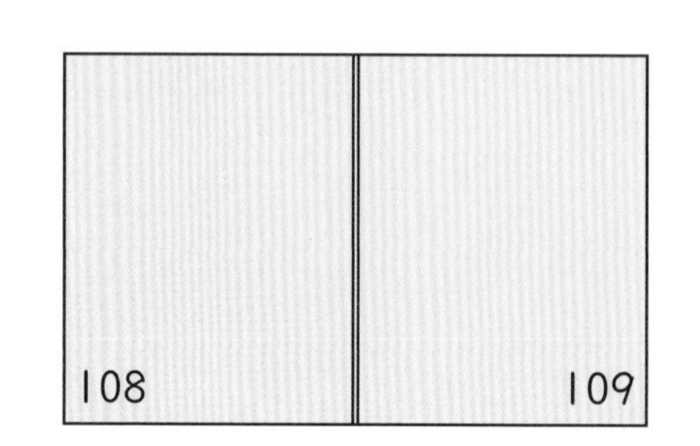

STEP 1 민호가 공부한 수학 문제집의 쪽수 중 두 자리 수는 몇 개이고, 이때 홀수는 몇 개인지 구해 보시오.

STEP 2 STEP 1에서 구한 두 자리 홀수 쪽에 적혀 있는 숫자는 몇 개인지 구해 보시오.

STEP 3 민호가 공부한 수학 문제집의 쪽수 중 세 자리 수는 몇 개이고, 이때 홀수는 몇 개인지 구해 보시오.

STEP 4 STEP 3에서 구한 세 자리 홀수 쪽에 적혀 있는 숫자는 몇 개인지 구해 보시오.

STEP 5 STEP 2와 STEP 4에서 구한 숫자의 개수를 보고 민호가 공부한 수학 문제집의 쪽수 중 홀수 쪽에 적혀 있는 숫자는 모두 몇 개인지 구해 보시오.

01 은우는 공책에 1부터 100까지의 수를 모두 쓴 후 홀수를 모두 지웠습니다. 남아 있는 숫자의 개수를 구해 보시오.

02 0부터 9까지의 숫자 카드로 1부터 125까지의 수를 만들려고 합니다. 숫자 카드 [1]은 몇 장 필요한지 구해 보시오.

[0] [1] [2] [3] [4] [5] [6] [7] [8] [9]

Lecture ··· 수와 숫자의 개수

- ▲부터 ●까지의 수의 개수는 (● − ▲ + 1)개입니다.
- 50부터 99까지의 수 중에서 숫자 6이 쓰인 횟수는 다음과 같습니다.

일의 자리에 나오는 숫자 6	십의 자리에 나오는 숫자 6
56, 66, 76, 86, 96	60, 61, 62, 63, 64, 65, 66, 67, 68, 69

➡

숫자 6이 쓰인 횟수
15번

2. 숫자 카드로 수 만들기

대표 문제

주어진 4장의 숫자 카드 중 3장을 사용하여 세 자리 수를 만들려고 합니다. 만들 수 있는 수 중에서 300에 가장 가까운 수를 구해 보시오.

1 3 2 9

STEP 1 300보다 작은 수 중에서 300에 가장 가까운 수를 만들어 보시오.

STEP 2 300보다 큰 수 중에서 300에 가장 가까운 수를 만들어 보시오.

STEP 3 STEP 1과 STEP 2에서 만든 수와 300의 차를 각각 구한 후, 두 수 중에서 300에 더 가까운 수를 써 보시오.

정답과 풀이 3쪽

01 주어진 4장의 숫자 카드 중 3장을 사용하여 세 자리 수를 만들 때, 만들 수 있는 두 수의 차가 가장 클 때의 두 수를 각각 구해 보시오.

[6] [1] [2] [0]

02 주어진 4장의 숫자 카드 중 3장을 사용하여 만들 수 있는 세 자리 수 중에서 셋째로 큰 수와 셋째로 작은 수의 합을 구해 보시오.

[5] [0] [7] [1]

숫자 카드로 수 만들기

[0], [1], [2] 3장의 숫자 카드를 모두 사용하여 다음과 같은 세 자리 수를 만들 수 있습니다.

백의 자리	십의 자리	일의 자리		세 자리 수
1	0	2	➡	102 (가장 작은 수)
	2	0	➡	120 (둘째로 작은 수)
2	0	1	➡	201 (둘째로 큰 수)
	1	0	➡	210 (가장 큰 수)

3. 조건에 맞는 수 만들기

대표 문제

주어진 5장의 숫자 카드를 모두 사용하여 조건 에 맞는 두 자리 수와 세 자리 수를 각각 1개씩을 만들려고 합니다. 만들 수 있는 두 수의 쌍을 모두 구해 보시오. 온라인 활동지

1 2 3 4 5

조건

① 두 수는 200보다 작습니다.
② 두 수는 짝수입니다.

STEP 1 200보다 작은 세 자리 수의 백의 자리에 들어갈 수 있는 숫자를 찾아 써 보시오.

STEP 2 만들려고 하는 두 수는 모두 짝수입니다. 일의 자리에 들어갈 수 있는 숫자를 모두 찾아 써 보시오.

STEP 3 STEP 1과 STEP 2에서 사용하고 남은 숫자 카드의 숫자를 십의 자리에 넣어 만들 수 있는 두 자리 수와 세 자리 수의 쌍을 모두 찾아 써 보시오.

정답과 풀이 4쪽

01 주어진 4장의 숫자 카드 중 3장을 사용하여 세 자리 수를 만들려고 합니다. |조건|에 맞는 수는 모두 몇 개 만들 수 있는지 구해 보시오. 온라인 활동지

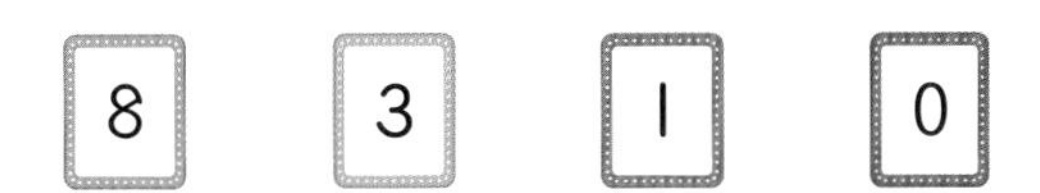

조건
① 600보다 작은 짝수입니다.
② 십의 자리 숫자와 일의 자리 숫자를 바꾸어도 짝수가 됩니다.

02 1, 1, 2, 2, 3, 3의 숫자가 적혀 있는 주사위를 3번 던져 나온 숫자를 순서대로 써서 세 자리 수를 만들려고 합니다. 만들 수 있는 수 중에서 300보다 큰 홀수는 모두 몇 개인지 구해 보시오.

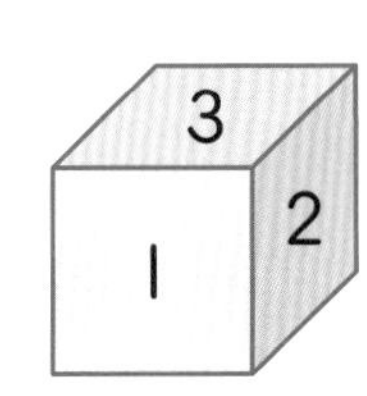

Lecture ··· 조건에 맞는 수 만들기

3장의 숫자 카드 중 2장을 사용하여 40보다 큰 짝수를 만드는 방법은 다음과 같습니다.

STEP1
40보다 큰 수를 만들 수 없는 카드와
짝수를 만들 수 없는 카드에 ×표 하기
십
일
2
2
6
6
9
9
STEP2
나뭇가지 그림을 그려 수를 만들기
십
일
6
2
62
9
2
92
6
96

Creative 팩토

01 50부터 130까지의 수에 들어 있는 숫자는 모두 몇 개인지 구해 보시오.

먼저 50부터 130까지의 수 중 두 자리 수와 세 자리 수의 개수를 각각 구해 봅니다.

02 7개의 공이 들어 있는 주머니에서 공을 3개 꺼내 세 자리 수를 만들려고 합니다. 만들 수 있는 세 자리 수 중에서 550에 가장 가까운 수를 구해 보시오.

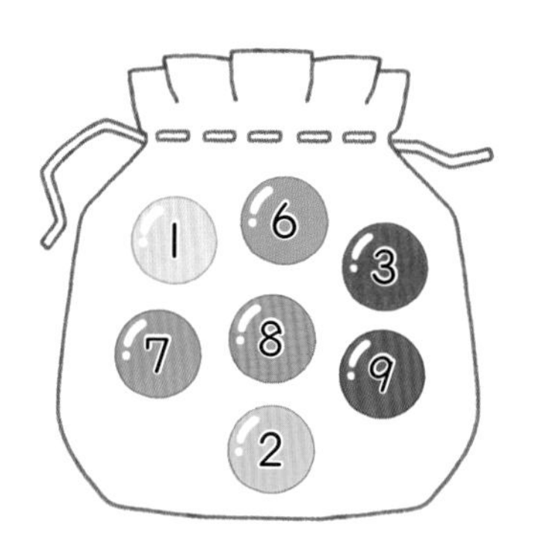

정답과 풀이 5쪽

03 각 자리의 숫자 룰렛을 돌려서 세 자리 수를 만든 것입니다. 물음에 답해 보시오.

(1) 숫자 룰렛으로 만들 수 있는 가장 큰 수와 가장 작은 수의 차를 구해 보시오.

(2) 숫자 룰렛으로 만들 수 있는 400보다 큰 홀수를 모두 구해 보시오.

04 [1]부터 [9]까지의 숫자 카드로 1부터 111까지의 수를 만들려고 합니다. 숫자 카드 [1]은 모두 몇 장 필요한지 구해 보시오.

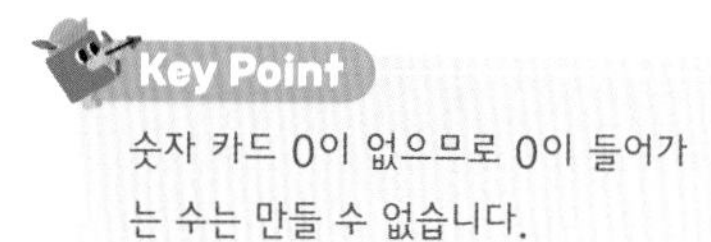

Key Point
숫자 카드 0이 없으므로 0이 들어가는 수는 만들 수 없습니다.

05 주어진 3장의 숫자 카드를 모두 사용하여 만들 수 있는 세 자리 짝수 중에서 둘째로 큰 수와 둘째로 작은 수의 차를 구해 보시오. 온라인 활동지

[4] [1] [8]

> 정답과 풀이 6쪽

06 서로 다른 숫자가 적혀 있는 5장의 숫자 카드가 뒤집혀져 있습니다. 이 숫자 카드 중 3장을 사용하여 세 자리 수를 만들었습니다. 물음에 답해 보시오.

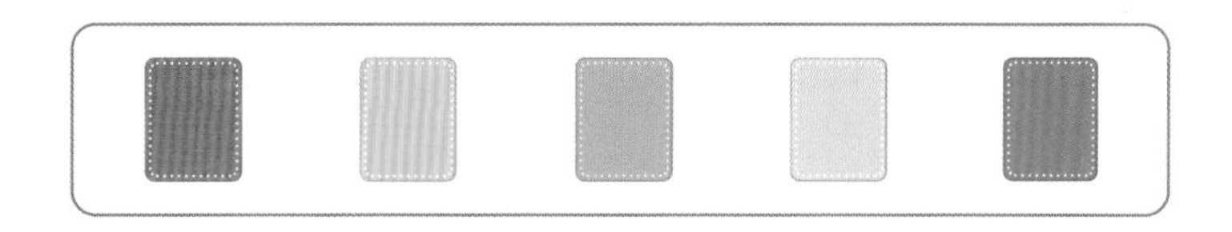

(1) 만들 수 있는 세 자리 수 중에서 가장 큰 수는 432입니다. 5장의 카드에 적힌 숫자를 모두 구해 보시오.

(2) 이 카드로 만들 수 있는 세 자리 수 중에서 셋째로 작은 수를 구해 보시오.

(3) 이 카드로 만들 수 있는 세 자리 수 중에서 300에 가장 가까운 수를 구해 보시오.

4. 숫자 카드 배열하기

대표 문제

주어진 6장의 수 카드를 모두 사용하여 조건 에 맞게 수 카드를 놓아 보시오. 온라인 활동지

1 1 2 2 3 3

조건

① 위에 있는 세 수의 합과 아래에 있는 세 수의 합이 같습니다.
② 선으로 연결되어 있는 위아래의 두 수의 합이 모두 같습니다.
③ 위에 있는 세 수는 오른쪽으로 갈수록 커집니다.

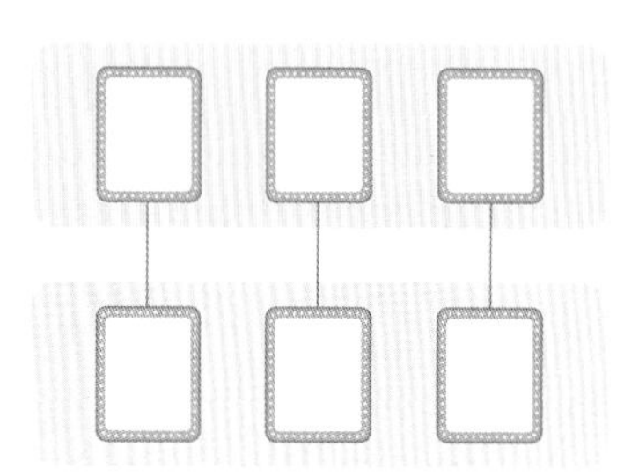

STEP 1 위에 있는 세 수의 합과 아래에 있는 세 수의 합이 같도록 수를 3개씩 나누어 보시오.

STEP 2 선으로 연결된 위아래 두 수의 합이 모두 같으려면 어떤 수끼리 연결되어야 하는지 수를 2개씩 나누어 보시오.

STEP 3 STEP 2를 이용하여 위에 있는 세 수가 오른쪽으로 갈수록 커지도록 □ 안에 알맞은 수를 써넣으시오.

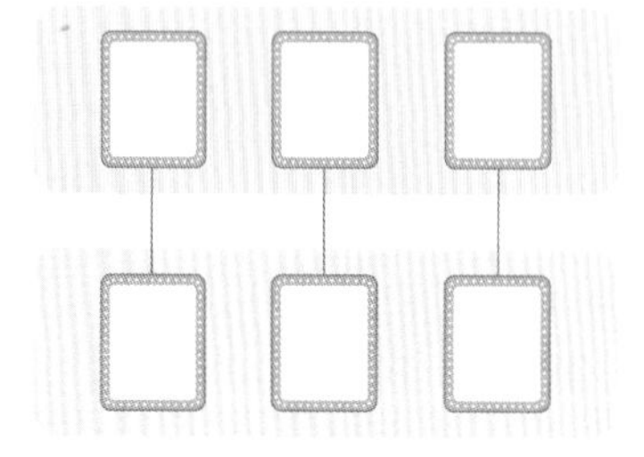

› 정답과 풀이 7쪽

01 주어진 5장의 숫자 카드를 모두 사용하여 같은 수가 이웃하지 않게 놓아 가장 작은 수를 만들어 보시오. 온라인 활동지

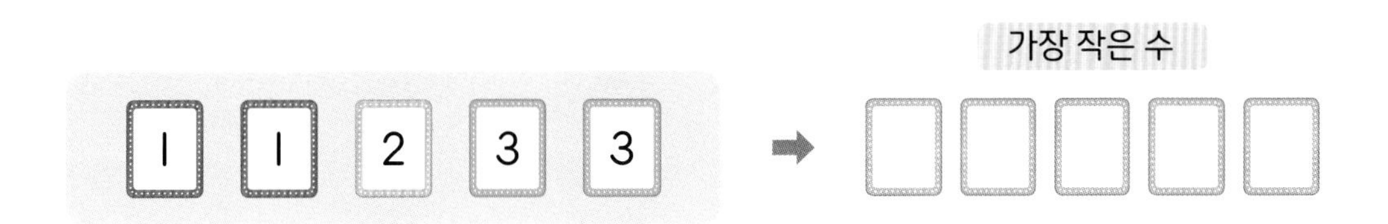

02 1, 2, 3이 적힌 도미노가 각각 2개씩 있습니다. 이 도미노를 조건 에 맞게 앞뒤로 나란히 세운 후 가장 앞에 있는 도미노를 밀어서 넘어뜨렸을 때, 쓰러진 도미노에 적힌 수를 위에서부터 차례로 써 보시오. 온라인 활동지

조건

① 1과 1 사이에 있는 수의 합은 6입니다.
② 2와 3 사이에는 1만 올 수 있습니다.

1

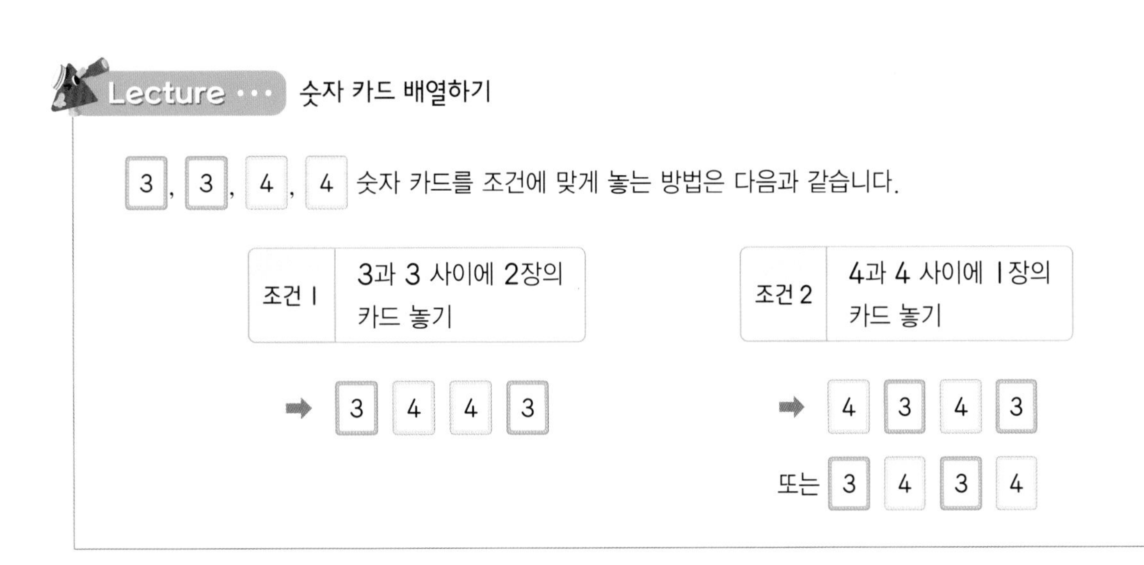

Lecture ··· 숫자 카드 배열하기

3, 3, 4, 4 숫자 카드를 조건에 맞게 놓는 방법은 다음과 같습니다.

조건 1	3과 3 사이에 2장의 카드 놓기

➡ 3 4 4 3

조건 2	4과 4 사이에 1장의 카드 놓기

➡ 4 3 4 3

또는 3 4 3 4

5. 조건에 맞는 수

대표 문제

생년월일이 1964년 10월 24일인 김정식 씨는 은행에서 통장을 새로 만들려고 합니다. 은행에 적혀 있는 다음과 같은 글을 보고, 김정식 씨가 사용할 수 있는 통장 비밀번호를 모두 구해 보시오.

통장 비밀번호 만드는 방법

① 세 자리 수로 만들어야 합니다.
② 자신의 생년월일에 들어 있는 숫자는 사용할 수 없습니다.
③ 일의 자리 수는 십의 자리 수보다 커야 하고, 십의 자리 수는 백의 자리 수보다 커야 합니다.

– 팩토 은행 –

STEP 1 생년월일에 들어 있는 숫자를 빼고 사용할 수 있는 숫자를 모두 찾아 써 보시오.

STEP 2 STEP 1에서 구한 숫자를 사용하여 주어진 통장 비밀번호 만드는 방법에 따라 만들 수 있는 통장 비밀번호를 모두 구해 보시오.

› 정답과 풀이 8쪽

01 다음 |조건|에 맞는 수를 구해 보시오.

조건
① 300보다 크고 400보다 작은 세 자리 수입니다.
② 일의 자리 수는 백의 자리 수보다 작은 홀수입니다.
③ 각 자리 수의 합이 10입니다.

02 민규와 수지가 200개의 구슬을 나누어 가졌습니다. 민규가 한 말을 보고, 수지가 가진 구슬의 개수를 구해 보시오.

민규
난 수지보다 구슬을 더 많이 가지고 있어. 내가 가진 구슬 개수의 십의 자리 수를 6으로 나누면 나누어떨어지고 몫은 구슬 수의 일의 자리 수와 같아.

Lecture ··· 조건에 맞는 수

100부터 200까지의 세 자리 수 중에서 다음과 같은 조건에 맞는 수를 찾아볼 수 있습니다.

조건	내용		수
조건 1	각 자리 숫자들이 같은 수	➡	111
조건 2	십의 자리 숫자가 5인 홀수	➡	151, 153, 155, 157, 159
조건 3	각 자리 수의 합이 3인 수	➡	102, 111, 120

6. 팔린드롬 수

대표 문제

|보기|와 같이 바로 읽으나 거꾸로 읽으나 같은 수를 팔린드롬 수라고 합니다.

보기

바로 읽기 → 242

242

242 ← 거꾸로 읽기

다음 |조건|을 만족하는 수를 모두 구해 보시오.

조건

① 세 자리 팔린드롬 수입니다.

② 각 자리 수의 합이 9입니다.

STEP 1 각 자리 수의 합이 9인 것을 생각하며 일의 자리와 백의 자리에 들어갈 수 있는 숫자를 모두 찾아 빈칸에 써넣으시오.

백의 자리	십의 자리	일의 자리

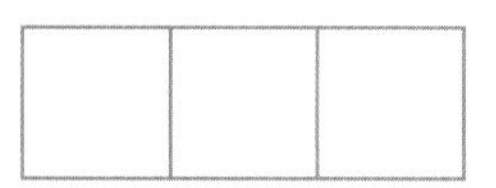

STEP 2 각 자리 수의 합이 9가 되도록 십의 자리에 알맞은 수를 찾아 조건에 만족하는 수를 모두 구해 보시오.

정답과 풀이 9쪽

1 50부터 150까지의 수 중에서 팔린드롬 수는 모두 몇 개인지 구해 보시오.

2 보기 와 같이 시각을 수로 나타낼 수 있습니다. 오전 3시와 오전 4시 사이의 몇 시 몇 분의 시각을 보기 와 같이 나타낼 때, 그 수가 팔린드롬 수가 되는 경우는 모두 몇 번인지 구해 보시오.

보기

1시 ➡ 100　　2시 5분 ➡ 205　　3시 21분 ➡ 321

팔린드롬 수

앞에서부터 바로 읽어도, 뒤에서부터 거꾸로 읽어도 같은 수를 팔린드롬 수라고 합니다.

바로 읽기 →	수	← 거꾸로 읽기
55	55	55
242	242	242
1331	1331	1331

Creative 팩토

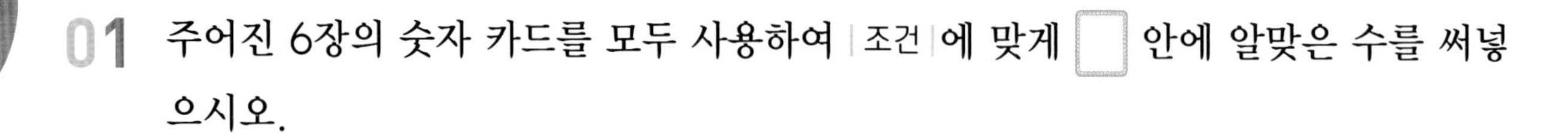

01 주어진 6장의 숫자 카드를 모두 사용하여 조건 에 맞게 □ 안에 알맞은 수를 써넣으시오.

1	1
2	2
3	3

조건

① 1의 오른쪽에는 항상 3이 붙어 있습니다.

② 3의 오른쪽에는 항상 2가 붙어 있습니다.

□ □ □ □ □ □

02 주어진 6장의 수 카드를 모두 사용하여 조건 에 맞게 빈 카드에 알맞은 수를 써넣으시오.

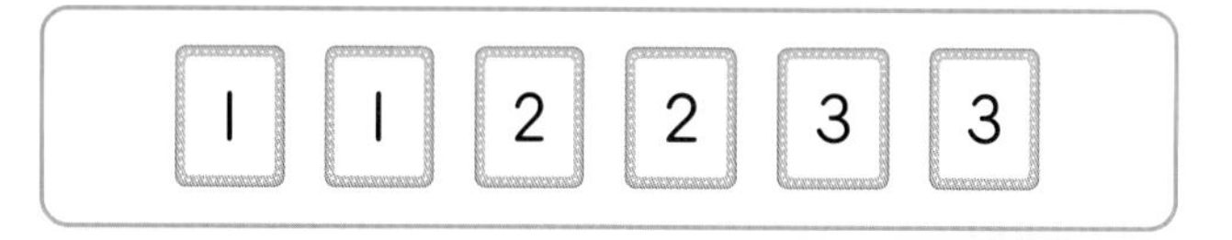

조건

① 같은 색깔 카드에 있는 수끼리 더한 값은 모두 같습니다.

② 같은 기호는 같은 수를, 다른 기호는 다른 수를 나타냅니다.

정답과 풀이 10쪽

03 다음 조건 에 맞는 수를 모두 구해 보시오.

조건

① 200보다 작은 세 자리 수입니다.
② 일의 자리 수와 십의 자리 수의 합이 8입니다.
③ 일의 자리 수와 십의 자리 수의 곱이 홀수입니다.

두 수가 모두 홀수이면 두 수의 곱도 홀수입니다.

04 다음과 같은 모양을 수 배열표 위에 겹쳐서 찾을 수 있는 세 자리 팰린드롬 수를 모두 찾아 써 보시오.

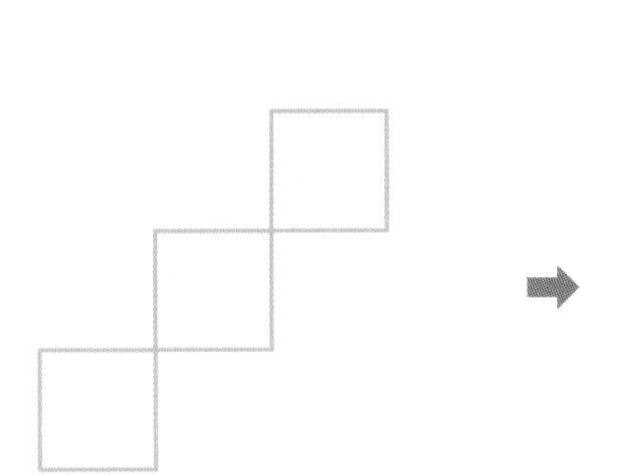

➡

3	8	2	1	4
8	0	7	2	5
2	3	4	5	9
7	9	5	8	1
4	1	6	6	1

05 다음과 같이 12시 34분을 나타내는 전자시계를 보고 물음에 답해 보시오.

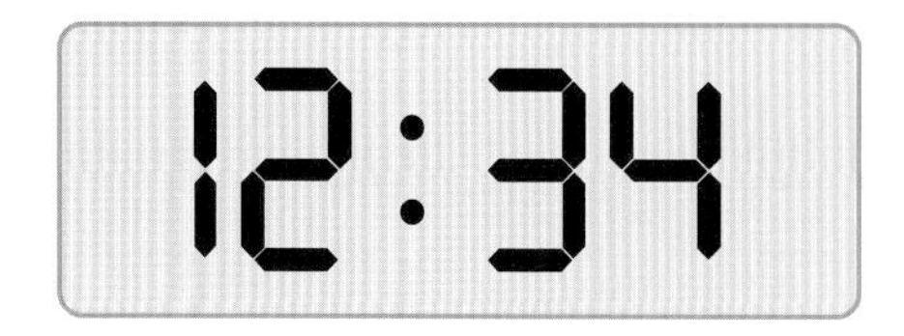

(1) 오전 10시부터 오전 11시까지 매분마다 전자시계에 표시되는 숫자 2는 모두 몇 개인지 구해 보시오.

(2) 전자시계의 몇 시 몇 분의 시각을 다음과 같이 나타낼 때, 오전 9시부터 낮 12시까지 세 자리 또는 네 자리 팰린드롬 수가 되는 경우는 모두 몇 번인지 구해 보시오.

04 : 02 ➡ 402	05 : 11 ➡ 511
10 : 00 ➡ 1000	11 : 45 ➡ 1145

9시부터 9시 59분까지는 세 자리 팰린드롬 수로 표시됩니다.

정답과 풀이 11쪽

06 **민혁이와 지수는 주말에 함께 연극을 보러 극장에 갔습니다. 매표소에는 이미 많은 사람들이 줄을 서 있어서 번호표를 받아 공원에서 기다리다 순서가 되면 표를 사서 들어가기로 했습니다. 물음에 답해 보시오.**

(1) 민혁이가 받은 번호표에 적힌 수는 다음을 만족합니다. 민혁이는 극장에 몇째 번으로 들어갈 수 있는지 구해 보시오.

조건

① 200보다 작은 세 자리 홀수입니다.

② 5로 나누어떨어집니다.

③ 숫자 0이 들어가는 수입니다.

(2) 지수는 민혁이의 바로 다음 번호표를 받았습니다. 1분 동안 5명이 표를 사서 극장에 들어간다면, 지수가 극장에 들어가는 것은 사람들이 표를 사기 시작한 시각에서 몇 분 후인지 구해 보시오.

Perfect 경시대회

01 주어진 10가지 종류의 숫자 카드를 여러 장 사용하여 1부터 200까지의 수를 만들려고 합니다. 숫자 카드 [2] 는 모두 몇 장 필요한지 구해 보시오.

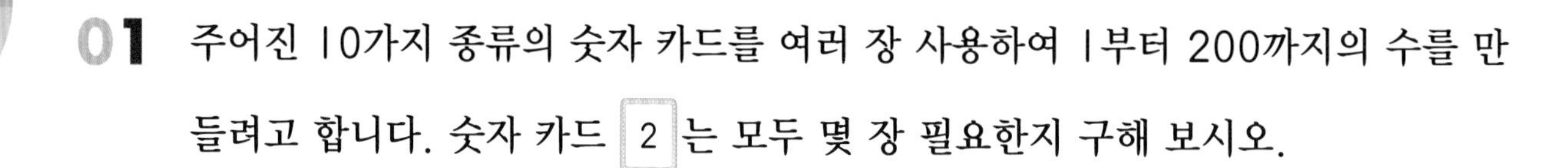

02 주어진 6장의 숫자 카드를 조건 에 맞게 놓을 수 있는 방법 2가지를 찾아 써 보시오. 온라인 활동지

[1] [1] [2] [2] [3] [3]

조건

① 같은 숫자 카드는 이웃하지 않습니다.

② 가장 왼쪽의 숫자 카드를 오른쪽 끝으로 옮겨 놓으면 숫자 카드 [3] 끼리 이웃하게 됩니다.

방법1 [ ] [ ] [ ] [ ] [ ] [ ]

방법2 [ ] [ ] [ ] [ ] [ ] [ ]

정답과 풀이 12쪽

03 수가 일정한 규칙으로 나열되어 있는 것을 수열이라고 합니다. 다음 수열을 첫째 번 수부터 열째 번 수까지 쓸 때, 가장 많이 쓰인 숫자는 무엇인지 구해 보시오.

1 — 2 — 4 — 8 — 16 — ⋯

04 백현이네 학교의 3학년은 4개의 반으로 각 반에는 25명의 학생이 있습니다. 각 반마다 키가 작은 순서대로 1번부터 25번까지의 번호를 붙입니다. 다음과 같은 방법으로 학생들의 이름 앞에 번호를 붙일 때, 3학년 학생 중에서 번호가 팰린드롬 수인 학생은 모두 몇 명인지 구해 보시오.

3학년 1반에서 키가 셋째로 작은 학생 ➡ 313
3학년 3반에서 키가 열넷째로 작은 학생 ➡ 3314

* Challenge 영재교육원 *

01 다음 수들을 보기 와 같이 2개의 모둠으로 나누고, 나눈 기준을 써 보시오.

12　31　304　414　2008　5115

보기

나눈 기준　홀수와 짝수

31, 5115　12, 304, 414, 2008

나눈 기준

나눈 기준

나눈 기준

정답과 풀이 13쪽

02 다음과 같은 방법으로 선을 따라 아래로 내려가는 것을 사다리 게임이라고 합니다.

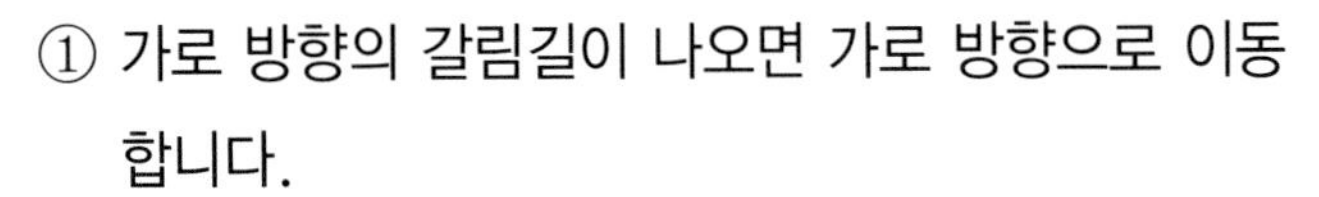

① 가로 방향의 갈림길이 나오면 가로 방향으로 이동합니다.

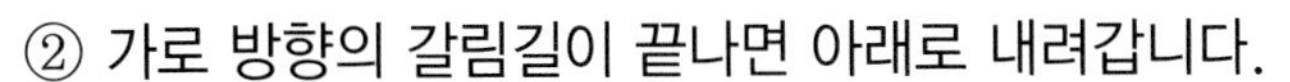

② 가로 방향의 갈림길이 끝나면 아래로 내려갑니다.

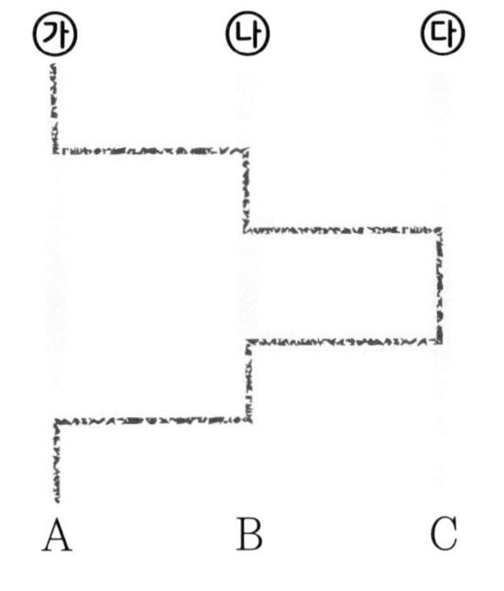

1부터 6까지의 수가 적혀 있는 6장의 수 카드를 다음 사다리 게임의 빈칸에 놓으려고 합니다. 연결되는 3개의 수를 위에서부터 백의 자리, 십의 자리, 일의 자리 순서로 놓아 세 자리 수를 만들 때, 만들어진 2개의 수가 조건 을 모두 만족하도록 □ 안에 알맞은 수를 써넣으시오.

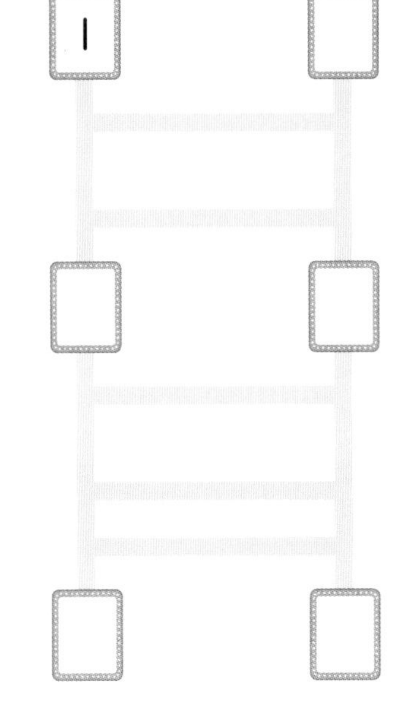

조건

① 일의 자리 수는 3으로 나누어떨어집니다.

② 백의 자리 수와 십의 자리 수의 차는 3입니다.

③ 십의 자리 수와 일의 자리 수의 차는 2입니다.

Ⅱ

퍼즐

학습 Planner

계획한 대로 공부한 날은 😀에, 공부하지 못한 날은 😟에 ◯표 하세요.

공부할 내용	공부할 날짜	확 인
1 노노그램	월 일	😀 | 😟
2 길 찾기 퍼즐	월 일	😀 | 😟
3 스도쿠	월 일	😀 | 😟
Creative 팩토	월 일	😀 | 😟
4 폭탄 찾기 퍼즐	월 일	😀 | 😟
5 가쿠로 퍼즐	월 일	😀 | 😟
6 화살표 퍼즐	월 일	😀 | 😟
Creative 팩토	월 일	😀 | 😟
Perfect 경시대회	월 일	😀 | 😟
Challenge 영재교육원	월 일	😀 | 😟

1. 노노그램

대표 문제

노노그램의 규칙 에 따라 빈칸을 알맞게 색칠해 보시오.

규칙

① 위에 있는 수는 세로줄에 연속하여 색칠된 칸의 수를 나타냅니다.

② 왼쪽에 있는 수는 가로줄에 연속하여 색칠된 칸의 수를 나타냅니다.

③ 연속하는 수 사이에는 빈칸이 있어야 합니다.

	1	1 3	2 1	1 2	3
3					
1					
1 1					
4					
2 2					

STEP 1 1/3, 2 2 가 쓰인 줄을 알맞게 색칠하고, 띄어진 칸에 ×표 하시오.

STEP 2 1 이 쓰인 줄은 색칠된 1칸 이외의 칸을 색칠할 수 없습니다. 색칠할 수 없는 칸에 ×표 하시오.

	1	1 3	2 1	1 2	3
3					
1					
1 1					
4					
2 2					

STEP 3 나머지 칸을 알맞게 색칠해 보시오.

01 노노그램의 |규칙|에 따라 빈칸을 알맞게 색칠해 보시오.

규칙

① 위에 있는 수는 세로줄에 연속하여 색칠된 칸의 수를 나타냅니다.
② 왼쪽에 있는 수는 가로줄에 연속하여 색칠된 칸의 수를 나타냅니다.
③ 연속하는 수 사이에는 빈칸이 있어야 합니다.

도전 ① ★★

	1 2	1 4	3 2	2	2 3	1
3 1						
1 1						
2						
1 1						
5						
6						

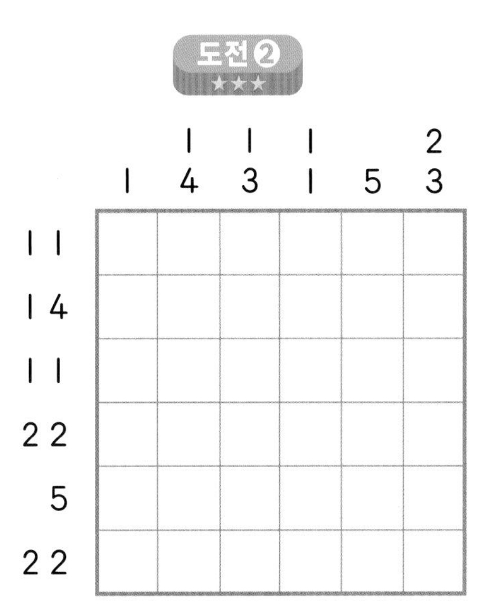

노노그램의 규칙

① 위에 있는 수는 세로줄에 연속하여 색칠된 칸의 수를 나타냅니다.
② 왼쪽에 있는 수는 가로줄에 연속하여 색칠된 칸의 수를 나타냅니다.
③ 연속하는 수 사이에는 빈칸이 있어야 합니다.

2. 길 찾기 퍼즐

대표 문제

길 찾기 퍼즐의 | 규칙 |에 따라 두더지가 집까지 가는 길을 그려 보시오.

| 규칙 |

① ○ 안의 수는 두더지가 집으로 갈 때 지나가는 칸의 수입니다.
② 두더지는 가로나 세로로만 갈 수 있습니다.
③ 한 번 지난 칸은 다시 지날 수 없고, 서로 다른 두더지는 같은 칸을 지날 수 없습니다.

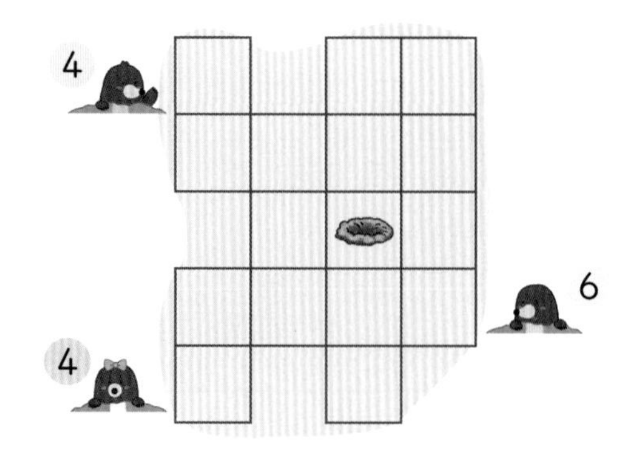

STEP 1 왼쪽 두더지가 4 칸을 지나 집까지 가는 방법 2가지를 찾아 그려 보시오.

방법1

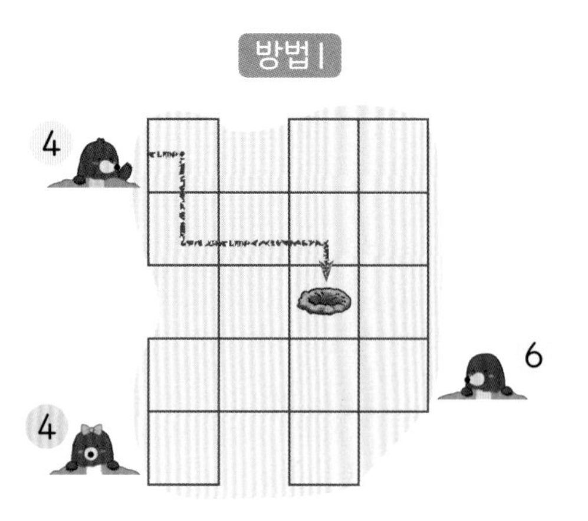

방법2

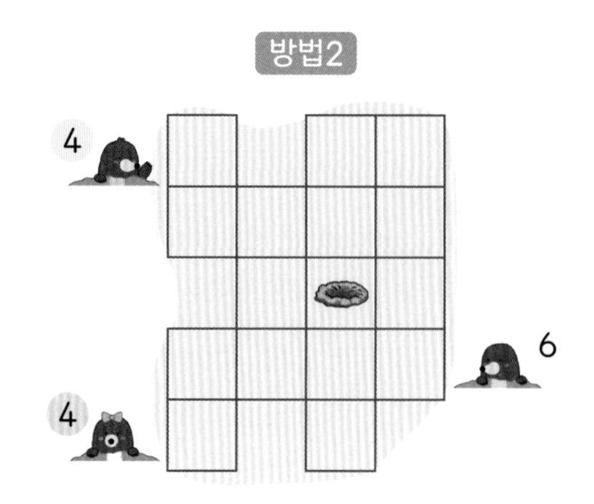

STEP 2 STEP1의 방법1 에서 | 규칙 |에 맞게 4 와 6 두더지가 집까지 가는 길을 그릴 수 있는지 알아보시오.

STEP 3 STEP1의 방법2 에서 | 규칙 |에 맞게 4 와 6 두더지가 집까지 가는 길을 그릴 수 있는지 알아보시오.

› 정답과 풀이 15쪽

01 길 찾기 퍼즐의 규칙 에 따라 두더지가 집까지 가는 길을 그려 보시오.

규칙

① ◯ 안의 수는 두더지가 집으로 갈 때 지나가는 칸의 수입니다.
② 두더지는 가로나 세로로만 갈 수 있습니다.
③ 한 번 지난 칸은 다시 지날 수 없고, 서로 다른 두더지는 같은 칸을 지날 수 없습니다.

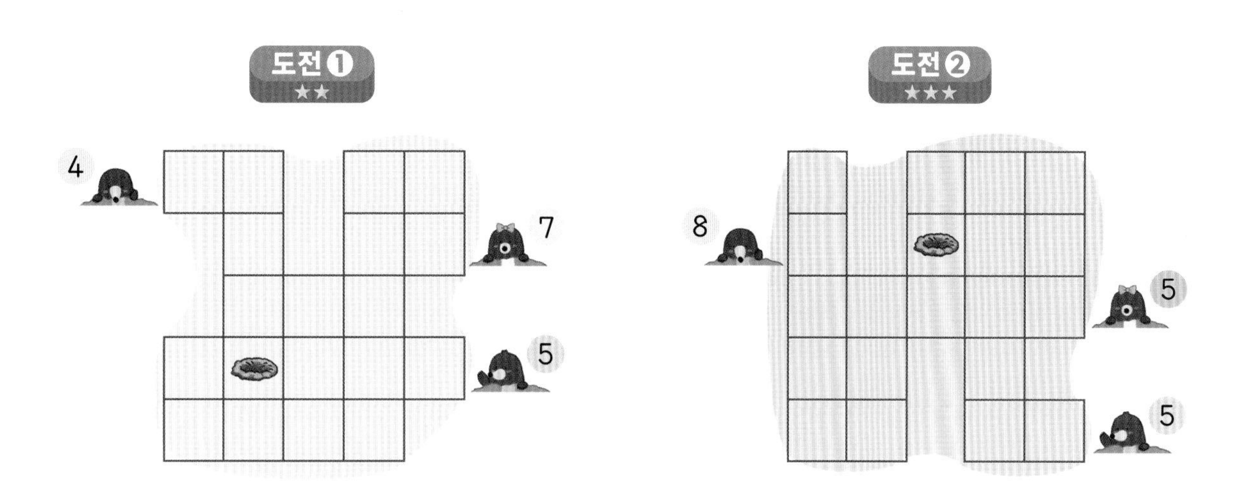

Lecture ··· 길 찾기 퍼즐의 규칙

① ◯ 안의 수는 두더지가 집으로 갈 때 지나가는 칸의 수입니다.
② 두더지는 가로나 세로로만 갈 수 있습니다.
③ 한 번 지난 칸은 다시 지날 수 없고, 서로 다른 두더지는 같은 칸을 지날 수 없습니다.

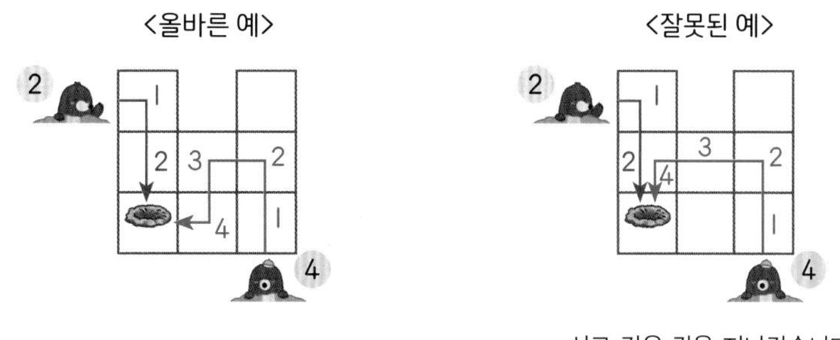

서로 같은 칸을 지나갔습니다.

3. 스도쿠

대표 문제

스도쿠의 규칙 에 따라 빈칸에 알맞은 수를 써넣으시오.

규칙

① 가로줄과 세로줄의 각 칸에 주어진 수가 한 번씩만 들어갑니다.
② 굵은 선으로 나누어진 부분의 각 칸에 주어진 수가 한 번씩만 들어갑니다.

1, 2, 3, 4

	2		4
	1		
		4	2
			1

STEP 1 ⊞에서 빠진 수를 찾아 ▒ 안에 알맞은 수를 써넣으시오.

STEP 2 세로줄에서 빠진 수를 찾아 ▒ 안에 알맞은 수를 써넣으시오.

	2		4
	1		
		4	2
			1

STEP 3 가로줄과 세로줄에서 빠진 수를 찾아 ▒ 안에 알맞은 수를 써넣으시오.

STEP 4 나머지 칸에 알맞은 수를 써넣으시오.

01 스도쿠의 규칙 에 따라 빈칸에 알맞은 수를 써넣으시오.

규칙

① 가로줄과 세로줄의 각 칸에 주어진 수가 한 번씩만 들어갑니다.

② 굵은 선으로 나누어진 부분의 각 칸에 주어진 수가 한 번씩만 들어갑니다.

1, 2, 3, 4, 5, 6

3		6	1	2	4
4			5		
6		5		4	1
	3	4		5	
	4	1	6		
5	6	3		1	2

1, 2, 3, 4, 5, 6

1	3	4	2	5	
	6		3		1
3		5	1	6	
6	2		5		4
			4		3
	1			2	

스도쿠의 규칙

① 가로줄의 각 칸에 주어진 수가 한 번씩만 들어갑니다.

1, 2, 3, 4

1	3	2	4
4	2	3	1
2	1	4	3
3	4	1	2

1, 2, 3, 4 중 3 빠짐

② 세로줄의 각 칸에 주어진 수가 한 번씩만 들어갑니다.

1, 2, 3, 4

1	2	4	3
4	3	1	2
3	4	2	1
2	1	3	4

1, 2, 3, 4 중 2 빠짐

③ 굵은 선으로 나누어진 부분의 각 칸에 주어진 수가 한 번씩만 들어갑니다.

1, 2, 3, 4

2	3	1	4
4	1	3	2
1	2	4	3
3	4	2	1

⊞ 안에 1, 2, 3, 4 중 3 빠짐

Creative 팩토

01 스도쿠의 규칙 에 따라 빈칸에 알맞은 수를 써넣으시오.

규칙

① 가로줄과 세로줄의 각 칸에 주어진 수가 한 번씩만 들어갑니다.

② 굵은 선으로 나누어진 부분의 각 칸에 주어진 수가 한 번씩만 들어갑니다.

1, 2, 3, 4, 5

2	5			
	3	4		5
	1		4	
5		2	3	1
	2	1		3

02 규칙 에 따라 낚싯대와 물고기를 연결하는 선을 그려 보시오.

규칙

① ◯ 안의 수는 낚싯줄이 물고기와 연결될 때 지나가는 칸의 수입니다.

② 각 낚싯대는 서로 다른 물고기 한 마리와 연결됩니다.

③ 낚싯줄은 가로나 세로로만 갈 수 있으며 물풀이 있는 곳은 갈 수 없습니다.

④ 한 번 지난 칸은 다시 지날 수 없고, 서로 다른 낚싯대는 같은 칸을 지날 수 없습니다.

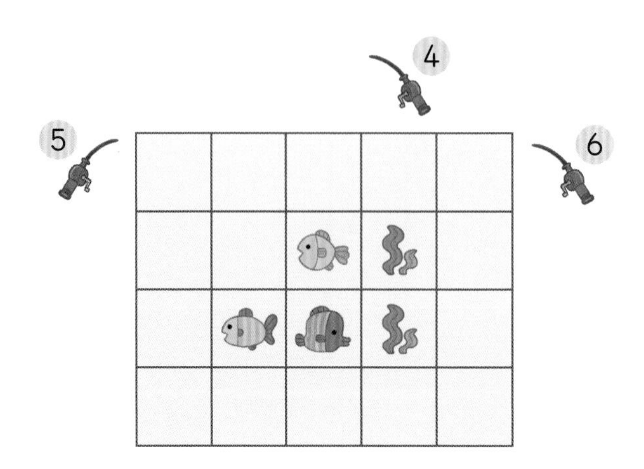

정답과 풀이 17쪽

03 규칙 에 따라 빈칸을 알맞게 색칠해 보시오.

규칙

① 위와 왼쪽에 있는 수는 각각 세로줄과 가로줄에 연속하여 색칠된 칸의 수를 나타냅니다.

② 연속하는 수 사이에는 빈칸이 있어야 합니다.

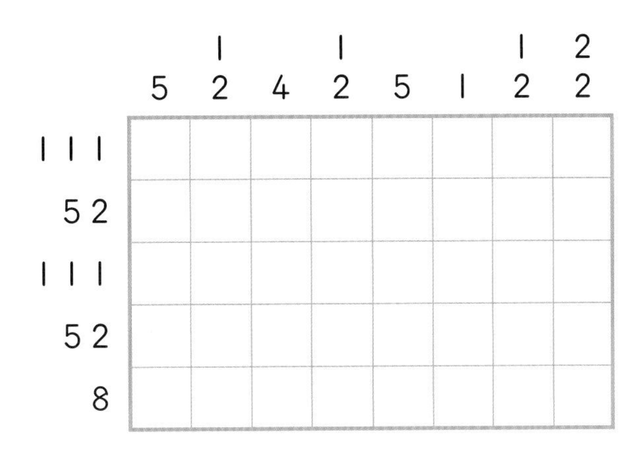

04 규칙 에 따라 빈 곳에 알맞은 수를 써넣으시오.

규칙

① 가로줄과 세로줄의 각 ◯ 안에 주어진 수가 한 번씩만 들어갑니다.

② 같은 색으로 연결된 선의 각 ◯ 안에 주어진 수가 한 번씩만 들어갑니다.

1, 2, 3, 4, 5

05 |규칙|에 따라 빈칸에 알맞은 수를 써넣으시오.

|규칙|

① 가로줄과 세로줄의 각 칸에 1부터 4까지의 수가 한 번씩만 들어갑니다.

② 두 칸 사이에 부등호가 있는 경우 부등호에 맞게 수를 넣어야 합니다.

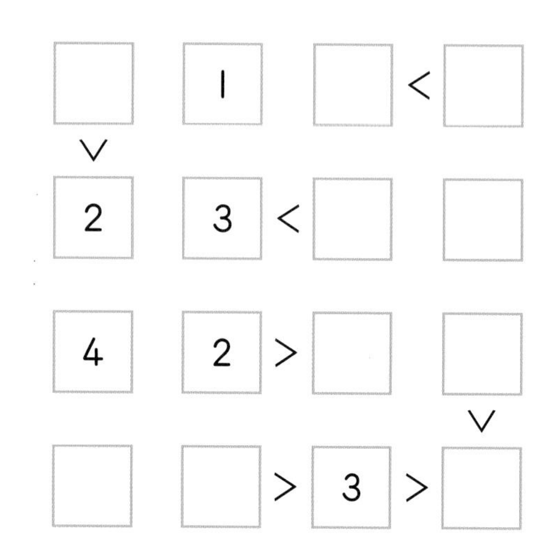

06 |규칙|에 따라 두더지가 집까지 가는 길을 그려 보시오.

|규칙|

① ○ 안의 수는 두더지가 집으로 갈 때 지나가는 칸의 수입니다.

② 두더지들은 서로 다른 집으로 가며, 가로나 세로로만 갈 수 있습니다.

③ 한 번 지난 칸은 다시 지날 수 없고, 서로 다른 두더지는 같은 칸을 지날 수 없습니다.

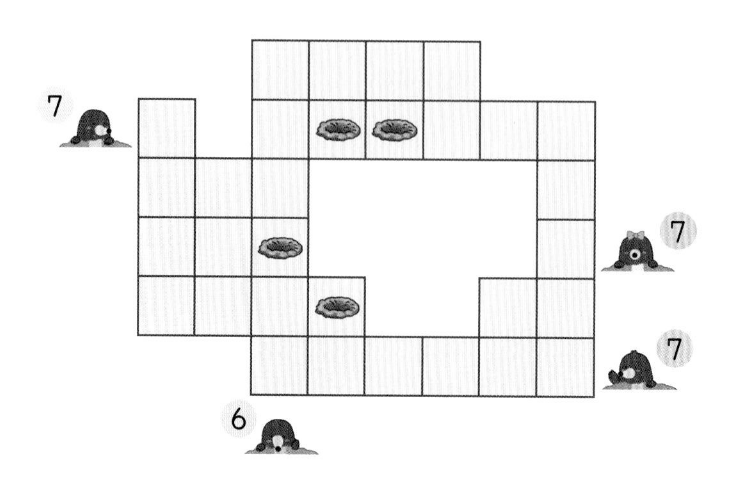

> 정답과 풀이 18쪽

07 |규칙|에 따라 빈칸을 알맞게 색칠해 보시오.

|규칙|

① 위와 왼쪽에 있는 수는 각각 세로줄과 가로줄에 연속하여 색칠된 칸의 수를 나타냅니다.

② 연속하는 수 사이에는 빈칸이 있어야 합니다.

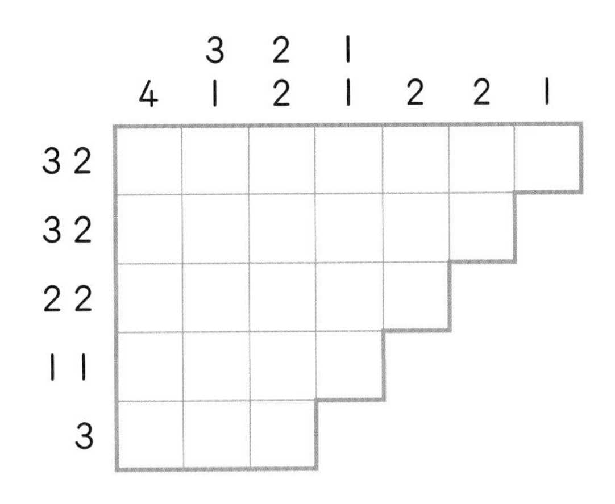

08 |규칙|에 따라 시작점과 끝점을 연결하는 선을 이어 보시오.

|규칙|

① 위와 왼쪽에 있는 수는 선이 지나가야 하는 세로줄과 가로줄의 점의 개수를 나타냅니다.

② 한 번 지나간 점은 다시 지나갈 수 없고, 점과 점은 대각선으로 연결할 수 없습니다.

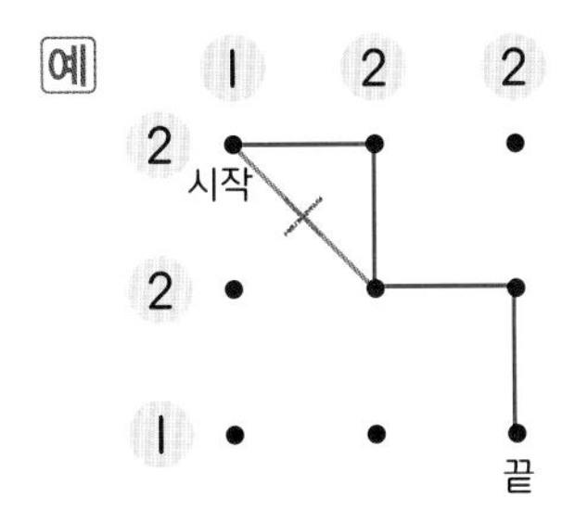

1 5 4 2

4 시작

3

2

2

1 끝

4. 폭탄 찾기 퍼즐

대표 문제

폭탄 찾기 퍼즐의 규칙에 따라 폭탄을 찾아 ○표 하고, 폭탄의 개수를 구해 보시오.

규칙

수를 둘러싼 칸에 그 수만큼 폭탄이 숨겨져 있습니다.

1		💣
	💣	3
2	💣	

2				
	2		4	
		2		
1				3

STEP 1 2 와 3 주위의 폭탄을 찾아 ○표 하시오.

STEP 2 2 와 2 주위의 폭탄이 없는 칸에 ×표 하시오.

2				
	2		4	
		2		
1				3

STEP 3 나머지 1 과 4 주위의 폭탄을 찾아 ○표 하시오.

STEP 4 폭탄은 모두 몇 개입니까?

01 폭탄 찾기 퍼즐의 규칙 에 따라 폭탄을 찾아 ○표 하고, 폭탄의 개수를 구해 보시오.

규칙

수를 둘러싼 칸에 그 수만큼 폭탄이 숨겨져 있습니다.

도전❶ ★★

2				1
2		2		
		4		2
1			2	

폭탄: 개

도전❷ ★★★

	2			1
3		1		
	2			2
1				3
		2		

폭탄: 개

폭탄 찾기 퍼즐의 규칙

수를 둘러싼 칸에 그 수만큼 폭탄이 숨겨져 있습니다.

예

1		
		3
2		

1을 둘러싼 칸에는 폭탄이 1개만 있습니다.

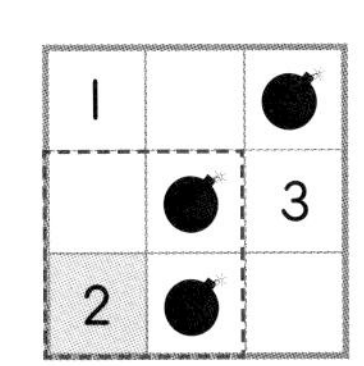
2를 둘러싼 칸에는 폭탄이 2개만 있습니다.

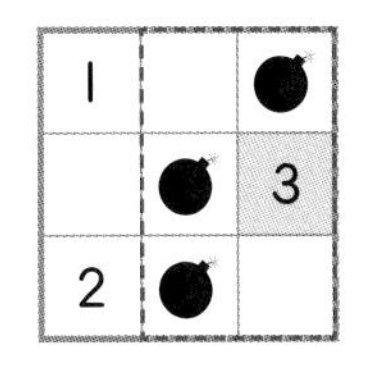
3을 둘러싼 칸에는 폭탄이 3개만 있습니다.

5. 가쿠로 퍼즐

대표 문제

가쿠로 퍼즐의 | 규칙 |에 따라 빈칸에 알맞은 수를 써넣으시오.

| 규칙 |

① 색칠한 삼각형 안의 수는 삼각형의 오른쪽 또는 아래쪽으로 쓰인 수들의 합입니다.

② 빈칸에는 1부터 9까지의 수를 쓸 수 있습니다.

③ 삼각형과 연결된 한 줄에는 같은 수를 쓸 수 없습니다.

	11		10	6
5		4 \ 7		
9				
	12			

STEP 1 5 의 오른쪽과 6 의 아래쪽은 한 칸입니다. ①과 ②에 알맞은 수를 써넣으시오.

STEP 2 11 과 7 을 이용하여 ③과 ④에 알맞은 수를 써넣으시오.

	11		10	6
5	①	4 \ 7	④	②
9	③	⑤		
	12			

STEP 3 한 줄에는 같은 수를 쓸 수 없으므로 4 와 9 가 만나는 칸인 ⑤에 들어갈 수 있는 수가 정해집니다. 이 수를 찾아 써넣으시오.

STEP 4 나머지 칸에 알맞은 수를 써넣어 퍼즐을 완성해 보시오.

정답과 풀이 20쪽

01 가쿠로 퍼즐의 규칙 에 따라 빈칸에 알맞은 수를 써넣으시오.

규칙

① 색칠한 삼각형 안의 수는 삼각형의 오른쪽 또는 아래쪽으로 쓰인 수들의 합입니다.
② 빈칸에는 1부터 9까지의 수를 쓸 수 있습니다.
③ 삼각형과 연결된 한 줄에는 같은 수를 쓸 수 없습니다.

도전❶ ★★

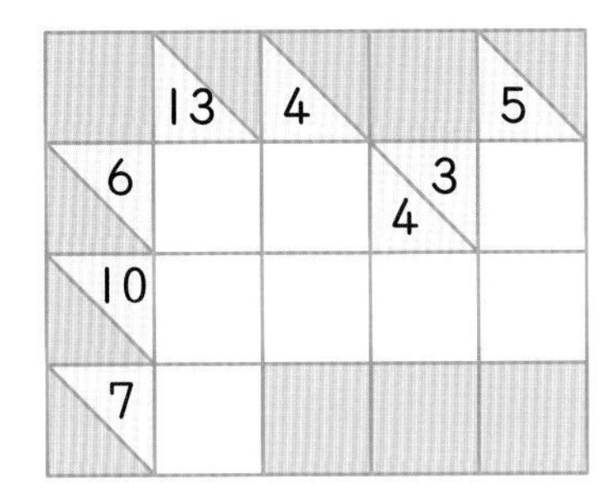

도전❷ ★★★

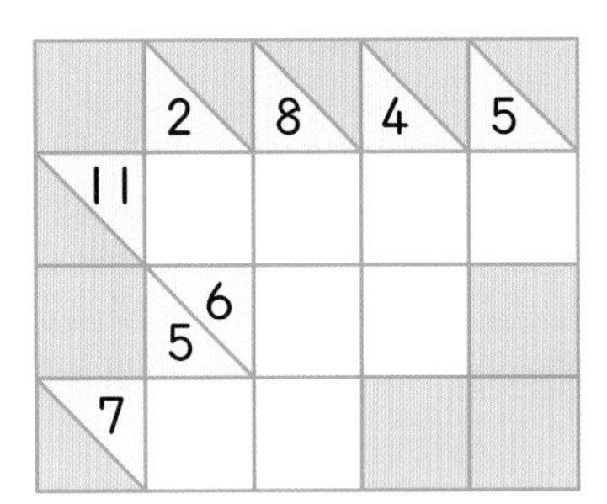

Lecture ··· 가쿠로 퍼즐의 규칙

① 삼각형( ) 안의 수는 삼각형의 오른쪽 또는 아래쪽으로 쓰인 수들의 합입니다.

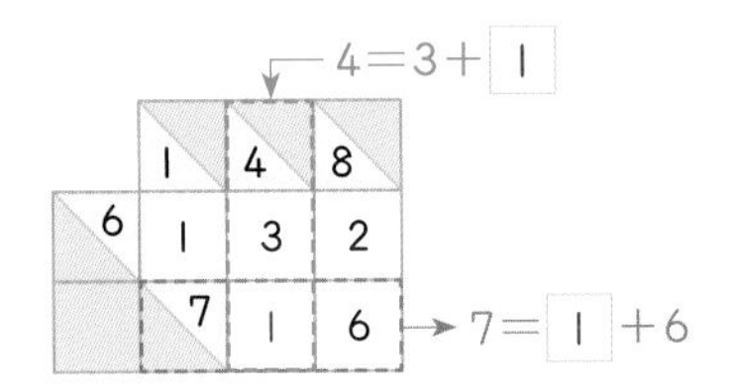

② 사각형 모양의 빈칸에는 1부터 9까지의 수를 쓸 수 있습니다.

(×) (○)

③ 삼각형( )과 연결된 한 줄에는 같은 수를 쓸 수 없습니다.

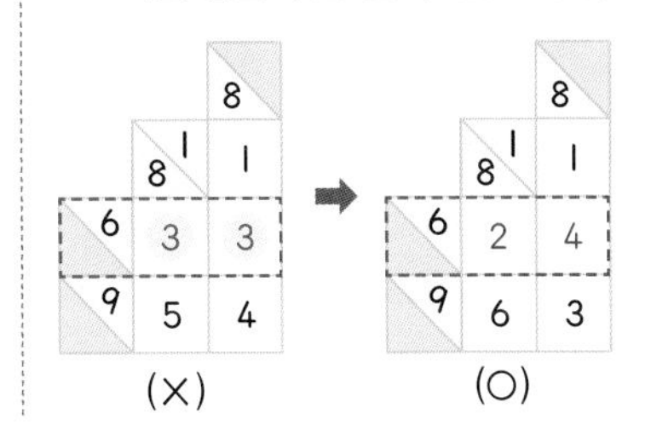

(×) (○)

6. 화살표 퍼즐

대표 문제

화살표 퍼즐의 규칙에 따라 ⊛ 안에 화살표를 알맞게 그려 넣으시오.

규칙

① 화살표가 가리키는 방향으로 움직이다가 다른 화살표를 만나면 방향을 바꾸어 움직입니다.
② 모든 화살표를 지나 도착으로 나와야 합니다.
③ 같은 색의 ⊛은 같은 방향, 다른 색의 ⊛은 다른 방향을 나타냅니다.

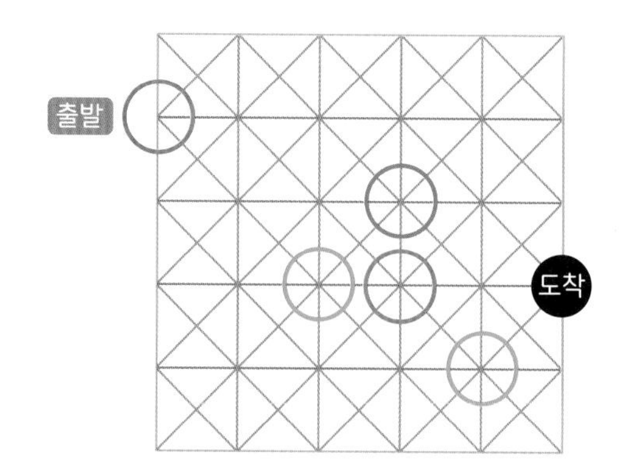

STEP 1 ⊛이 도착으로 가는 경우인 방법 1에서 ⊛의 화살표는 어떤 방향이어야 하는지 그려 보시오. 이때 ⊛도 ⊛와 같게 그려 보시오.

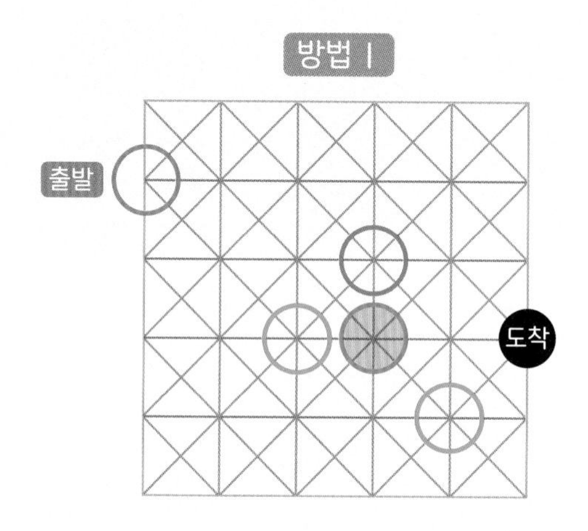

STEP 2 STEP 1의 경우 모든 화살표를 지나 도착으로 갈 수 있는 ⊛와 ⊛의 방향을 그릴 수 있습니까?

STEP 3 ⊛가 도착으로 가는 경우인 방법 2에서 ⊛의 화살표는 어떤 방향이어야 하는지 그려 보시오. 이때 ⊛도 ⊛와 같게 그려 보시오.

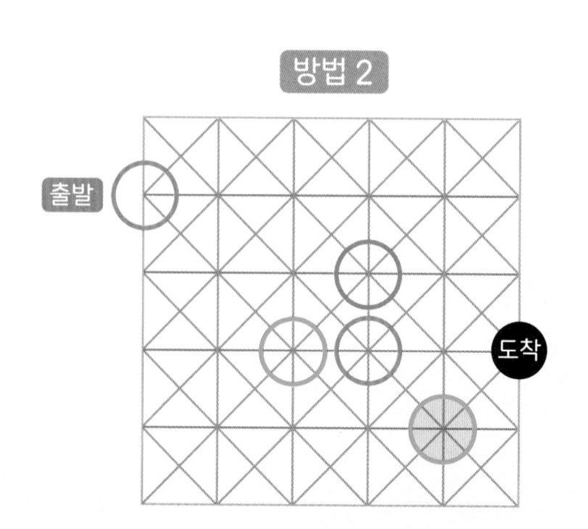

STEP 4 STEP 3의 경우 모든 화살표를 지나 도착으로 갈 수 있는 ⊛와 ⊛의 방향을 그릴 수 있습니까?

정답과 풀이 21쪽

01 화살표 퍼즐의 규칙에 따라 ⊛ 안에 화살표를 알맞게 그려 넣으시오.

규칙

① 화살표가 가리키는 방향으로 움직이다가 다른 화살표를 만나면 방향을 바꾸어 움직입니다.

② 모든 화살표를 지나 도착으로 나와야 합니다.

③ 같은 색의 ⊛은 같은 방향, 다른 색의 ⊛은 다른 방향을 나타냅니다.

도전 ① ★★

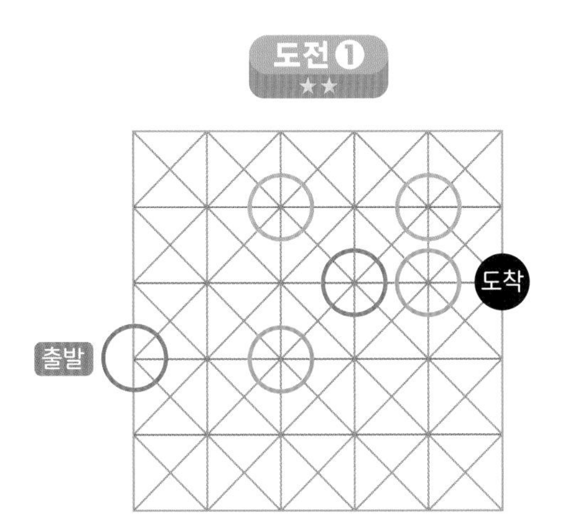

도전 ② ★★★

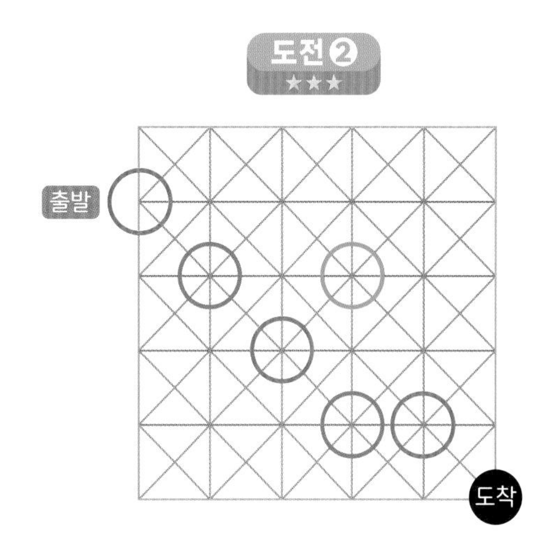

Lecture ••• 화살표 퍼즐의 규칙

① 화살표가 가리키는 방향으로 움직이다가 다른 화살표를 만나면 방향을 바꾸어 움직입니다.

<잘못된 예>

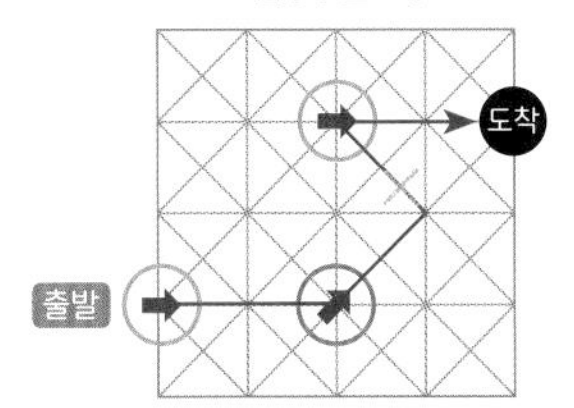

다른 화살표를 만나기 전까지 방향을 바꿀 수 없습니다.

② 같은 색의 ⊛은 같은 방향, 다른 색의 ⊛은 다른 방향을 나타냅니다.

<잘못된 예>

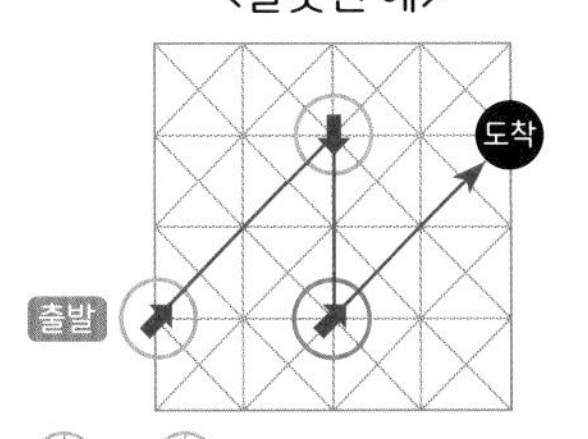

⊛과 ⊛은 같은 방향이 아닙니다.

③ 모든 화살표를 지나 도착으로 나와야 합니다.

<잘못된 예>

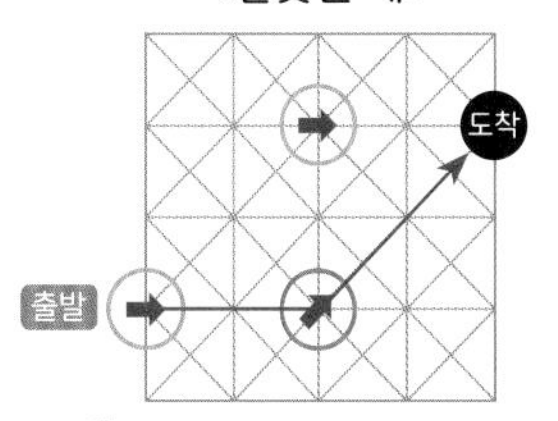

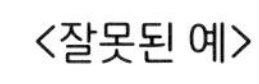 1개를 지나지 않았습니다.

Creative 팩토

01 |규칙|**에 따라 폭탄을 찾아 ○표 하고, 폭탄의 개수를 구해 보시오.**

규칙

수를 둘러싼 칸에 그 수만큼 폭탄이 숨겨져 있습니다.

2	○	○
○	5	4
2	○	○

2	○
3	○
○	2

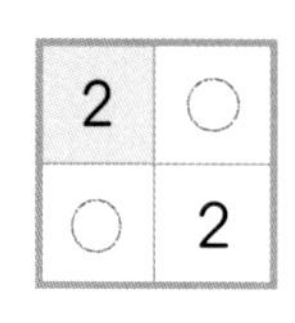

2					2
	2		2		
3		2			1
				1	1

02 |규칙|**에 따라 ⊛ 안에 화살표를 알맞게 그려 넣으시오.**

규칙

① 화살표가 가리키는 방향으로 움직이다가 다른 화살표를 만나면 방향을 바꾸어 움직입니다.

② 모든 화살표를 지나 도착으로 나와야 합니다.

③ 같은 색의 ⊛은 같은 방향, 다른 색의 ⊛은 다른 방향을 나타냅니다.

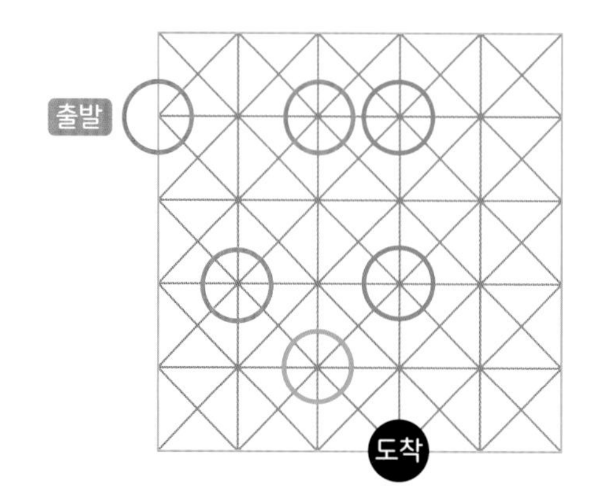

정답과 풀이 22쪽

03 |규칙|에 따라 빈칸에 알맞은 수를 써넣으시오.

규칙

① 색칠한 삼각형 안의 수는 삼각형의 오른쪽 또는 아래쪽으로 쓰인 수들의 합입니다.
② 빈칸에는 1부터 9까지의 수를 쓸 수 있습니다.
③ 삼각형과 연결된 한 줄에는 같은 수를 쓸 수 없습니다.

■	■	14\	5\	8\	■	■
■	3\14				6\	5\
\4			3\10			
\8				1\2		■
■	\7				■	■

■	4\	13\	■	■	■	6\
\6			■	■	\3	
\9			4\	■	8\1	
■	\3			11\7		
■	■	\10				5\
■	■	2\	5\7			
■	\8				\4	

04 |규칙|에 따라 폭탄을 찾아 ○표 하고, 폭탄의 개수를 구해 보시오.

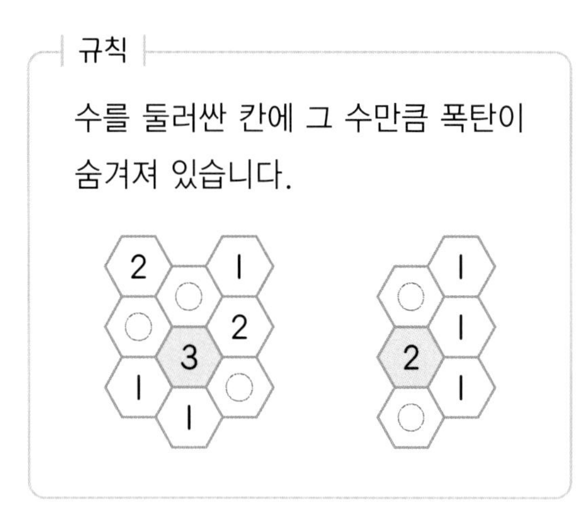

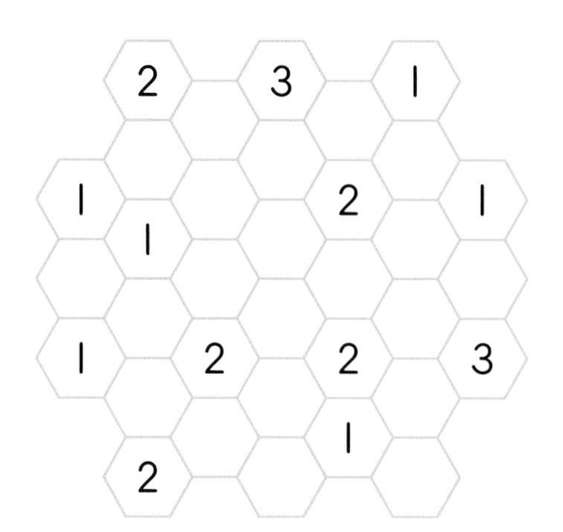

05 |규칙|에 따라 ⊛ 안에 화살표를 알맞게 그려 넣고, 미로를 빠져나가는 곳에 (도착) 표시를 하시오.

규칙

① 화살표가 가리키는 방향으로 움직이다가 다른 화살표를 만나면 방향을 바꾸어 움직입니다.

② 모든 화살표를 지나 (도착)으로 나와야 합니다.

③ 같은 색의 ⊛은 같은 방향, 다른 색의 ⊛은 다른 방향을 나타냅니다.

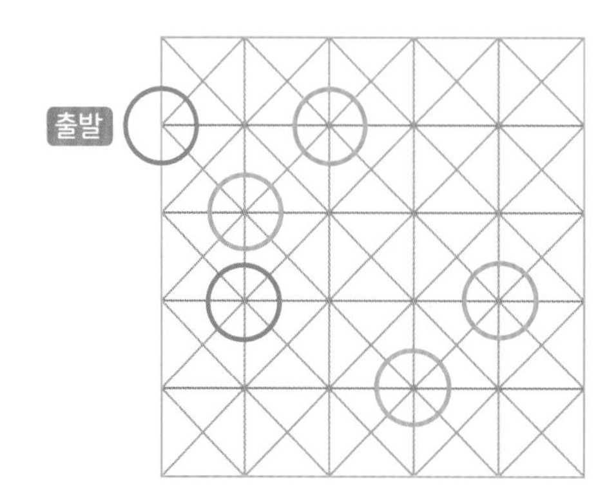

정답과 풀이 23쪽

06 규칙 에 따라 빈칸에 알맞은 수를 써넣으시오.

규칙

① 색칠한 곳의 수는 오른쪽 또는 아래쪽으로 쓰인 수들의 합입니다.
② 빈칸에는 1부터 9까지의 수를 쓸 수 있습니다.
③ 가로와 세로로 연결된 한 줄에는 같은 수를 쓸 수 없습니다.

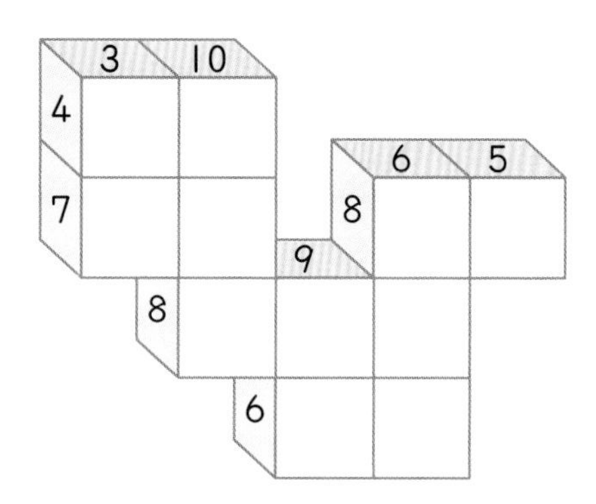

07 규칙 에 따라 폭탄을 찾아 ○표 하고, 폭탄의 개수를 구해 보시오.

규칙

① 수를 둘러싼 칸에 그 수만큼 폭탄이 숨겨져 있습니다.
② 한 칸에 1개 또는 2개의 폭탄이 있습니다.

2		●
	●●	4
3	●	

2	3		
4		3	
3		3	

* Perfect 경시대회 *

01 |규칙|에 따라 빈칸에 알맞은 수를 써넣으시오.

| 규칙 |

① 가로줄과 세로줄의 각 칸에 주어진 수가 한 번씩만 들어갑니다.

② 색칠한 대각선에 주어진 수가 한 번씩만 들어갑니다.

1, 2, 3, 4, 5

2	4	5		3
1				5
4		1	3	
	2			1
5		3		

02 |규칙|에 따라 폭탄을 찾아 ○표 하고, 폭탄의 개수를 구해 보시오.

| 규칙 |

수와 이웃한 칸에 그 수만큼 폭탄이 숨겨져 있습니다.

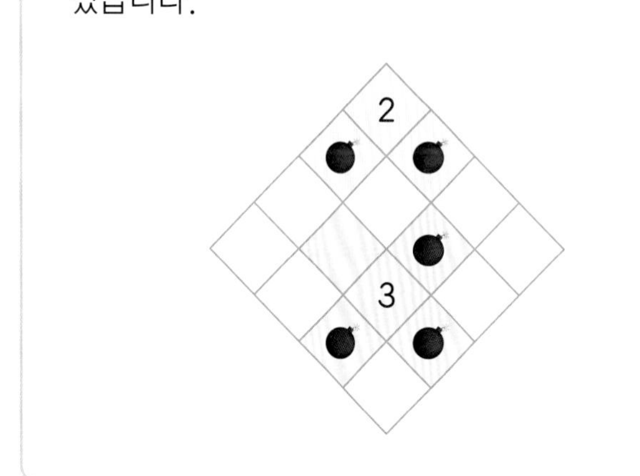

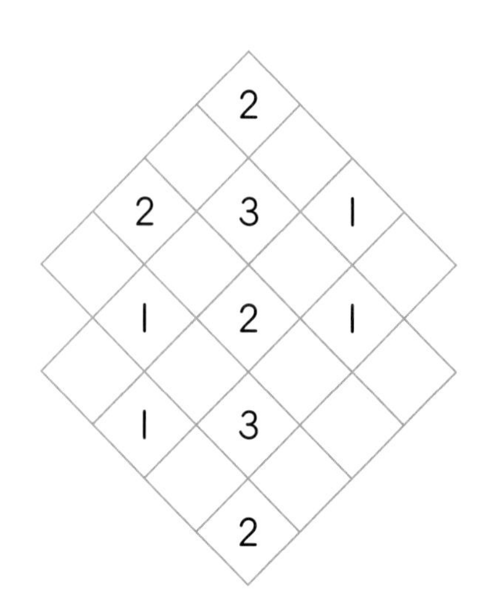

› 정답과 풀이 24쪽

03 |규칙|에 따라 낚싯대와 물고기를 연결하는 선을 그려 보시오.

규칙

① ▒ 안의 수는 낚싯줄이 물고기와 연결될 때 지나가는 칸의 수입니다.
② 각 낚싯대는 서로 다른 물고기 한 마리와 연결됩니다.
③ 낚싯줄은 가로나 세로로만 갈 수 있습니다.
④ 한 번 지난 칸은 다시 지날 수 없고, 서로 다른 낚싯대는 같은 칸을 지날 수 없습니다.

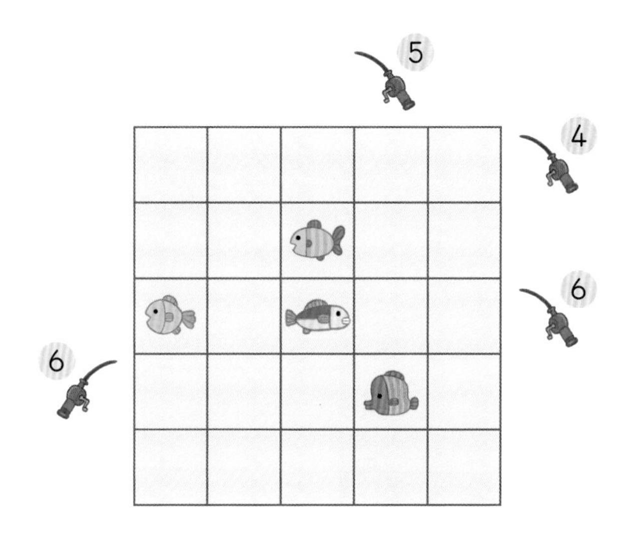

04 |규칙|에 따라 색칠하고, 색칠한 칸의 수를 구해 보시오.

규칙

수가 써 있는 칸과 주변 칸을 포함한 칸에 그 수만큼 색칠합니다.

		1
	4	
4		

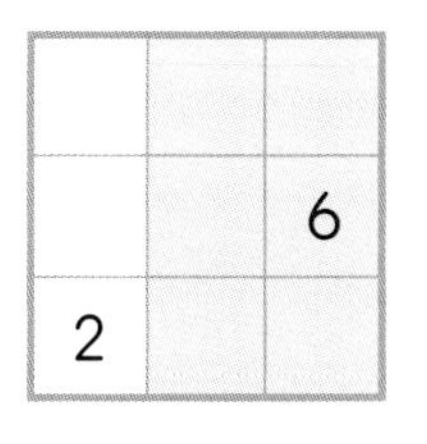

	4			3
6				
		2		3
2				
			1	1

* Challenge 영재교육원 *

01 규칙 에 따라 빈칸에 알맞은 수를 써넣으시오.

규칙

① 가로줄과 세로줄의 각 칸에는 양 끝 사이의 수가 순서에 관계없이 한 번씩만 들어갑니다.

② 가로줄과 세로줄에는 같은 수가 중복해서 들어갈 수 없습니다.

예

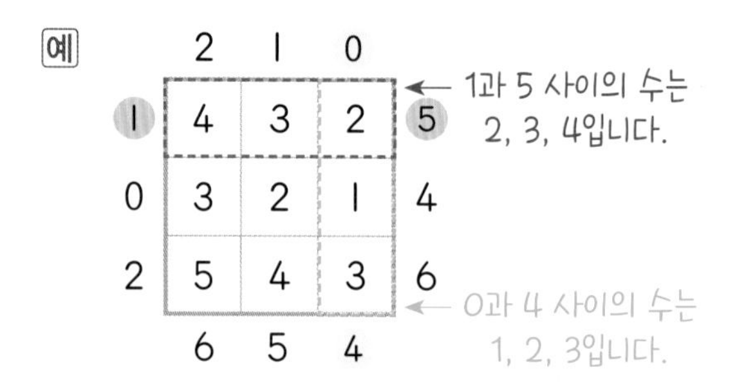

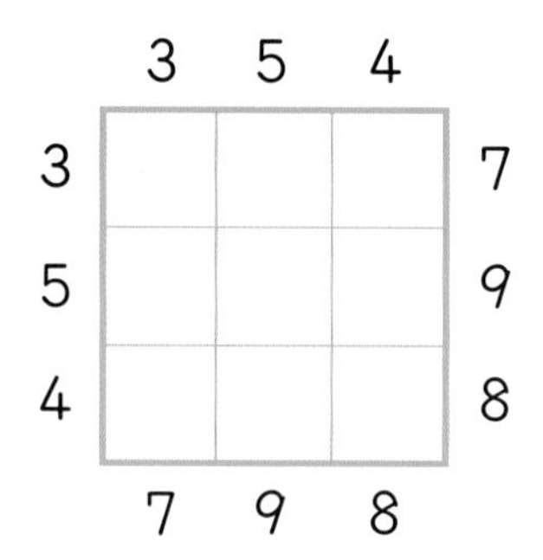

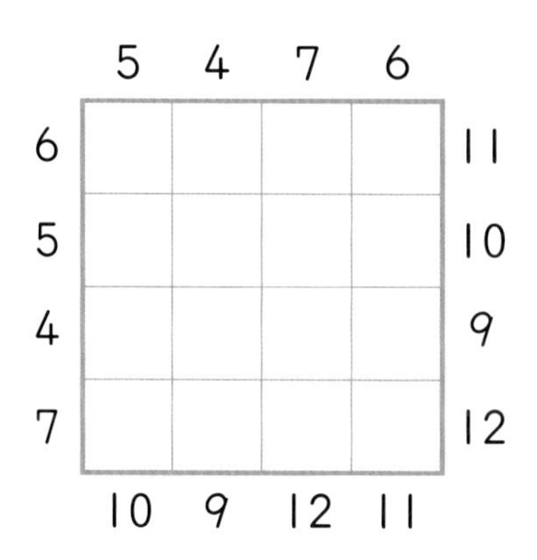

02 규칙에 따라 빈칸에 알맞은 수를 써넣거나 ×표 하시오.

규칙

① 위와 왼쪽에 있는 수는 각각 세로줄과 가로줄에 연속으로 이어진 수들의 합입니다.
② 각 칸에는 1부터 4까지의 수가 들어갈 수 있습니다.
③ 한 줄에 1부터 4까지의 수가 모두 들어갈 필요는 없습니다.
④ 같은 수가 중복해서 들어갈 수 없습니다.
⑤ 수가 들어가지 않는 곳에는 ×표 합니다.

	4		3	6	
	6	6	5	4	2
4 2	3	1	×	2	×
1 0	1	2	3	4	×
3 2	×	3	×	×	2
2 5	2	×	4	1	×
4 4	4	×	1	3	×

		3	7	4	1
	1	4	1	6	2
1 7				4	
6 1		2			1
1 3				3	
3					
4 3					

Ⅲ

측정

학습 Planner

계획한 대로 공부한 날은 😀에, 공부하지 못한 날은 🙁에 ○표 하세요.

공부할 내용	공부할 날짜	확 인
1 눈금이 지워진 자	월 일	😀 | 🙁
2 고장난 시계	월 일	😀 | 🙁
3 달력	월 일	😀 | 🙁
Creative 팩토	월 일	😀 | 🙁
4 움푹 파인 도형의 둘레	월 일	😀 | 🙁
5 가짜 금화 찾기	월 일	😀 | 🙁
6 모빌	월 일	😀 | 🙁
Creative 팩토	월 일	😀 | 🙁
Perfect 경시대회	월 일	😀 | 🙁
Challenge 영재교육원	월 일	😀 | 🙁

1. 눈금이 지워진 자

대표 문제

윤서는 방을 청소하다가 눈금이 군데군데 지워진 오래된 자를 찾았습니다. 이 자를 이용하여 잴 수 있는 길이는 모두 몇 가지인지 구해 보시오.

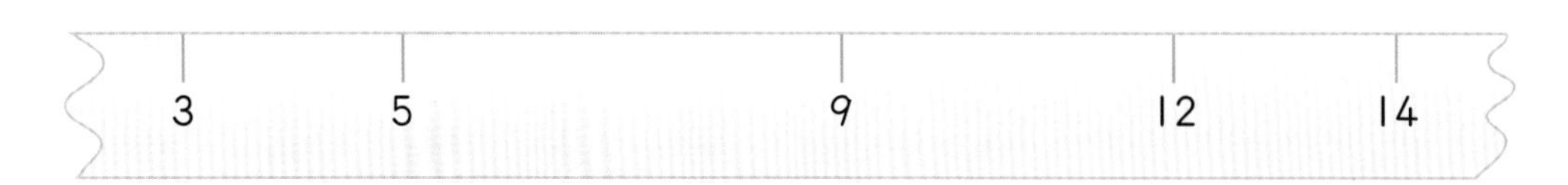

STEP 1 오래된 자를 남아 있는 눈금끼리의 간격만 알 수 있는 다른 막대 자로 바꿔 보시오.

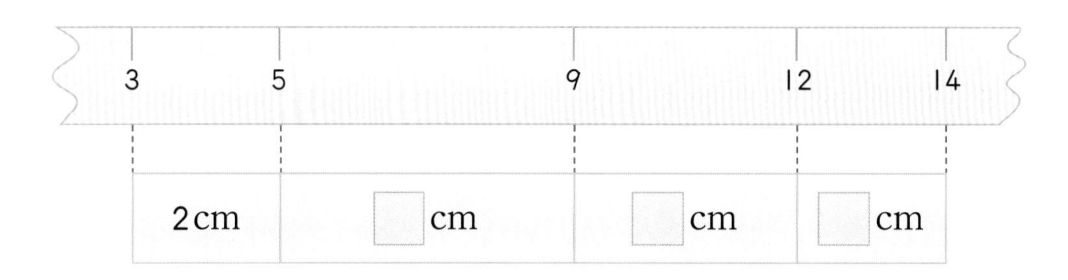

STEP 2 STEP 1의 막대 자를 이용하여 막대 개수에 알맞게 잴 수 있는 길이를 모두 구해 보시오.

옆으로 붙인 막대 수	막대 모양	잴 수 있는 길이
1	2cm, 2cm, 4cm, 3cm, 2cm / 2cm, 4cm, 3cm, 2cm / 4cm, 3cm	2cm, 3cm, 4cm
2	6cm / 2cm, 4cm, 3cm, 2cm	6cm
3	2cm, 4cm, 3cm, 2cm	
4	2cm, 4cm, 3cm, 2cm	

STEP 3 STEP 2에서 구한 길이를 보고, 잴 수 있는 길이는 모두 몇 가지인지 구해 보시오.

정답과 풀이 26쪽

1 주어진 자의 간격을 이용하여 잴 수 있는 길이를 모두 구해 보시오.

3 cm	5 cm	1 cm	2 cm

2 다음과 같은 자에 눈금을 1개 더 그어 1 cm 간격으로 1 cm부터 10 cm까지의 길이를 모두 재려고 합니다. 알맞은 곳에 필요한 눈금을 1개 더 그려 보시오.

2. 고장 난 시계

대표 문제

슬기의 손목시계는 1시간에 30초씩 느리게 가고, 우재의 손목시계는 1시간에 20초씩 빠르게 갑니다. 어느 날 오후 2시에 두 시계를 정확하게 맞추어 놓았다면, 6시간이 지난 후에 두 사람의 시계가 가리키는 시각은 몇 분만큼 차이가 나는지 구해 보시오.

STEP 1 슬기의 손목시계는 1시간에 30초씩 느려지는 시계입니다. 6시간 후 슬기의 손목시계는 몇 초 느려집니까?

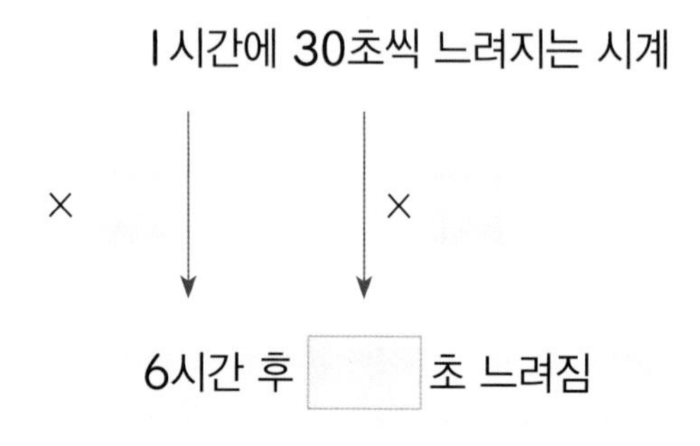

STEP 2 6시간 후 슬기의 시계는 몇 시 몇 분을 가리키고 있습니까?

STEP 3 우재의 손목시계는 1시간에 20초씩 빨라지는 시계입니다. 6시간 후 우재의 손목시계는 몇 분 빨라집니까?

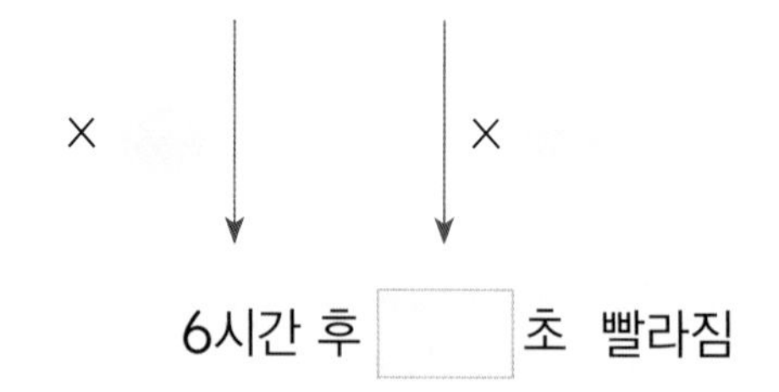

STEP 4 6시간 후 우재의 시계는 몇 시 몇 분을 가리키고 있습니까?

STEP 5 STEP 2와 STEP 4에서 구한 6시간 후인 8시에 두 시계가 가리키는 시각은 몇 분만큼 차이가 나는지 구해 보시오.

정답과 풀이 27쪽

01 거실 시계는 1시간에 10초씩 빨라지고, 방안 시계는 1시간에 20초씩 늦어집니다. 오전 11시에 집에 있는 시계를 모두 정확히 맞추었다면, 오후 5시에 두 시계가 가리키는 시각은 몇 분만큼 차이가 나는지 구해 보시오.

02 지우의 시계는 1시간에 5분씩 빨라지고, 현서의 시계는 1시간에 15분씩 늦어집니다. 오전 9시에 두 사람의 시계를 모두 정확히 맞추었다면, 오후 7시에 두 시계가 가리키는 시각은 몇 시간 몇 분만큼 차이가 나는지 구해 보시오.

고장 난 시계

정확한 시계의 시각을 보고 고장 난 시계의 시각을 알아 볼 수 있습니다.

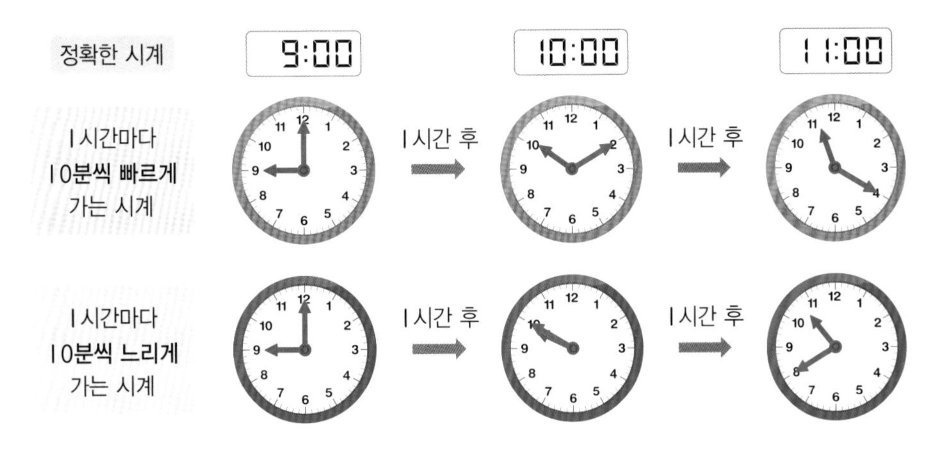

대표 문제

다음은 어느 해 찢어진 7월 달력의 일부분입니다. 오늘은 7월 셋째 주 금요일입니다. 60일 후 날짜는 몇 월 며칠 무슨 요일인지 구해 보시오.

7월

화	수	목	금	토
	3	4	5	6

STEP 1 7월 셋째 주 금요일은 며칠입니까?

STEP 2 7월과 8월은 며칠까지 있습니까?

STEP 3 STEP 1과 STEP 2에서 구한 날짜를 이용하여 60일 후 날짜를 구해 보시오.

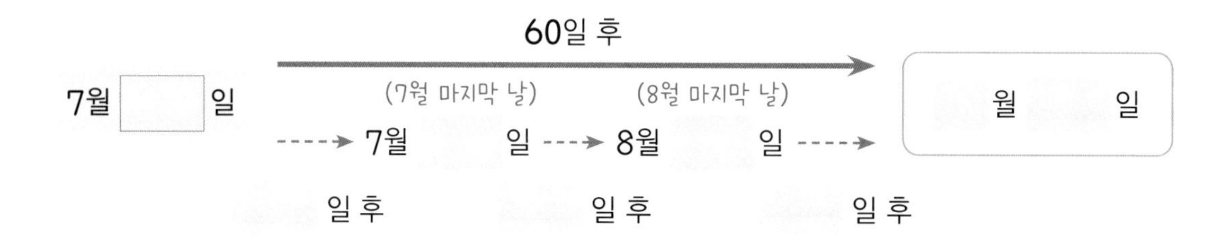

STEP 4 STEP 1에서 구한 날짜에서 60일 후 요일을 구해 보시오.

7월 □ 일 금요일 —60일 후→ 요일

(금요일: 일 후, 일 후)

STEP 5 STEP 3과 STEP 4에서 구한 답을 보고 7월 셋째 주 금요일에서 60일 후 날짜는 몇 월 며칠 무슨 요일인지 구해 보시오.

정답과 풀이 28쪽

01 민수네 가족은 8월 17일 월요일에 여행을 시작하여 99일 후 여행을 마치고 집에 도착하였습니다. 집에 도착한 날은 몇 월 며칠 무슨 요일인지 구해 보시오.

02 은호의 생일 110일 후는 나영이의 생일입니다. 나영이의 생일이 10월 6일 월요일일 때, 은호의 생일은 몇 월 며칠 무슨 요일인지 구해 보시오.

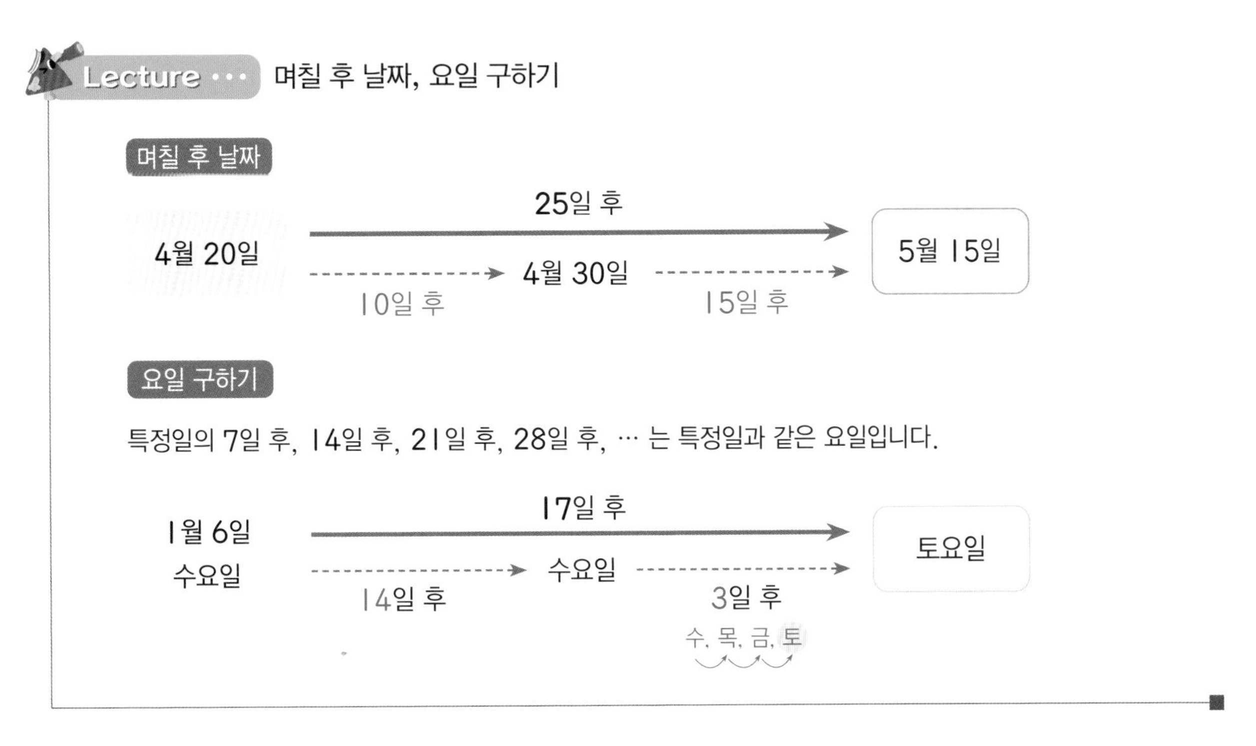

Lecture ···
며칠 후 날짜, 요일 구하기
며칠 후 날짜
4월 20일
25일 후
4월 30일
10일 후
15일 후
5월 15일
요일 구하기
특정일의 7일 후, 14일 후, 21일 후, 28일 후, … 는 특정일과 같은 요일입니다.
1월 6일
수요일
17일 후
수요일
14일 후
3일 후
수, 목, 금, 토
토요일

Creative 팩토

01 1시간에 10분씩 빠르게 가는 시계와 1시간에 20분씩 빠르게 가는 시계가 있습니다. 두 시계를 정확히 맞추고 5시간이 지났을 때, 두 시계가 가리키는 시각은 몇 분만큼 차이가 나는지 구해 보시오.

02 길이가 5cm인 선분 ㉮㉯ 위에 점을 2개 찍어 1cm부터 5cm까지의 길이를 모두 잴 수 있게 만들어 보시오.

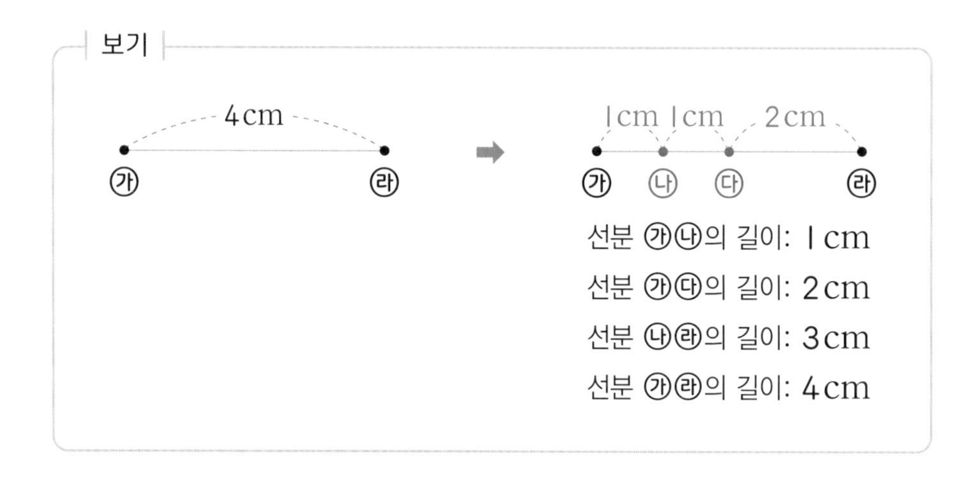

정답과 풀이 29쪽

03 다음과 같이 눈금 사이의 간격만 알 수 있는 막대가 있습니다. 이 막대를 이용하여 1cm 간격으로 1cm에서 12cm까지 길이를 재려고 할 때, 잴 수 없는 길이를 모두 구해 보시오.

2cm	3cm	3cm	4cm

04 올해 어린이날은 화요일입니다. 102일 후 날짜는 몇 월 며칠 어떤 날이고 무슨 요일인지 구해 보시오.

05 눈금이 지워진 자에 눈금을 1개 더 그어 1cm 간격으로 1cm부터 8cm까지 길이를 모두 재려고 합니다. 알맞은 곳에 필요한 눈금을 1개 더 그려 보시오.

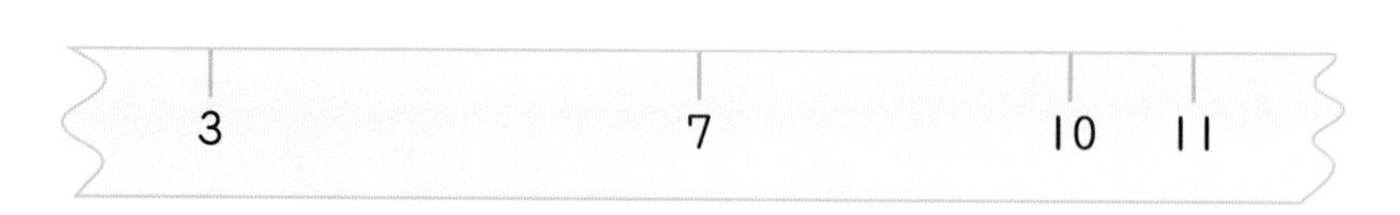

06 ㉮ 시계는 1시간에 5분씩 느려지고, ㉯ 시계는 1시간에 5분씩 빨라집니다. 오전 8시에 ㉮, ㉯ 시계를 모두 정확히 맞추었다면 두 시계가 처음으로 1시간 차이가 나는 때의 정확한 시각은 몇 시인지 구해 보시오.

07 1시간에 15초씩 느려지는 시계가 있습니다. 이 시계가 오전 11시를 가리킬 때, 핸드폰에서 오전 11시 알람이 울렸습니다. 같은 날 오후 11시에 핸드폰 알람이 울렸을 때, 고장 난 시계가 가리키는 시각은 몇 시 몇 분인지 구해 보시오.

08 은우는 지난 크리스마스에 부산에 도착했습니다. 부산에서 50일 후 제주도로 이동하였고, 제주도에서 65일 후 다시 집에 도착했습니다. 크리스마스가 수요일이었다면 은우가 집에 도착한 날은 몇 월 며칠 무슨 요일이었는지 구해 보시오. (올해 2월은 28일까지 있었습니다.)

4. 움푹 파인 도형의 둘레

대표 문제

한 변이 2 cm인 정사각형으로 만든 도형입니다. 도형의 둘레를 구해 보시오.

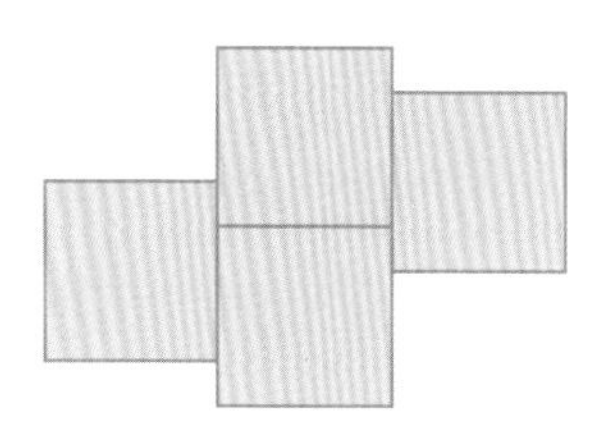

STEP 1 주어진 도형에 표시된 빨간색 선을 옮겼습니다. 빨간색 선의 길이를 구해 보시오.

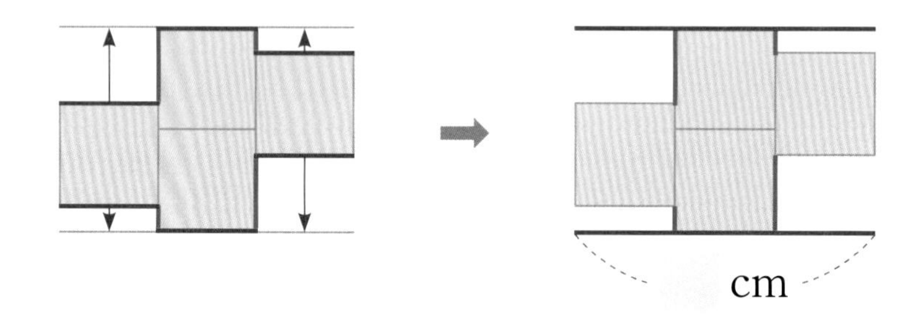

STEP 2 주어진 도형에 표시된 파란색 선을 옮겼습니다. 파란색 선의 길이를 구해 보시오.

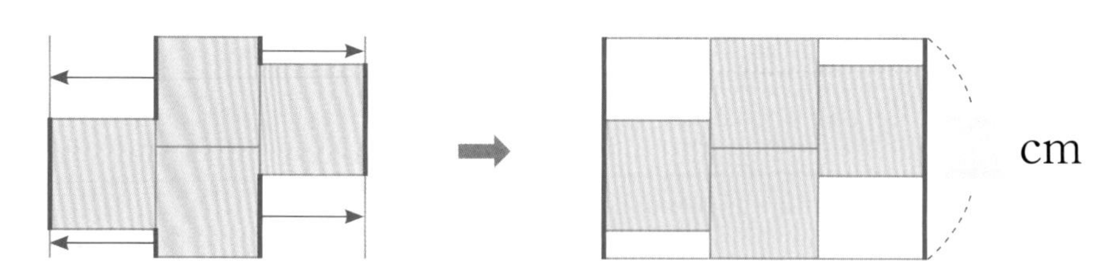

STEP 3 STEP 1과 STEP 2에서 구한 답을 이용하여 주어진 도형의 둘레를 구해 보시오.

1 다음 도형의 둘레를 구해 보시오.

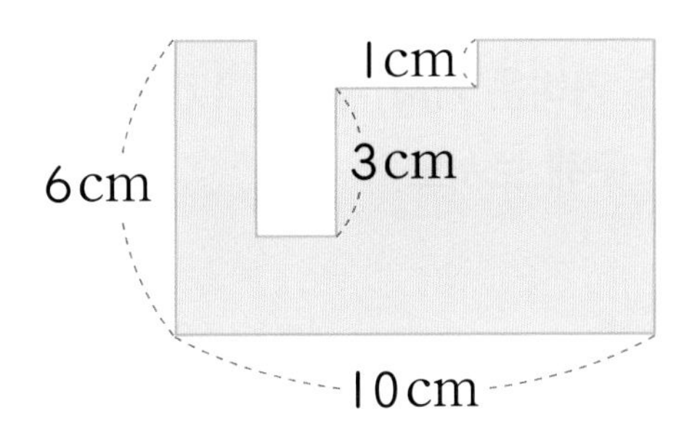

2 ㉮와 ㉯는 한 변의 길이가 서로 같은 정삼각형과 정사각형을 겹치지 않게 붙여 만든 도형입니다. ㉮의 둘레가 5cm일 때, ㉯의 둘레는 몇 cm인지 구해 보시오.

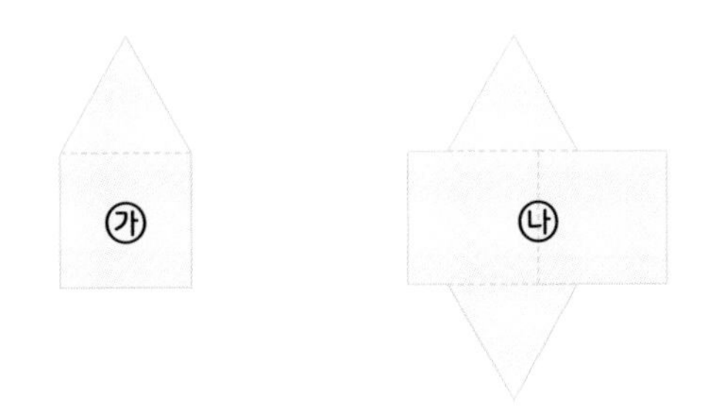

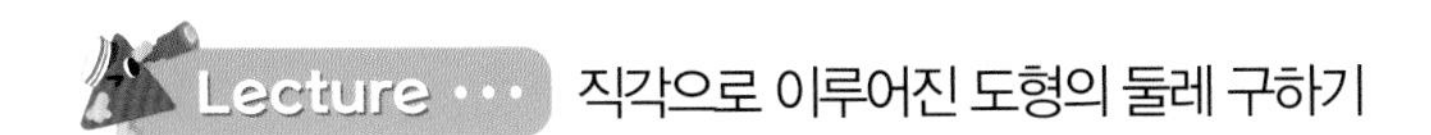

직각으로 이루어진 도형의 둘레 구하기

직각으로 이루어진 도형의 둘레를 구할 때에는 직사각형으로 바꾸어 구합니다.

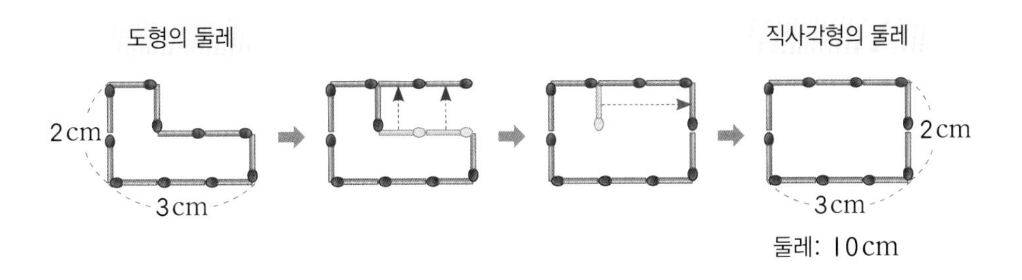

5. 가짜 금화 찾기

대표 문제

모양과 크기가 같은 7개의 금화 중 가벼운 가짜 금화가 1개 있습니다. 가짜 금화는 저울을 최소한 몇 번 사용하여 찾을 수 있는지 구해 보시오.

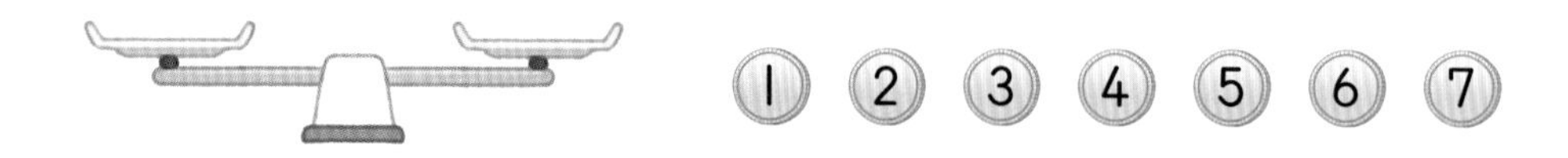

STEP 1 ☐ 안에 알맞은 금화 번호를 써 보시오.

방법 1 7개의 금화를 3개씩 나누어 찾기

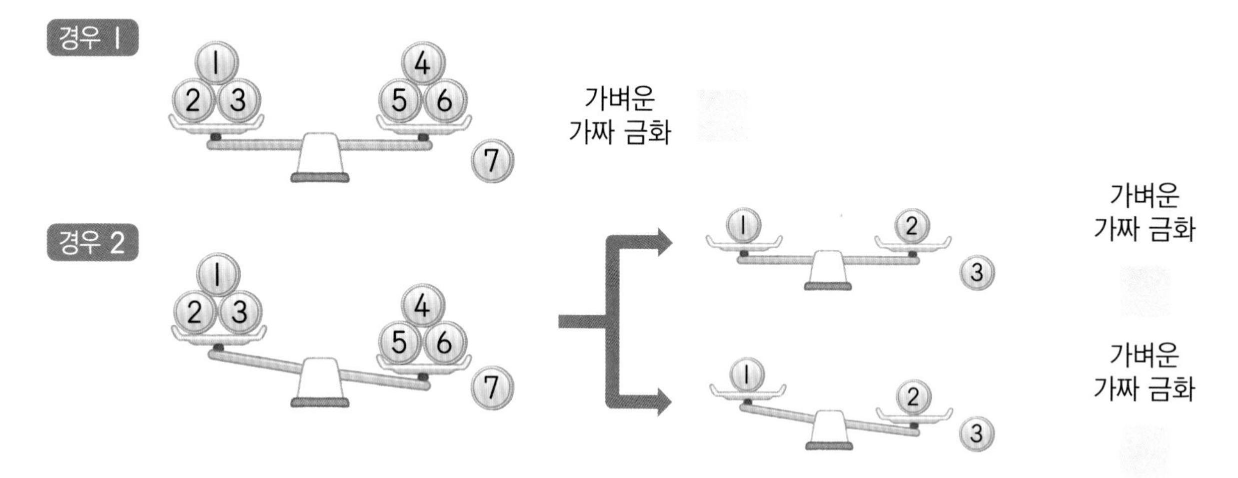

방법 2 7개의 금화를 2개씩 나누어 찾기

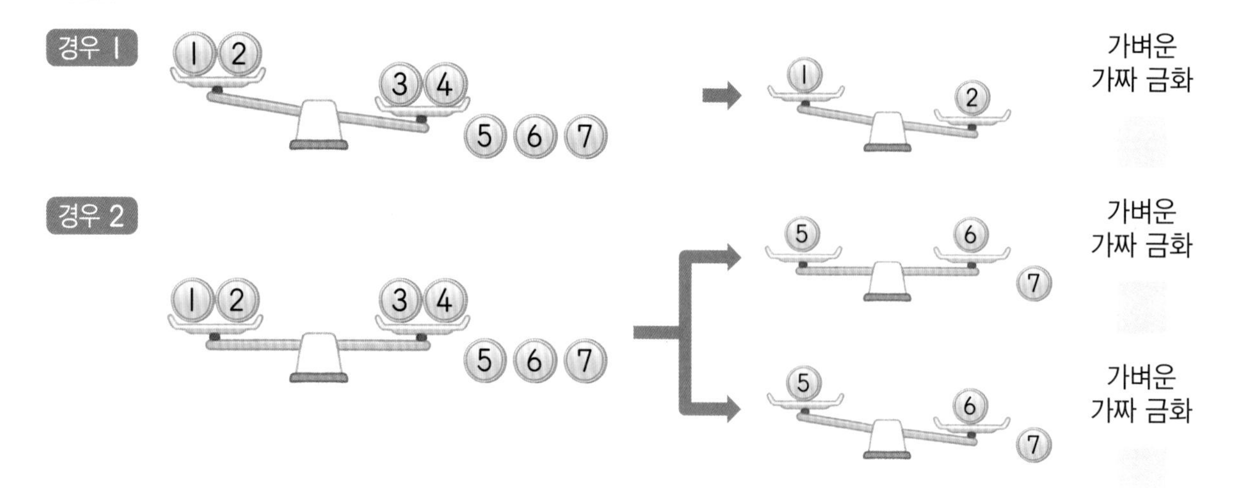

STEP 2 STEP 1에서 방법 1 과 방법 2 를 보고, 가짜 금화는 저울을 최소한 몇 번 사용해야 찾을 수 있는지 구해 보시오.

정답과 풀이 32쪽

01 모양과 크기가 같은 8개의 구슬 중 무거운 구슬이 1개 있습니다. 무거운 구슬은 저울을 최소한 몇 번 사용하여 찾을 수 있는지 구해 보시오.

02 모양과 크기가 같은 5개의 금화 중 가벼운 가짜 금화가 1개 있습니다. 가짜 금화를 찾아보시오.

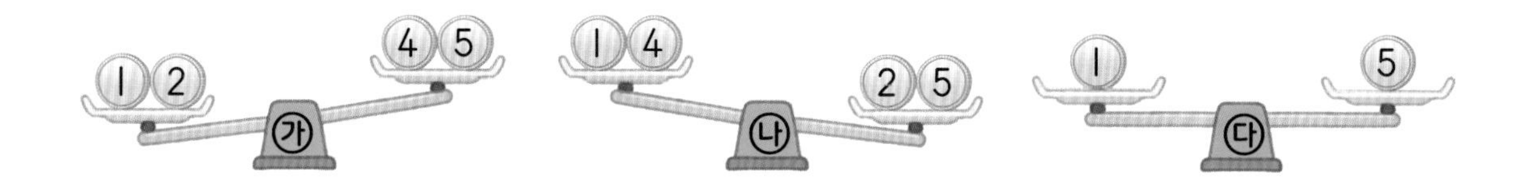

Lecture ··· 가짜 금화 찾기

모양과 크기가 같은 5개의 금화 중 **가벼운** 가짜 금화 1개를 다음과 같은 방법으로 찾을 수 있습니다.

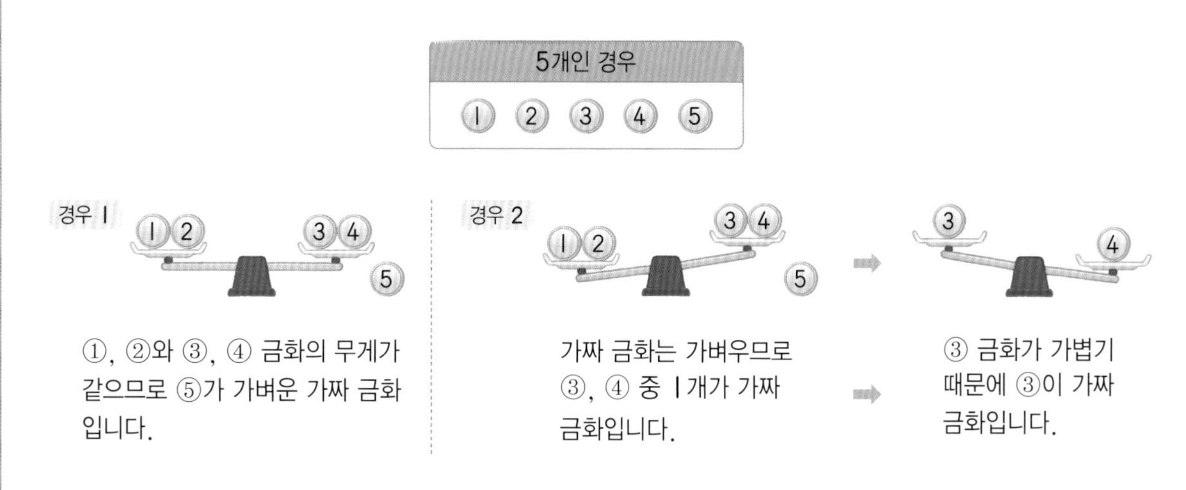

5개인 경우
1 2 3 4 5
경우 1
1 2
3 4
5
①, ②와 ③, ④ 금화의 무게가 같으므로 ⑤가 가벼운 가짜 금화입니다.
경우 2
1 2
3 4
5
3
4
가짜 금화는 가벼우므로 ③, ④ 중 1개가 가짜 금화입니다.
③ 금화가 가볍기 때문에 ③이 가짜 금화입니다.

➡ 금화 5개 중 가벼운 가짜 금화 1개를 찾기 위해서는 저울을 최소 2번 사용해야 합니다.

대표 문제

슬기는 모빌에 모형을 매달려고 합니다. 모빌이 수평이 되도록 ⭐, ☁에 각각 알맞은 무게를 써넣으시오. (단, 막대의 무게는 생각하지 않습니다.)

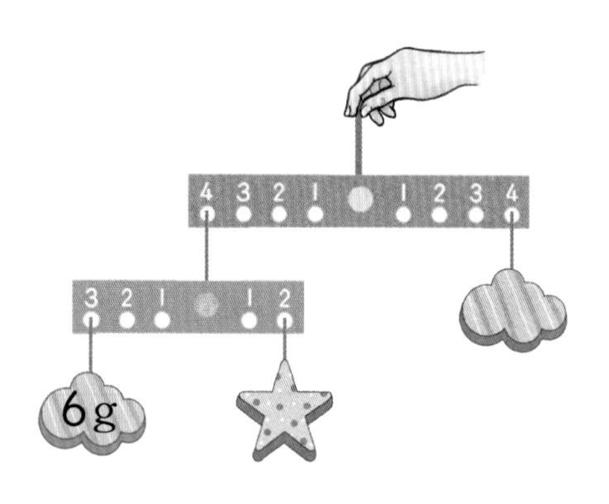

STEP 1 오른쪽 모빌에서 ⭐에 알맞은 무게를 구해 보시오.

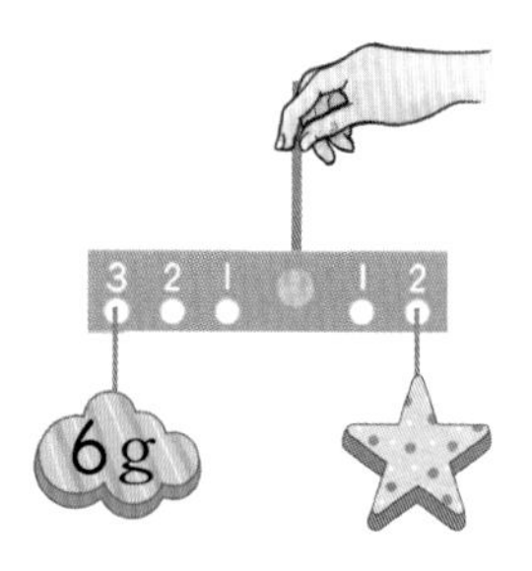

STEP 2 STEP 1에서 구한 ㉮ 부분의 전체 무게는 ㉯ 부분의 무게와 같습니다. ㉯ 부분의 무게는 몇 g인지 구해 보시오.

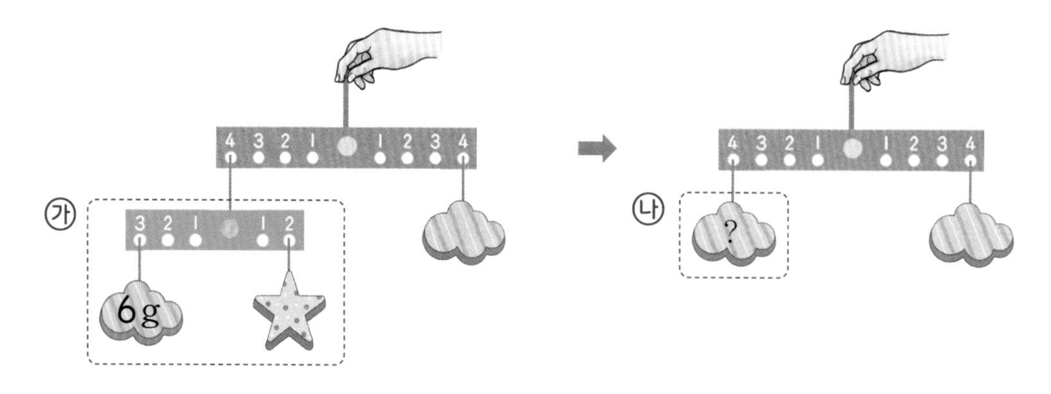

STEP 3 STEP 2에서 구한 답을 이용하여 모빌의 ⭐, ☁에 각각 알맞은 무게를 써넣으시오.

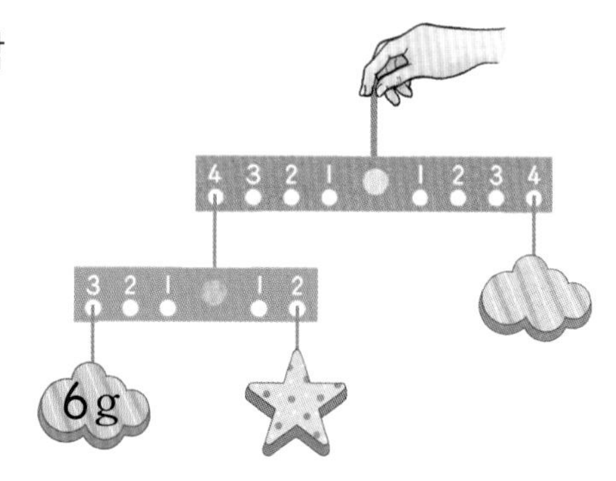

1 저울에 여러 가지 추를 매달았습니다. 의 무게는 3g입니다. 와 의 무게를 빈칸에 써넣으시오. (단, 막대의 무게는 생각하지 않습니다.)

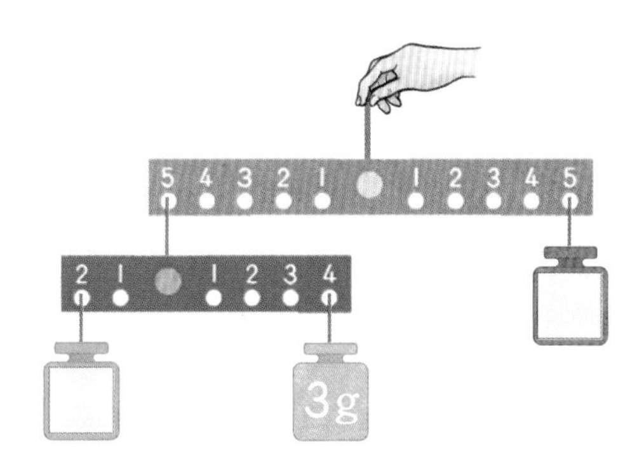

2 모빌에 구슬이 매달려 있습니다. 모빌에 매달려 있는 노랑, 보라, 초록 구슬의 무게의 합을 구해 보시오. (단, 막대의 무게는 생각하지 않습니다.)

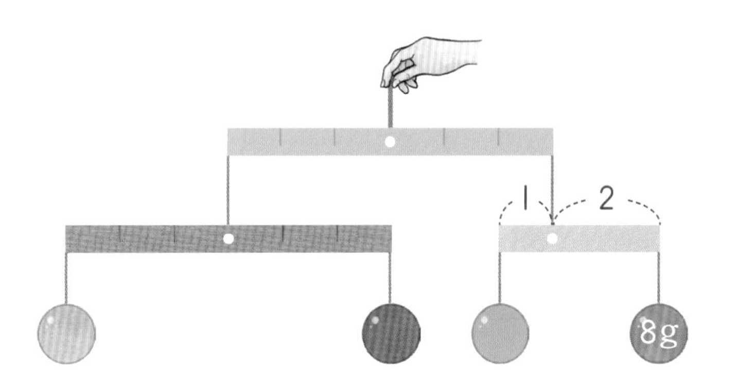

저울의 추 무게

그림과 같이 중심점으로부터의 거리와 무게의 곱이 서로 같으면 수평이 됩니다.

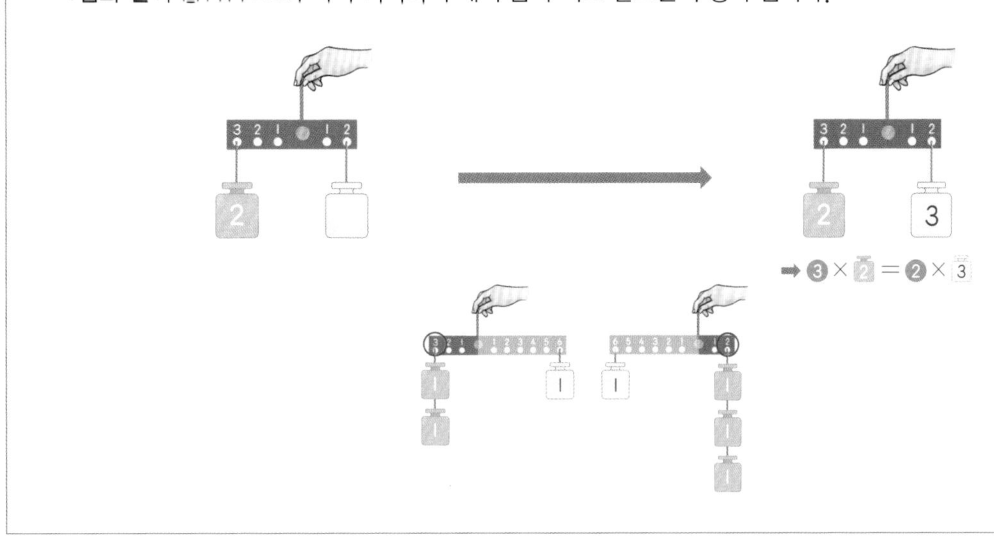

01 정사각형 모양의 색종이에서 정사각형 2개를 자르고 남은 도형의 둘레를 구해 보시오.

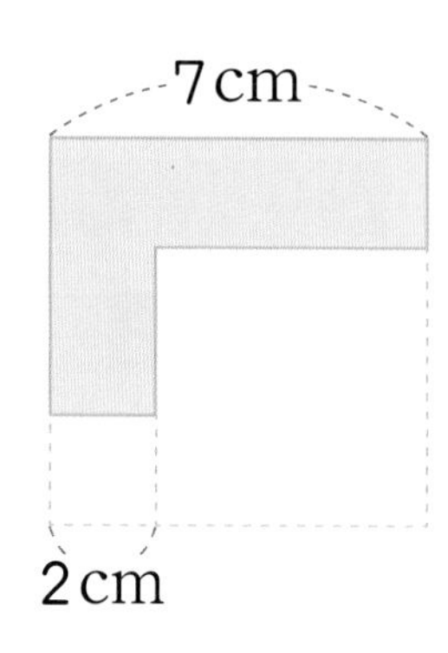

02 한 변이 10cm인 정사각형 2개를 다음과 같이 겹쳐 만든 도형의 둘레는 몇 cm 인지 구해 보시오.

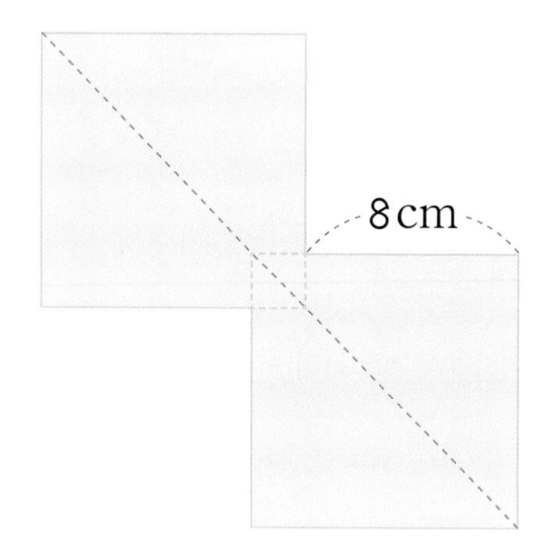

정답과 풀이 34쪽

03 4개의 금화 중 무게를 알 수 없는 가짜 금화가 1개 있습니다. 저울을 보고 가짜 금화의 번호를 찾고, 가짜 금화는 진짜 금화보다 가벼운지 무거운지 알아보시오.

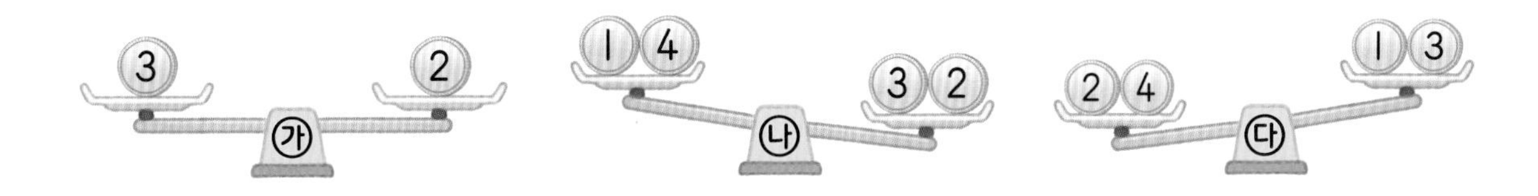

04 모빌에 새 인형을 매달았습니다. 인형의 무게가 18g일 때, 와 의 무게를 빈칸에 써넣으시오. (단, 막대의 무게는 생각하지 않습니다.)

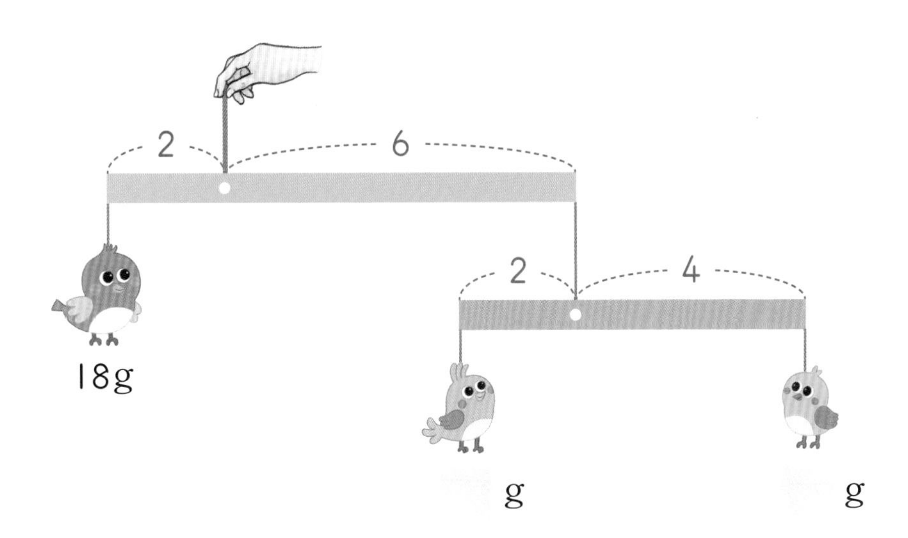

05 모양과 크기가 같은 18개의 금화 중 가벼운 가짜 금화가 1개 있습니다. 가벼운 가짜 금화는 저울을 최소한 몇 번 사용하여 찾을 수 있는지 구해 보시오.

06 색종이를 2조각으로 잘랐습니다. ㉮와 ㉯ 조각 중 둘레가 더 긴 것을 찾아보시오.

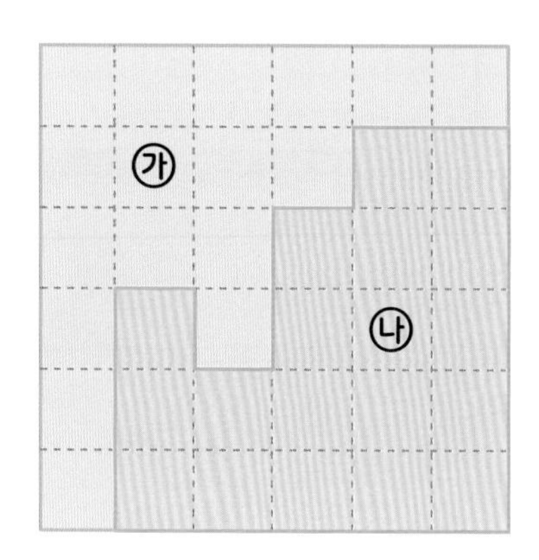

정답과 풀이 35쪽

07 정사각형 모양의 색종이에서 ㉯ 조각을 잘라냈습니다. 자르고 남은 색종이 ㉮의 둘레가 23 cm일 때, ㉯ 조각의 둘레를 구해 보시오.

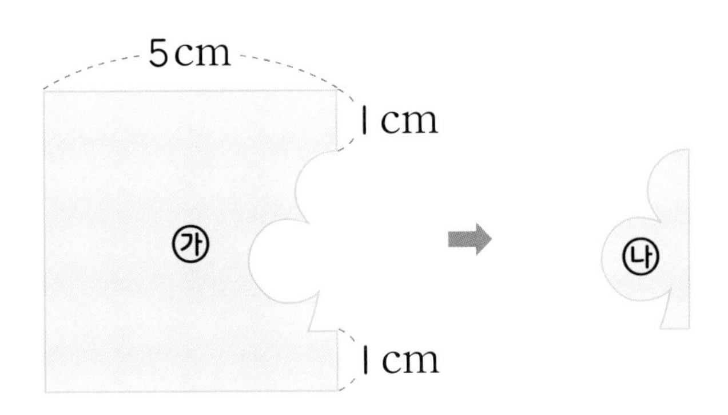

08 저울에 추를 매달려고 합니다. 저울이 수평이 되도록 □에 각각 알맞은 무게를 써 넣으시오. (단, 막대의 무게는 생각하지 않습니다.)

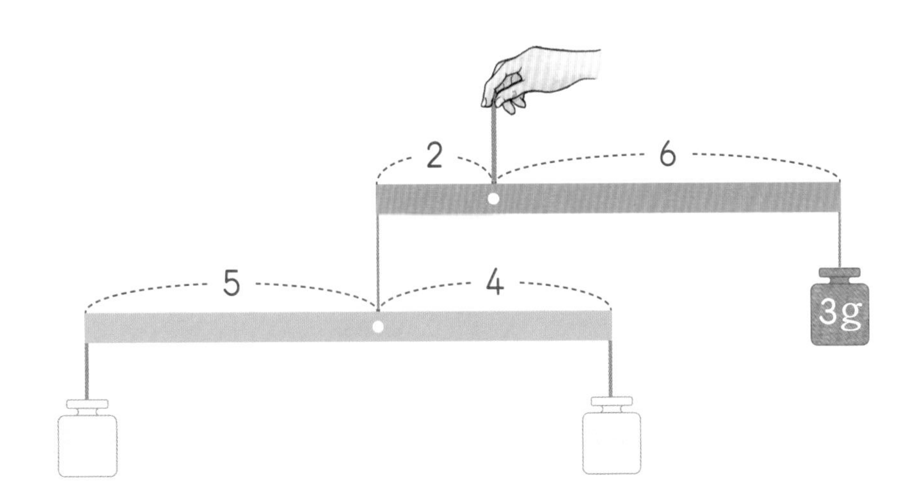

Perfect 경시대회

01 한 변의 길이가 같은 정삼각형과 정사각형을 겹치지 않게 붙여 다음 모양을 만들었습니다. 만든 모양의 둘레가 24cm일 때, 정사각형의 한 변의 길이를 구해 보시오.

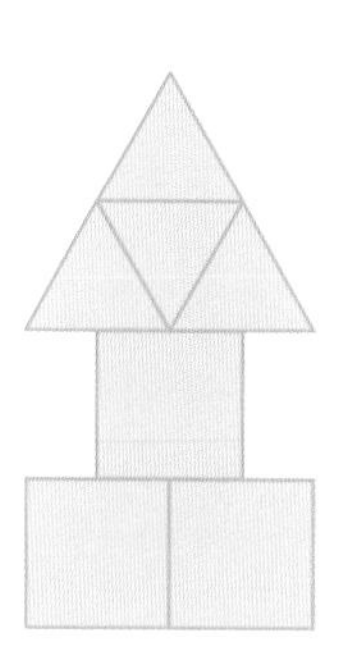

02 모양과 크기가 같은 7개의 금화 중 무게를 알 수 없는 가짜 금화 1개가 섞여 있습니다. 저울을 보고 가짜 금화의 번호를 찾고, 가짜 금화는 진짜 금화보다 가벼운지 무거운지 알아보시오.

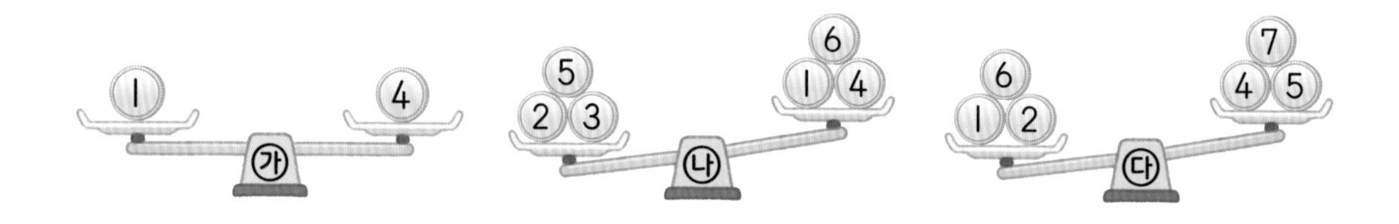

› 정답과 풀이 36쪽

03 **정확한 시계 ㉮와 시침과 분침이 모두 거꾸로 돌아가는 시계 ㉯가 있습니다. 두 시계 모두 시침과 분침이 시간에 따라 움직이는 거리는 같다고 할 때, 물음에 답해 보시오.**

(1) 두 시계를 12시에 정확히 맞추어 놓았을 때, 30분 후와 2시간 후 시계의 모양을 각각 그려 보시오.

	시계 ㉮	시계 ㉯
30분 후		
2시간 후		

(2) 두 시계는 시계를 정확히 맞추어 놓은 지 몇 시간 후에 처음으로 같은 시각을 가리키는지 구해 보시오.

* Challenge 영재교육원 *

01 모양과 크기가 같은 금화가 27개 있습니다. 이 중 1개는 무거운 가짜 금화입니다. 정확히 잴 수 있는 저울이 있다면 최소한 몇 번을 재야 무거운 가짜 금화 1개를 골라낼 수 있는지 구해 보시오.

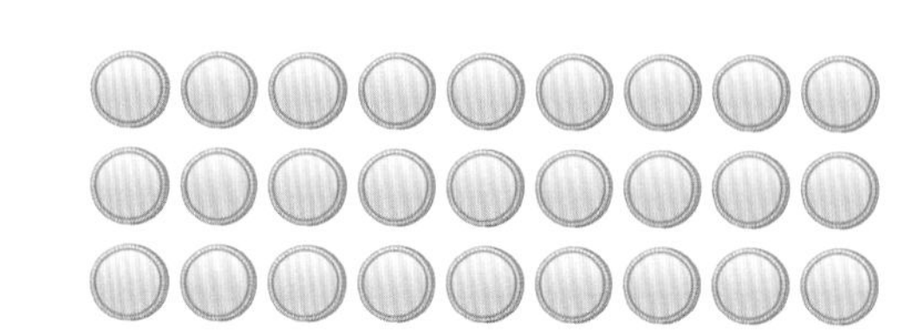

정답과 풀이 37쪽

02 그림과 같이 구슬을 매달아 모빌을 만들었습니다. 1개의 구슬 무게를 알 수 있다고 할 때, ◯에 각각 알맞은 무게를 써넣으시오. (단, 막대의 무게는 생각하지 않습니다.)

(1)

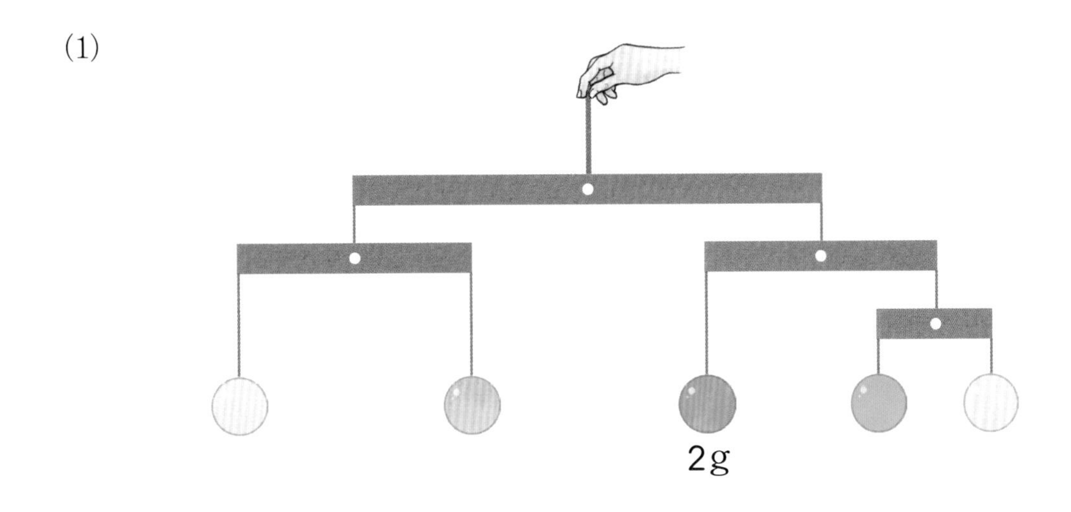

(2)

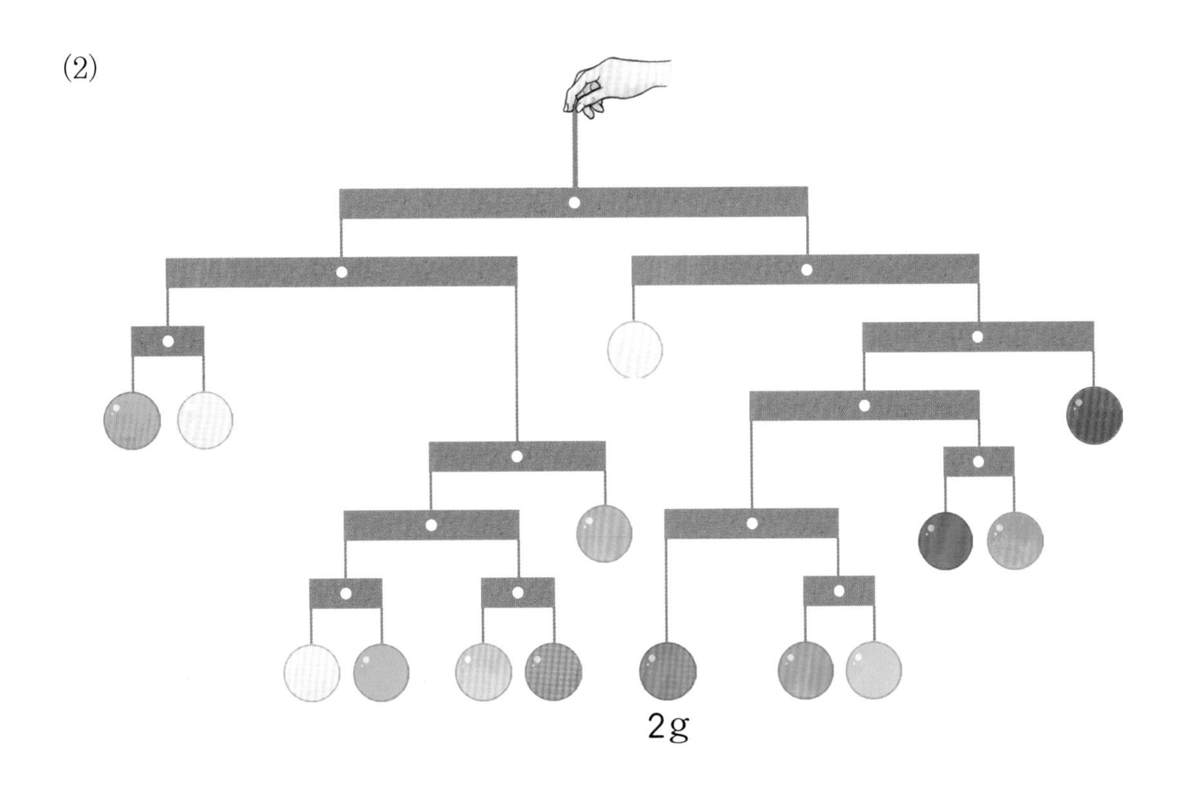

MEMO

영재학급, 영재교육원,
경시대회 준비를 위한

창의사고력 초등수학 팩토

형성 평가
총괄 평가

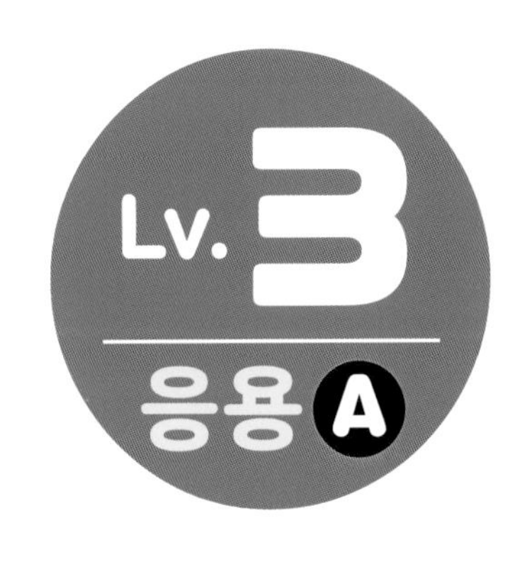

형성평가

시험일시	년 월 일
이 름	

권장 시험 시간 **30분**

- ✓ 총 문항 수(10문항)를 확인해 주세요.
- ✓ 권장 시험 시간(30분) 안에 문제를 풀어 주세요.
- ✓ 문제를 정확히 읽고 답을 바르게 쓰세요.
- ✓ 잘 풀리지 않는 문제가 있으면 쉬운 문제부터 해결한 후 다시 도전해 보세요.

채점 결과를 매스티안 홈페이지(https://www.mathtian.com)에 방문하여 양식에 맞게 입력해 보세요.
「형성평가 결과지」를 직접 받아보실 수 있습니다.

01 수민이는 공책에 50부터 110까지의 수를 모두 쓴 후 짝수를 모두 지웠습니다. 남아 있는 숫자의 개수를 구해 보시오.

02 주어진 4장의 숫자 카드 중 3장을 사용하여 세 자리 수를 2개 만들려고 합니다. 만든 두 수의 차가 가장 클 때의 계산 결과를 구해 보시오.

4 7 2 0

03 주어진 5장의 숫자 카드를 모두 사용하여 같은 숫자가 이웃하지 않게 놓아 가장 작은 수를 만들어 보시오.

2 2 3 5 5 ➡ □□□□□

가장 작은 수

04 다음 |조건|에 맞는 수를 구해 보시오.

|조건|

① 700보다 크고 800보다 작은 세 자리 수입니다.
② 십의 자리 수는 백의 자리 수보다 큰 짝수입니다.
③ 각 자리 수의 합은 16입니다.

05 10부터 220까지의 수 중에서 팔린드롬 수는 모두 몇 개인지 구해 보시오.

06 주어진 10장의 숫자 카드로 1부터 199까지의 수를 만들려고 합니다. 숫자 카드 1 은 몇 장 필요한지 구해 보시오.

0 1 2 3 4 5 6 7 8 9

07 1, 2, 3, 3, 4, 4의 숫자가 적혀 있는 주사위를 3번 던져 나온 숫자를 순서대로 써서 세 자리 수를 만들려고 합니다. 만들 수 있는 수 중에서 200보다 작은 짝수는 모두 몇 개인지 구해 보시오.

3
2
1

08 다음 |조건|에 맞는 수를 모두 구해 보시오.

조건

① 300보다 작은 세 자리 수입니다.
② 일의 자리 수와 십의 자리 수의 합이 4입니다.
③ 일의 자리 수와 십의 자리 수의 곱이 홀수입니다.

09 |보기|와 같이 시각을 수로 나타낼 수 있습니다. 오전 6시와 오전 7시 59분 사이의 몇 시 몇 분의 시각을 |보기|와 같이 나타낼 때, 그 수가 팰린드롬 수가 되는 경우는 모두 몇 번인지 구해 보시오.

보기

2시 ➡ 200　　3시 7분 ➡ 307　　5시 48분 ➡ 548

10 7개의 공이 들어 있는 주머니에서 공을 3개 꺼내 세 자리 수를 만들려고 합니다. 만들 수 있는 세 자리 수 중에서 570에 가장 가까운 수를 구해 보시오.

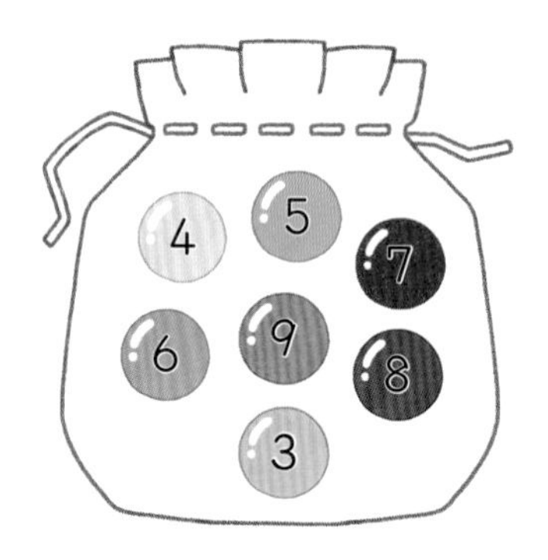

정답과 풀이 38쪽 ❯

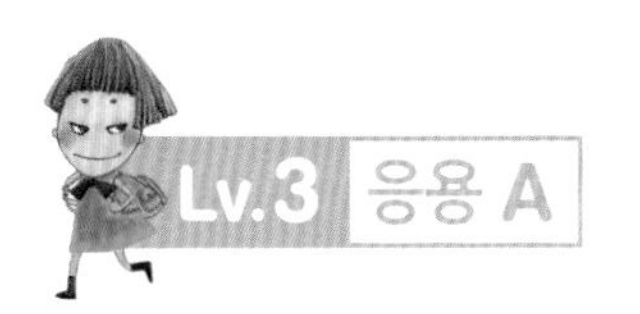

형성평가

시험일시	년 월 일
이 름	

권장 시험 시간 **30분**

- ✔ 총 문항 수(10문항)를 확인해 주세요.
- ✔ 권장 시험 시간(30분) 안에 문제를 풀어 주세요.
- ✔ 문제를 정확히 읽고 답을 바르게 쓰세요.
- ✔ 잘 풀리지 않는 문제가 있으면 쉬운 문제부터 해결한 후 다시 도전해 보세요.

채점 결과를 매스티안 홈페이지(https://www.mathtian.com)에 방문하여 양식에 맞게 입력해 보세요.
「형성평가 결과지」를 직접 받아보실 수 있습니다.

1 노노그램의 규칙 에 따라 빈칸을 알맞게 색칠해 보시오.

규칙

① 위에 있는 수는 세로줄에 연속하여 색칠된 칸의 수를 나타냅니다.

② 왼쪽에 있는 수는 가로줄에 연속하여 색칠된 칸의 수를 나타냅니다.

③ 연속하는 수 사이에는 빈칸이 있어야 합니다.

	1 3	4 1	1 3	1	6	1 1
1 1						
3 2						
1 1						
3 1						
1 4						
3 1						

2 스도쿠의 규칙 에 따라 빈칸에 알맞은 수를 써넣으시오.

규칙

① 가로줄과 세로줄의 각 칸에 주어진 수가 한 번씩만 들어갑니다.

② 굵은 선으로 나누어진 부분의 각 칸에 주어진 수가 한 번씩만 들어갑니다.

1, 2, 3, 4, 5, 6

1	3	4	2	5	
	6		3		1
3		5	1	6	
6	2		5		4
			4		3
	1			2	

3 길 찾기 퍼즐의 | 규칙 |에 따라 두더지가 집까지 가는 길을 그려 보시오.

| 규칙 |

① ● 안의 수는 두더지가 집으로 갈 때 지나가는 칸의 수입니다.

② 두더지는 가로나 세로로만 갈 수 있습니다.

③ 한 번 지난 칸은 다시 지날 수 없고, 서로 다른 두더지는 같은 칸을 지날 수 없습니다.

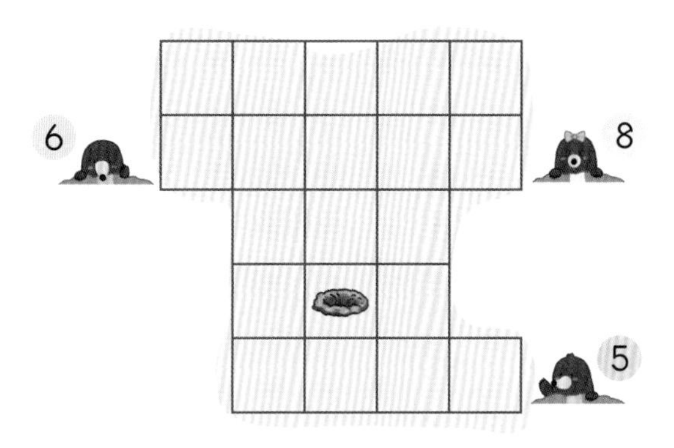

4 폭탄 찾기 퍼즐의 | 규칙 |에 따라 폭탄을 찾아 ○표 하고, 폭탄의 개수를 구해 보시오.

| 규칙 |

수를 둘러싼 칸에 그 수만큼 폭탄이 숨겨져 있습니다.

1		
		3
2		

3		4		
				2
	2			
				2
	1		3	

5 |규칙|에 따라 빈칸에 알맞은 수를 써넣으시오.

|규칙|

① 색칠한 곳의 수는 오른쪽 또는 아래쪽으로 쓰인 수들의 합입니다.
② 빈칸에는 1부터 9까지의 수를 쓸 수 있습니다.
③ 가로와 세로로 연결된 한 줄에는 같은 수를 쓸 수 없습니다.

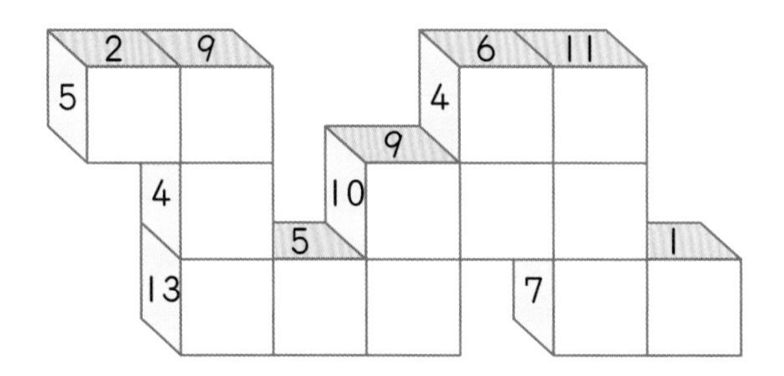

6 화살표 퍼즐의 |규칙|에 따라 ⊛ 안에 화살표를 알맞게 그려 넣으시오.

|규칙|

① 화살표가 가리키는 방향으로 움직이다가 다른 화살표를 만나면 방향을 바꾸어 움직입니다.
② 모든 화살표를 지나 도착으로 나와야 합니다.
③ 같은 색의 ⊛는 같은 방향, 다른 색의 ⊛는 다른 방향을 나타냅니다.

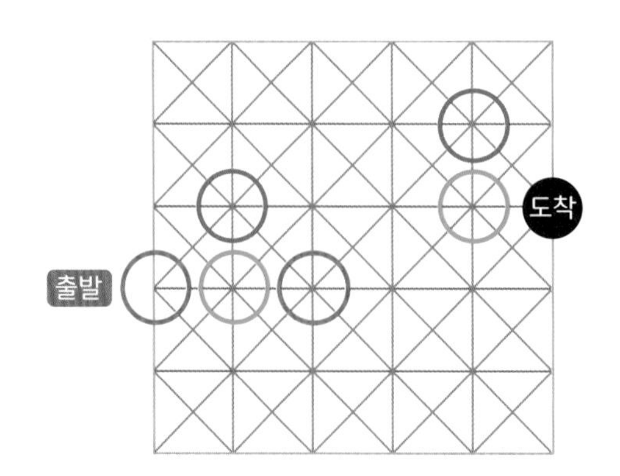

7 |규칙|에 따라 낚시대와 물고기를 연결하는 선을 그려 보시오.

규칙

① ◍ 안의 수는 낚시줄이 물고기와 연결될 때 지나가는 칸의 수입니다.

② 각 낚시대는 서로 다른 물고기 한 마리와 연결됩니다.

③ 낚시줄은 가로나 세로로만 갈 수 있으며 물풀이 있는 곳은 갈 수 없습니다.

④ 한 번 지난 칸은 다시 지날 수 없고, 서로 다른 낚시대는 같은 칸을 지날 수 없습니다.

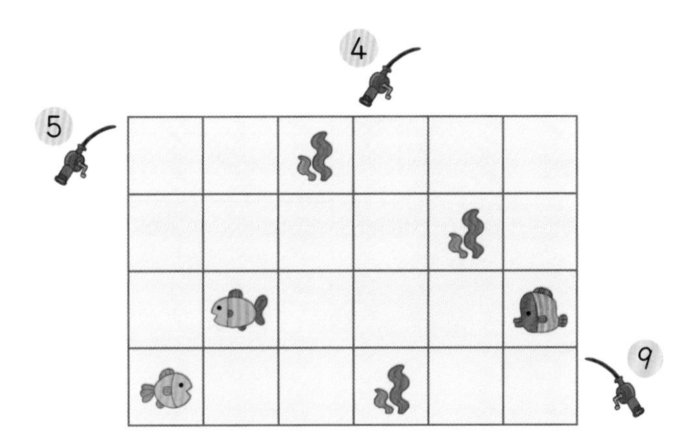

8 |규칙|에 따라 빈칸에 알맞은 수를 써넣으시오.

규칙

① 가로줄과 세로줄의 각 ○ 안에 주어진 수가 한 번씩만 들어갑니다.

② 같은 색으로 연결된 선의 각 ○ 안에 주어진 수가 한 번씩만 들어갑니다.

1, 2, 3, 4, 5

			3	4
3	4	1		
5		2	4	
1	2		5	
		3	1	2

9 가쿠로 퍼즐의 |규칙|에 따라 빈칸에 알맞은 수를 써넣으시오.

|규칙|

① 색칠한 삼각형 안의 수는 삼각형의 오른쪽 또는 아래쪽으로 쓰인 수들의 합입니다.
② 빈칸에는 1부터 9까지의 수를 쓸 수 있습니다.
③ 삼각형과 연결된 한 줄에는 같은 수를 쓸 수 없습니다.

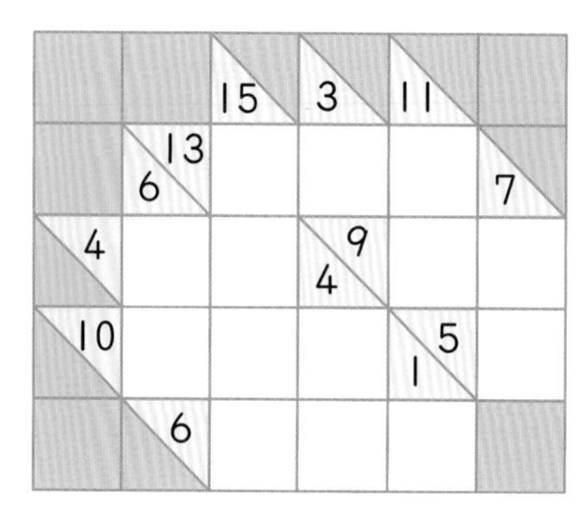

10 |규칙|에 따라 폭탄을 찾아 ○표 하고, 폭탄의 개수를 구해 보시오.

|규칙|

① 수를 둘러싼 칸에 그 수만큼 폭탄이 숨겨져 있습니다.
② 한 칸에 1개 또는 2개의 폭탄이 있습니다.

2		
		4
3		

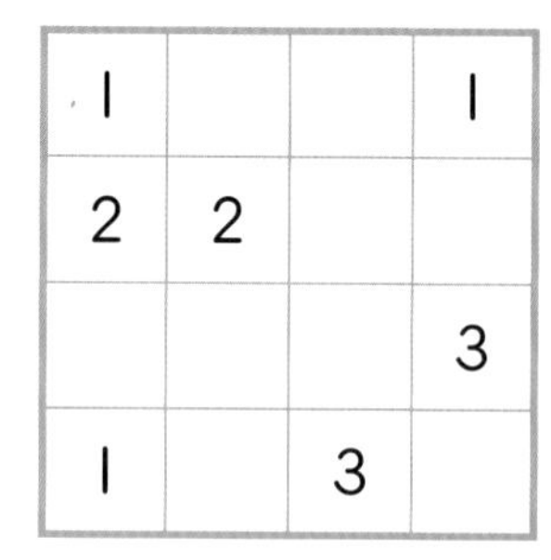

1			1
2	2		
			3
1		3	

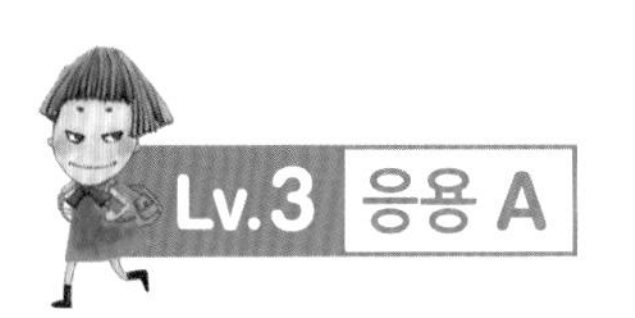

형성평가

시험일시	년 월 일
이 름	

권장 시험 시간 30분

- 총 문항 수(10문항)를 확인해 주세요.
- 권장 시험 시간(30분) 안에 문제를 풀어 주세요.
- 문제를 정확히 읽고 답을 바르게 쓰세요.
- 잘 풀리지 않는 문제가 있으면 쉬운 문제부터 해결한 후 다시 도전해 보세요.

채점 결과를 매스티안 홈페이지(https://www.mathtian.com)에 방문하여 양식에 맞게 입력해 보세요.
「형성평가 결과지」를 직접 받아보실 수 있습니다.

01 태인이는 책상 서랍에서 눈금이 군데군데 지워진 오래된 자를 찾았습니다. 이 자를 이용하여 2cm부터 8cm까지 1cm 간격으로 길이를 재려고 할 때, 잴 수 <u>없는</u> 길이를 구해 보시오.

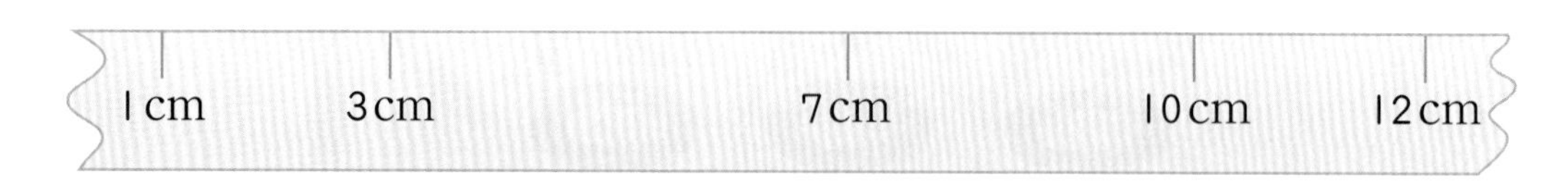

02 다음은 어느 해 찢어진 9월 달력의 일부분입니다. 오늘은 9월 둘째 주 일요일입니다. 89일 후 날짜는 몇 월 며칠 무슨 요일인지 구해 보시오.

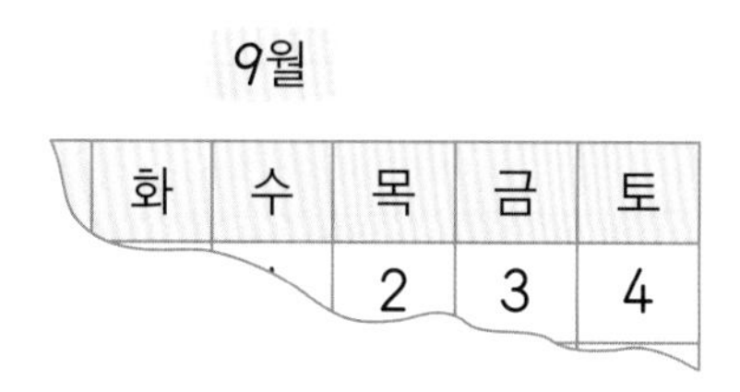

03 다음 도형의 둘레를 구해 보시오.

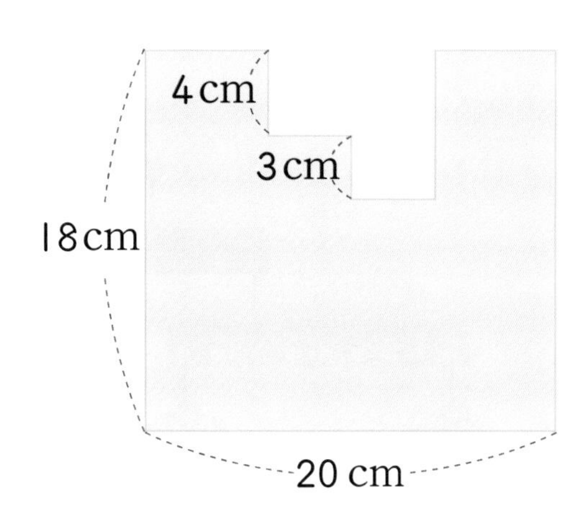

04 모양과 크기가 같은 6개의 구슬 중 무거운 구슬이 1개 있습니다. 무거운 구슬은 저울을 최소한 몇 번 사용하여 찾을 수 있는지 구해 보시오.

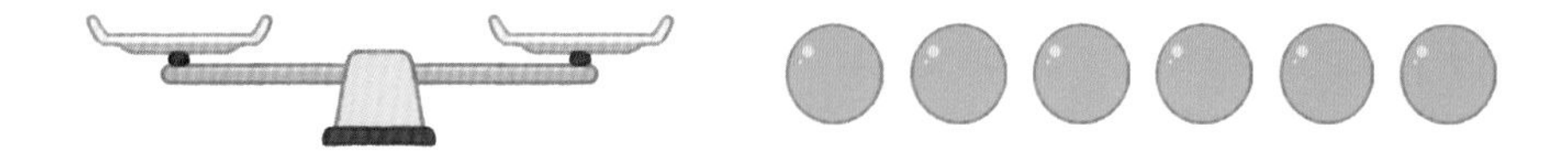

05 시은이는 모빌에 모형을 매달려고 합니다. 모빌이 수평이 되도록 ☁에 각각 알맞은 무게를 써넣으시오. (단, 막대의 무게는 생각하지 않습니다.)

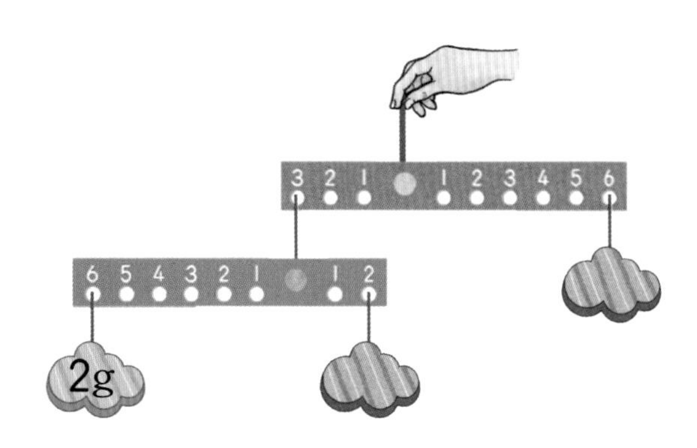

06 서하의 시계는 1시간에 5분씩 빨라지고, 태리의 시계는 1시간에 2분씩 느려집니다. 어느 날 오전 8시에 두 사람의 시계를 모두 정확히 맞췄다면 오후 2시에 두 시계가 가리키는 시각은 몇 분만큼 차이가 나는지 구해 보시오.

07 채윤이의 생일 60일 후는 연우의 생일입니다. 연우의 생일이 7월 17일 수요일일 때, 채윤이의 생일은 몇 월 며칠 무슨 요일인지 구해 보시오.

08 ㉮와 ㉯는 한 변의 길이가 서로 같은 정삼각형과 정사각형을 겹치지 않게 붙여 만든 도형입니다. ㉮의 둘레가 14cm일 때, ㉯의 둘레는 몇 cm인지 구해 보시오.

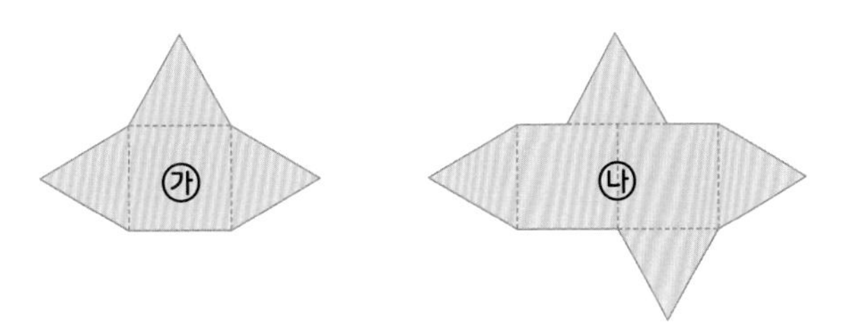

09 모빌에 구슬이 매달려 있습니다. 모빌에 매달려 있는 각 구슬의 무게를 구하고, 구슬 4개의 무게의 합을 구해 보시오. (단, 막대의 무게는 생각하지 않습니다.)

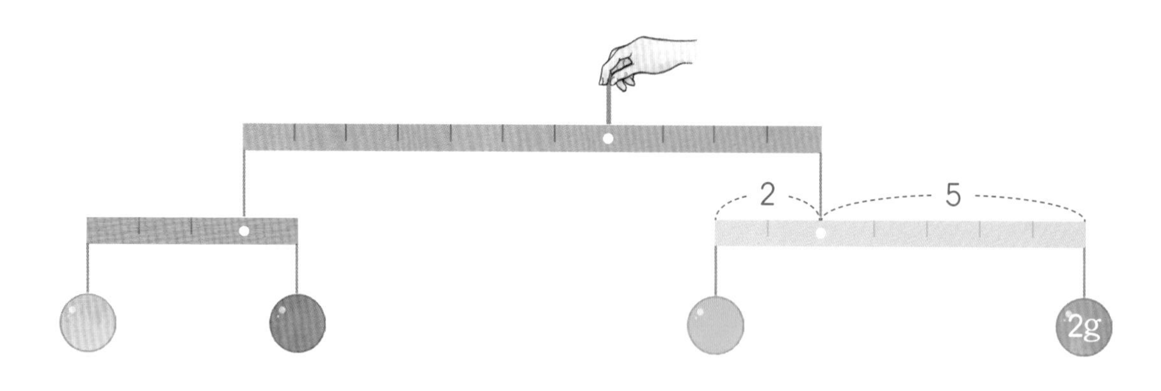

10 모양과 크기가 같은 4개의 금화 중 무게를 알 수 없는 가짜 금화가 1개 섞여 있습니다. 저울을 보고 가짜 금화의 번호를 찾고, 가짜 금화는 진짜 금화보다 가벼운지 무거운지 구해 보시오.

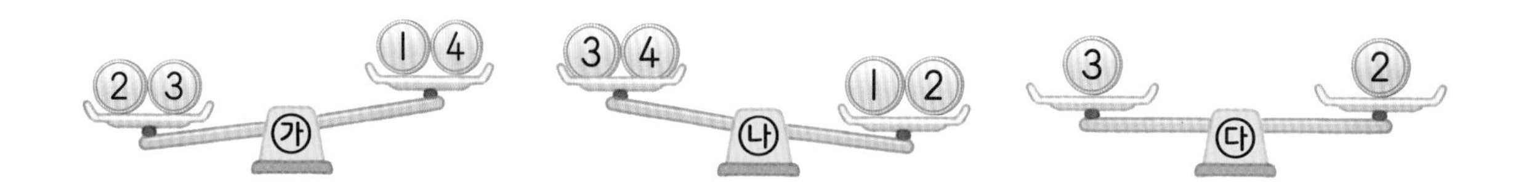

정답과 풀이 44쪽

총괄평가

권장 시험 시간	30분

시험일시	년 월 일
이 름	

- ✓ 총 문항 수(10문항)를 확인해 주세요.
- ✓ 권장 시험 시간(30분) 안에 문제를 풀어 주세요.
- ✓ 문제를 정확히 읽고 답을 바르게 쓰세요.
- ✓ 잘 풀리지 않는 문제가 있으면 쉬운 문제부터 해결한 후 다시 도전해 보세요.

채점 결과를 매스티안 홈페이지(https://www.mathtian.com)에 방문하여 양식에 맞게 입력해 보세요.
「총괄평가 결과지」를 직접 받아보실 수 있습니다.

01 50부터 150까지의 수에 들어 있는 숫자 5는 모두 몇 개인지 구해 보시오.

02 주어진 4장의 숫자 카드 중 3장을 사용하여 세 자리 수를 만들려고 합니다. 만들 수 있는 수 중에서 600에 가장 가까운 수를 구해 보시오.

0	5	6	9

03 주어진 6장의 수 카드를 모두 사용하여 조건 에 맞게 빈 카드에 알맞은 수를 써넣으시오.

1	1	2	2	3	3

조건

- 같은 색깔 카드에 있는 수끼리 더한 값이 모두 같습니다.
- 1은 이웃하여 놓여 있습니다.
- 양 끝자리에는 3이 놓여 있습니다.

04 다음 조건 에 맞는 세 자리 수는 모두 몇 개인지 구해 보시오.

조건

- 일의 자리 수와 백의 지리 수의 합이 12인 팰린드롬 수입니다.
- 백의 자리 수와 십의 자리 수를 더하면 홀수입니다.

05 스도쿠의 규칙 에 따라 빈칸에 알맞은 수를 써넣으시오.

규칙
① 가로줄과 세로줄의 각 칸에 주어진 수가 한 번씩만 들어갑니다.
② 굵은 선으로 나누어진 부분의 각 칸에 주어진 수가 한 번씩만 들어갑니다.

1, 2, 3, 4

		2	
2	1		
1			2
4		1	3

06 가쿠로 퍼즐의 규칙 에 따라 빈칸에 알맞은 수를 써넣으시오.

규칙
① 색칠한 삼각형 안의 수는 삼각형의 오른쪽 또는 아래쪽으로 쓰인 수들의 합입니다.
② 빈칸에는 1에서 9까지의 수를 쓸 수 있습니다.
③ 삼각형과 연결된 한 줄에는 같은 수를 쓸 수 없습니다.

	5	11		6
4			2 / 8	
10				
	5			
	9			

07 화살표 퍼즐의 |규칙|에 따라 ⊛ 안에 화살표를 알맞게 그려 넣으시오.

규칙

① 화살표가 가리키는 방향으로 움직이다가 다른 화살표를 만나면 방향을 바꾸어 움직입니다.

② 모든 화살표를 지나 도착으로 나와야 합니다.

③ 같은 색의 ⊛는 같은 방향, 다른 색의 ⊛는 다른 방향을 나타냅니다.

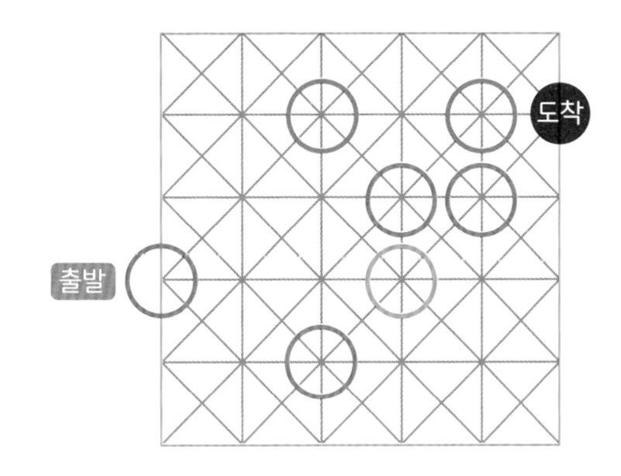

08 류하의 시계는 1시간에 5분씩 느려지고, 희찬이의 시계는 1시간에 5분씩 빨라집니다. 오전 8시에 두 사람의 시계를 모두 정확히 맞췄다면, 6시간 후 두 사람의 시계가 가리키는 시각은 몇 분만큼 차이가 나는지 구해 보시오.

09 다음 도형의 둘레를 구해 보시오.

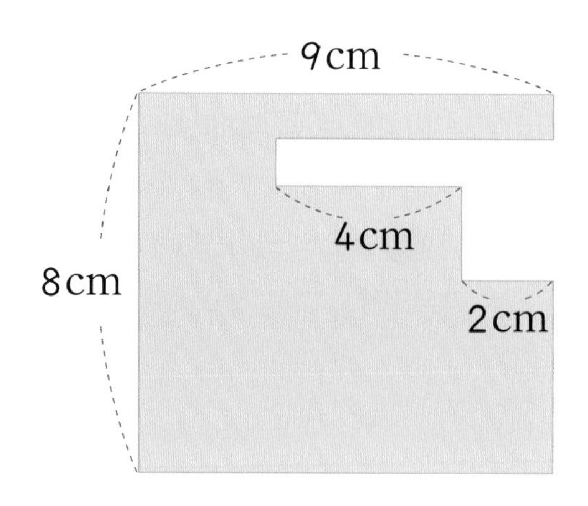

10 모양과 크기가 같은 6개의 금화 중 무거운 금화가 1개 있습니다. 무게가 무거운 금화는 저울을 최소한 몇 번 사용하여 찾을 수 있는지 구해 보시오.

정답과 풀이 47쪽

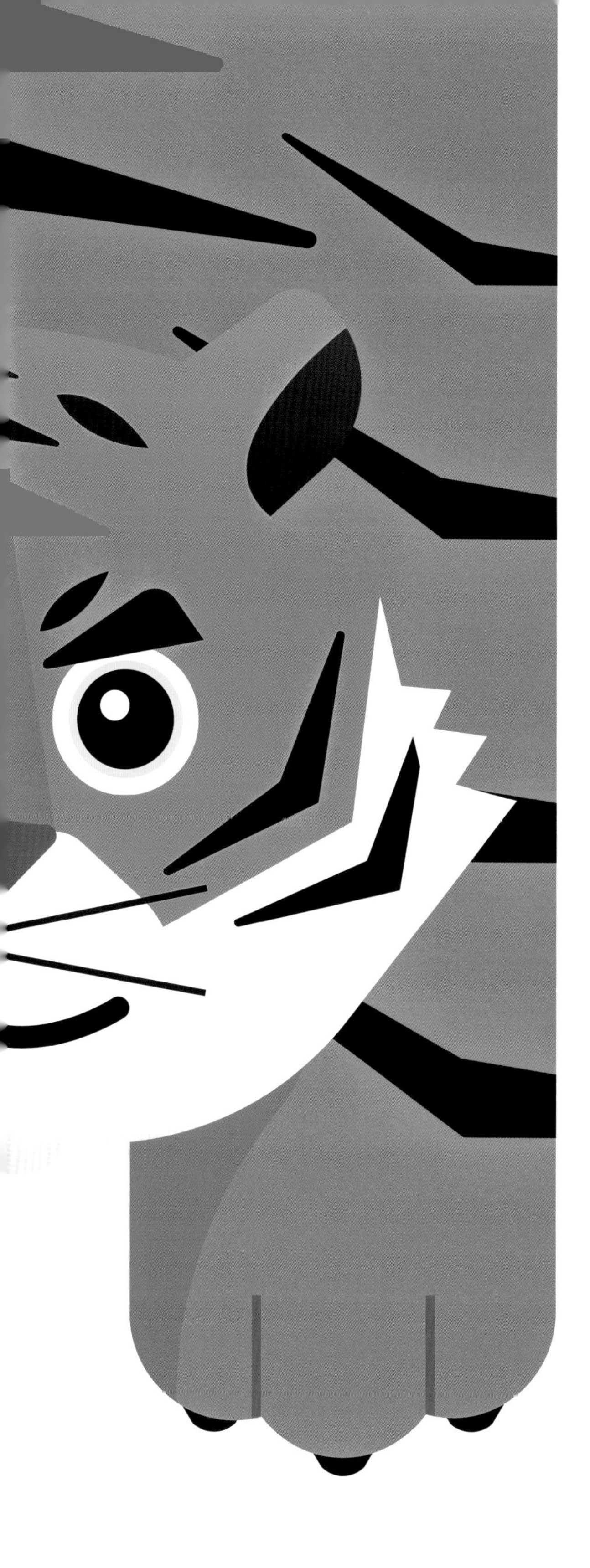

영재학급, 영재교육원,
경시대회 준비를 위한

창의사고력 초등수학 팩토

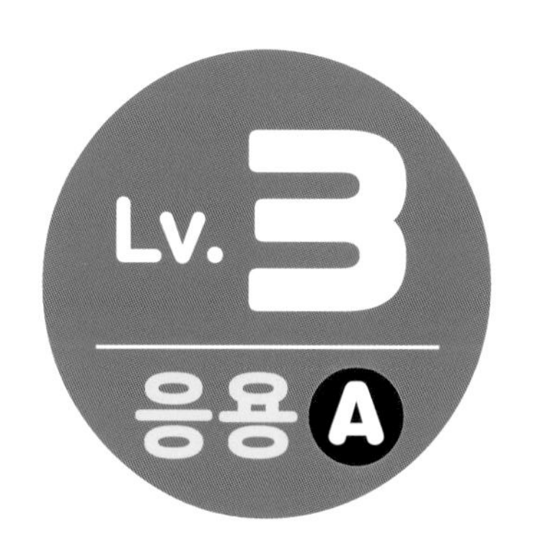

명확한 답
친절한 풀이

영재학급, 영재교육원,
경시대회 준비를 위한

창의사고력
초등수학

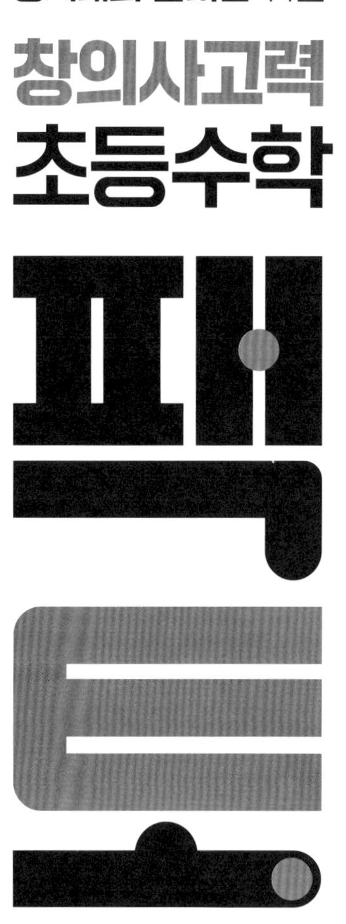

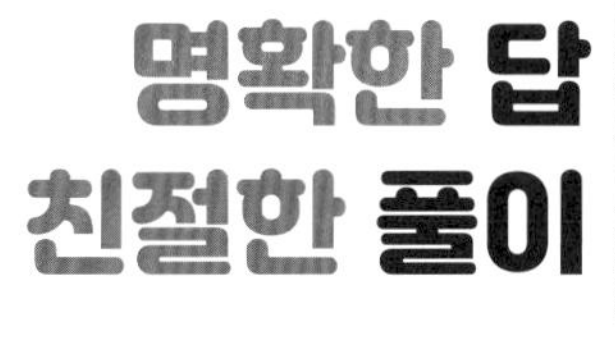

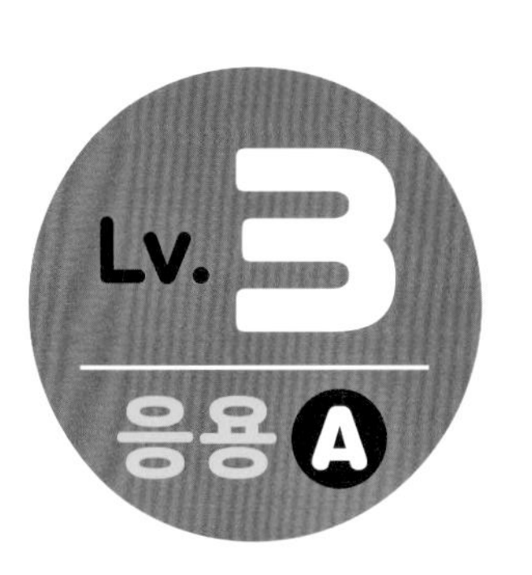

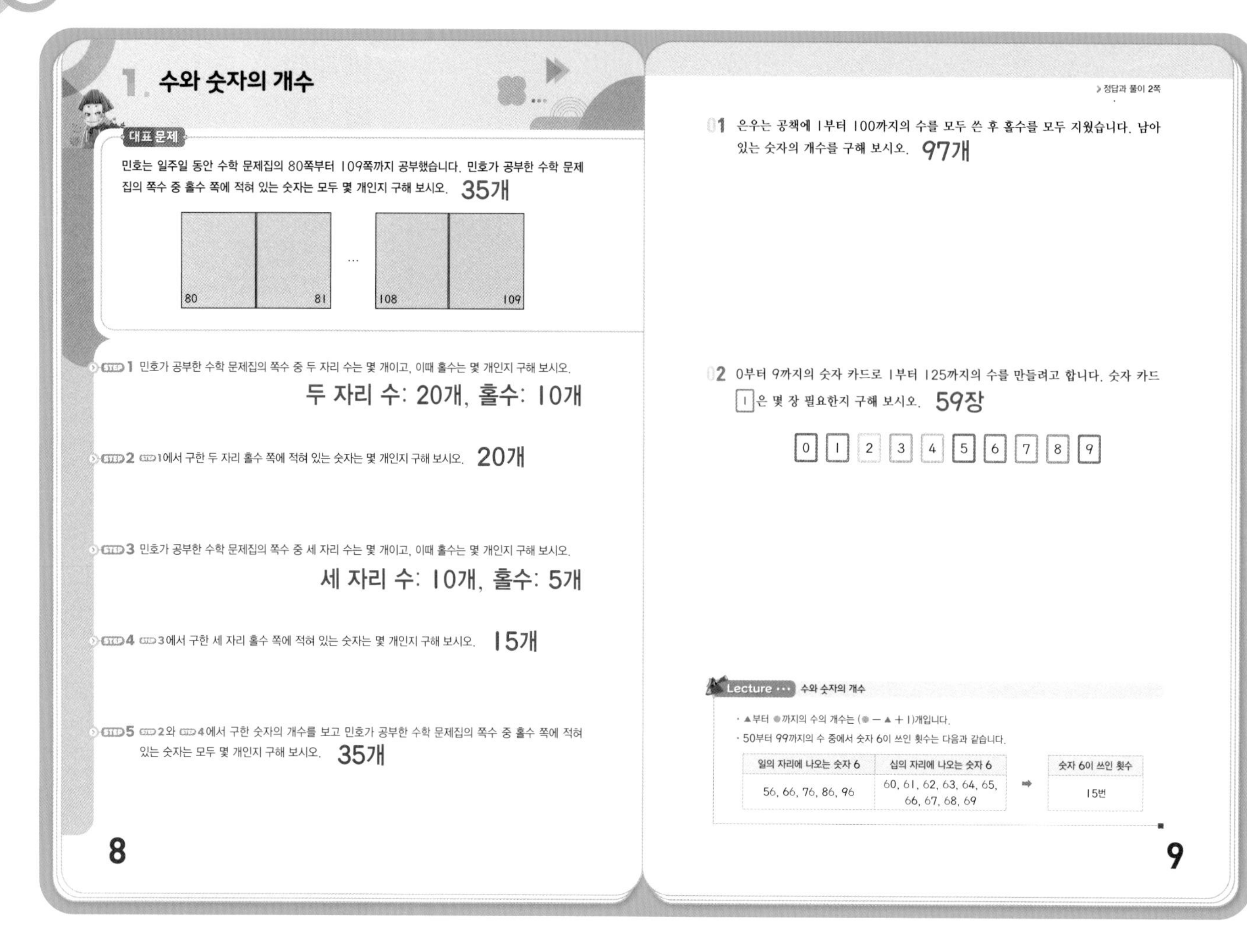

1. 수와 숫자의 개수

대표 문제

민호는 일주일 동안 수학 문제집의 80쪽부터 109쪽까지 공부했습니다. 민호가 공부한 수학 문제집의 쪽수 중 홀수 쪽에 적혀 있는 숫자는 모두 몇 개인지 구해 보시오. 35개

80 | 81 … 108 | 109

STEP 1 민호가 공부한 수학 문제집의 쪽수 중 두 자리 수는 몇 개이고, 이때 홀수는 몇 개인지 구해 보시오.
두 자리 수: 20개, 홀수: 10개

STEP 2 STEP 1에서 구한 두 자리 홀수 쪽에 적혀 있는 숫자는 몇 개인지 구해 보시오. 20개

STEP 3 민호가 공부한 수학 문제집의 쪽수 중 세 자리 수는 몇 개이고, 이때 홀수는 몇 개인지 구해 보시오.
세 자리 수: 10개, 홀수: 5개

STEP 4 STEP 3에서 구한 세 자리 홀수 쪽에 적혀 있는 숫자는 몇 개인지 구해 보시오. 15개

STEP 5 STEP 2와 STEP 4에서 구한 숫자의 개수를 보고 민호가 공부한 수학 문제집의 쪽수 중 홀수 쪽에 적혀 있는 숫자는 모두 몇 개인지 구해 보시오. 35개

8

정답과 풀이 2쪽

01 은우는 공책에 1부터 100까지의 수를 모두 쓴 후 홀수를 모두 지웠습니다. 남아 있는 숫자의 개수를 구해 보시오. 97개

02 0부터 9까지의 숫자 카드로 1부터 125까지의 수를 만들려고 합니다. 숫자 카드 1은 몇 장 필요한지 구해 보시오. 59장

0 1 2 3 4 5 6 7 8 9

Lecture … 수와 숫자의 개수

- ▲부터 ●까지의 수의 개수는 (● − ▲ + 1)개입니다.
- 50부터 99까지의 수 중에서 숫자 6이 쓰인 횟수는 다음과 같습니다.

일의 자리에 나오는 숫자 6	십의 자리에 나오는 숫자 6	➡	숫자 6이 쓰인 횟수
56, 66, 76, 86, 96	60, 61, 62, 63, 64, 65, 66, 67, 68, 69		15번

9

대표 문제

STEP 1 두 자리 수: 80, 81, 82 …, 97, 98, 99 → 20개
홀수: 81, 83, 85, 87, 89, 91, 93, 95, 97, 99 → 10개

STEP 2 두 자리 홀수는 10개입니다. 이때 숫자의 개수는 $10 \times 2 = 20$(개)입니다.

STEP 3 세 자리 수: 100, 101 …, 108, 109 → 10개
홀수: 101, 103, 105, 107, 109 → 5개

STEP 4 세 자리 홀수는 5개입니다. 이때 숫자의 개수는 $5 \times 3 = 15$(개)입니다.

STEP 5 홀수 쪽에 적혀 있는 숫자는 모두 $20 + 15 = 35$(개)입니다.

01 1부터 100까지의 수를 모두 쓴 후 홀수를 모두 지웠으므로 남아 있는 수는 모두 짝수입니다.
- 한 자리 짝수: 2, 4, 6, 8 → 숫자의 개수: 4개
- 두 자리 짝수: 10, 12, 14, 16, 18 / 20, 22, 24, 26, 28 / 30, 32, 34, 36, 38 / 40, 42, 44, 46, 48 / 50, 52, 54, 56, 58 / 60, 62, 64, 66, 68 / 70, 72, 74, 76, 78 / 80, 82, 84, 86, 88 / 90, 92, 94, 96, 98
  → 수의 개수: 45개, 숫자의 개수: $45 \times 2 = 90$(개)
- 세 자리 짝수: 100 → 숫자의 개수: 3개

따라서 남아 있는 숫자는 $4 + 90 + 3 = 97$(개)입니다.

02
- 일의 자리에 숫자 1이 들어가는 경우:
  1, 11, 21, 31 …, 81, 91, 101, 111, 121 → 13장
- 십의 자리에 숫자 1이 들어가는 경우:
  10, 11, 12, 13, 14, 15, 16, 17, 18, 19, 110, 111, 112, 113, 114, 115, 116, 117, 118, 119 → 20장
- 백의 자리에 숫자 1이 들어가는 경우:
  100, 101, 102 …, 123, 124, 125 → 26장

따라서 숫자 카드 1은 모두 $13 + 20 + 26 = 59$(장) 필요합니다.

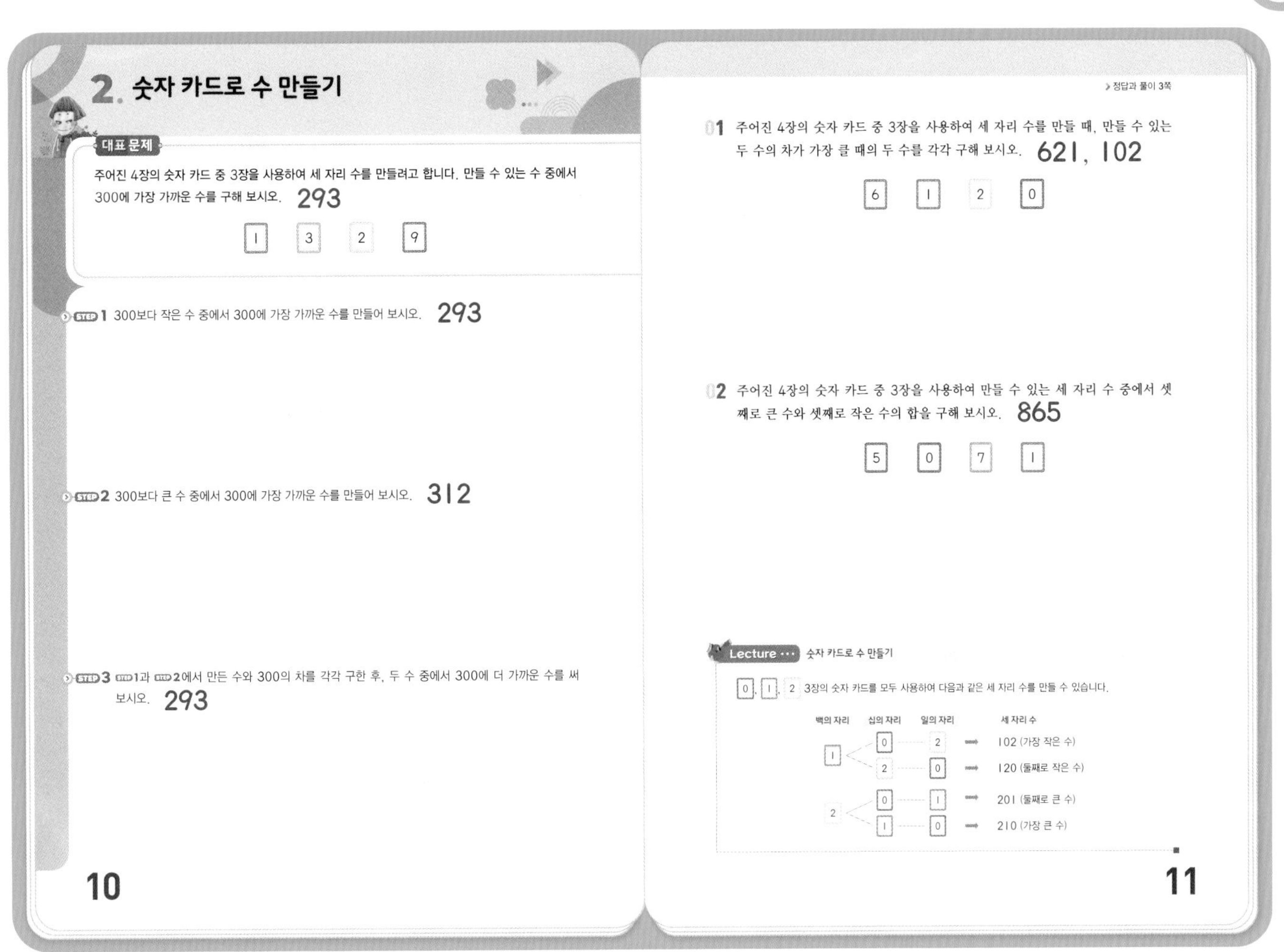

2. 숫자 카드로 수 만들기

대표 문제

주어진 4장의 숫자 카드 중 3장을 사용하여 세 자리 수를 만들려고 합니다. 만들 수 있는 수 중에서 300에 가장 가까운 수를 구해 보시오. 293

1 3 2 9

STEP 1 300보다 작은 수 중에서 300에 가장 가까운 수를 만들어 보시오. 293

STEP 2 300보다 큰 수 중에서 300에 가장 가까운 수를 만들어 보시오. 312

STEP 3 STEP 1과 STEP 2에서 만든 수와 300의 차를 각각 구한 후, 두 수 중에서 300에 더 가까운 수를 써 보시오. 293

10

정답과 풀이 3쪽

01 주어진 4장의 숫자 카드 중 3장을 사용하여 세 자리 수를 만들 때, 만들 수 있는 두 수의 차가 가장 클 때의 두 수를 각각 구해 보시오. 621, 102

6 1 2 0

02 주어진 4장의 숫자 카드 중 3장을 사용하여 만들 수 있는 세 자리 수 중에서 셋째로 큰 수와 셋째로 작은 수의 합을 구해 보시오. 865

5 0 7 1

Lecture … 숫자 카드로 수 만들기

0, 1, 2 3장의 숫자 카드를 모두 사용하여 다음과 같은 세 자리 수를 만들 수 있습니다.

백의 자리	십의 자리	일의 자리	세 자리 수
1	0	2	102 (가장 작은 수)
1	2	0	120 (둘째로 작은 수)
2	0	1	201 (둘째로 큰 수)
2	1	0	210 (가장 큰 수)

11

대표 문제

STEP 1 300보다 작은 수 중에서 300에 가장 가까운 수는 백의 자리가 2인 가장 큰 수입니다. 따라서 백의 자리에 2를 놓고 십의 자리에 가장 큰 수, 일의 자리에 그 다음으로 큰 수를 놓아야 합니다.

STEP 2 300보다 큰 수 중에서 300에 가장 가까운 수는 백의 자리가 3인 가장 작은 수입니다. 따라서 백의 자리에 3을 놓고 십의 자리에 가장 작은 수, 일의 자리에 그 다음으로 작은 수를 놓아야 합니다.

STEP 3 $300-293=7$, $312-300=12$이므로 두 수 중에서 300에 더 가까운 수는 293입니다.

01 가장 큰 수에서 가장 작은 수를 뺄 때 두 수의 차가 가장 큽니다.
$6>2>1>0$이므로 만들 수 있는 가장 큰 수는 621, 가장 작은 수는 102입니다.

02 $7>5>1>0$이므로
- 가장 큰 수는 751, 둘째로 큰 수는 750, 셋째로 큰 수는 715입니다.
- 백의 자리에 0을 놓을 수 없으므로 가장 작은 수는 105, 둘째로 작은 수는 107, 셋째로 작은 수는 150입니다.

따라서 셋째로 큰 수와 셋째로 작은 수의 합은
$715+150=865$입니다.

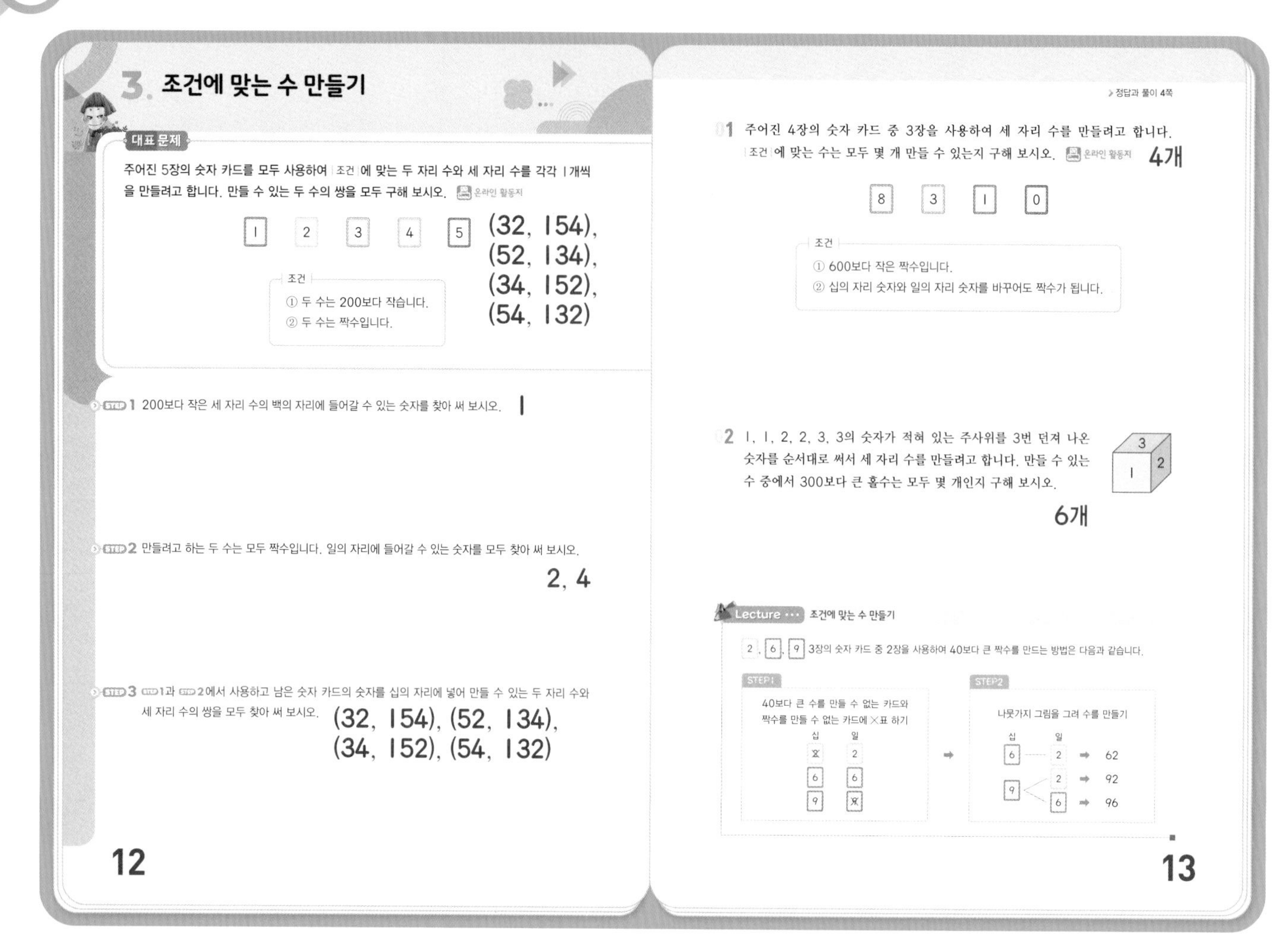

3. 조건에 맞는 수 만들기
대표 문제
주어진 5장의 숫자 카드를 모두 사용하여 조건 에 맞는 두 자리 수와 세 자리 수를 각각 1개씩 을 만들려고 합니다. 만들 수 있는 두 수의 쌍을 모두 구해 보시오.
(32, 154), (52, 134), (34, 152), (54, 132)
① 두 수는 200보다 작습니다.
② 두 수는 짝수입니다.
STEP 1 200보다 작은 세 자리 수의 백의 자리에 들어갈 수 있는 숫자를 찾아 써 보시오. 1
STEP 2 만들려고 하는 두 수는 모두 짝수입니다. 일의 자리에 들어갈 수 있는 숫자를 모두 찾아 써 보시오. 2, 4
STEP 3 STEP 1과 STEP 2에서 사용하고 남은 숫자 카드의 숫자를 십의 자리에 넣어 만들 수 있는 두 자리 수와 세 자리 수의 쌍을 모두 찾아 써 보시오. (32, 154), (52, 134), (34, 152), (54, 132)
12
01 주어진 4장의 숫자 카드 중 3장을 사용하여 세 자리 수를 만들려고 합니다. 조건 에 맞는 수는 모두 몇 개 만들 수 있는지 구해 보시오. 4개
① 600보다 작은 짝수입니다.
② 십의 자리 숫자와 일의 자리 숫자를 바꾸어도 짝수가 됩니다.
02 1, 1, 2, 2, 3, 3의 숫자가 적혀 있는 주사위를 3번 던져 나온 숫자를 순서대로 써서 세 자리 수를 만들려고 합니다. 만들 수 있는 수 중에서 300보다 큰 홀수는 모두 몇 개인지 구해 보시오. 6개
Lecture 조건에 맞는 수 만들기
13

대표 문제

STEP 1 세 자리 수가 200보다 작으려면 백의 자리에 들어갈 수 있는 숫자는 1입니다.

STEP 2 두 자리 수와 세 자리 수가 모두 짝수이므로 일의 자리에 들어갈 수 있는 숫자는 2와 4입니다.

STEP 3 남은 숫자 카드 3과 5로 만들 수 있는 두 자리 수와 세 자리 수는 다음과 같습니다.

01 600보다 작은 짝수이므로 백의 자리에는 1, 3을 놓을 수 있고, 십의 자리 숫자와 일의 자리 숫자를 바꾸어도 짝수가 되려면 일의 자리와 십의 자리에는 0 또는 8을 놓을 수 있습니다.
따라서 조건에 맞게 수를 만들면

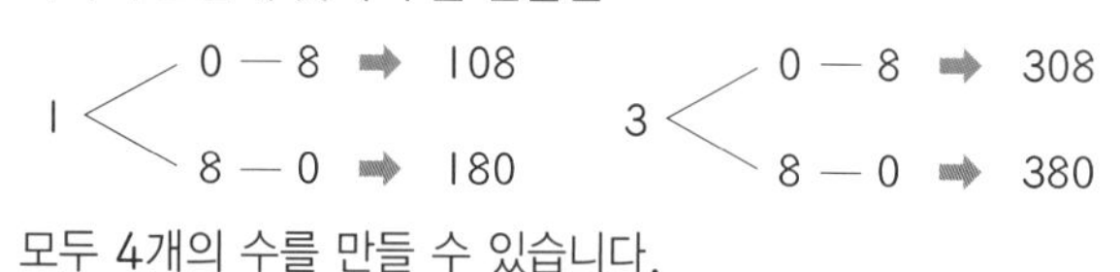

모두 4개의 수를 만들 수 있습니다.

02 300보다 큰 수이므로 백의 자리 숫자는 3입니다.
홀수이므로 일의 자리에는 1, 3이 올 수 있습니다.

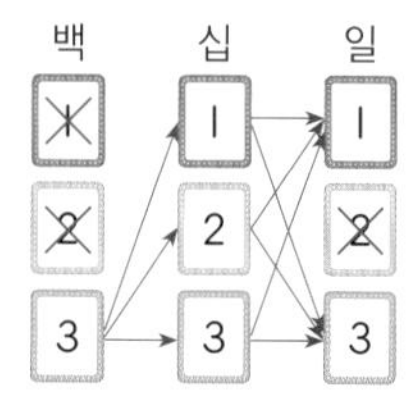

따라서 조건에 맞는 수는 311, 313, 321, 323, 331, 333이므로, 모두 6개의 수를 만들 수 있습니다.

정답과 풀이 5쪽

01 50부터 130까지의 수에 들어 있는 숫자는 모두 몇 개인지 구해 보시오. 193개

Key Point
먼저 50부터 130까지의 수 중 두 자리 수와 세 자리 수의 개수를 각각 구해 봅니다.

02 7개의 공이 들어 있는 주머니에서 공을 3개 꺼내 세 자리 수를 만들려고 합니다. 만들 수 있는 세 자리 수 중에서 550에 가장 가까운 수를 구해 보시오. 612

03 각 자리의 숫자 룰렛을 돌려서 세 자리 수를 만든 것입니다. 물음에 답해 보시오.

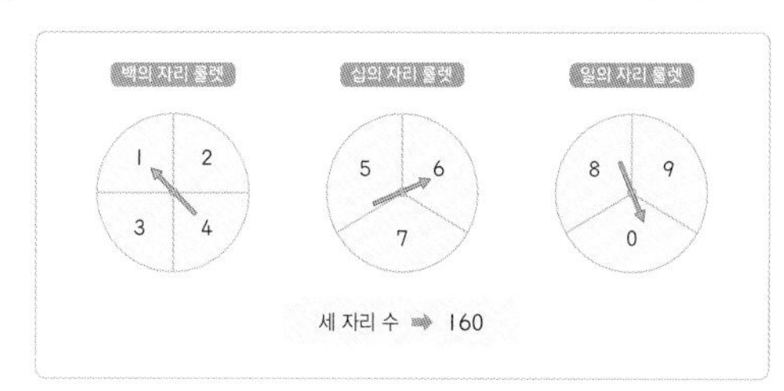

(1) 숫자 룰렛으로 만들 수 있는 가장 큰 수와 가장 작은 수의 차를 구해 보시오.
329

(2) 숫자 룰렛으로 만들 수 있는 400보다 큰 홀수를 모두 구해 보시오.
459, 469, 479

14

15

01 • 두 자리 수의 숫자의 개수
50부터 99까지의 수의 개수: $99-50+1=50$(개)
→ 숫자의 개수: $50\times2=100$(개)
• 세 자리 수의 숫자의 개수
100부터 130까지의 수의 개수: $130-100+1=31$(개)
→ 숫자의 개수: $31\times3=93$(개)
따라서 숫자는 모두 $100+93=193$(개)입니다.

02 • 550보다 작은 수 중에서 550에 가장 가까운 수: 398
• 550보다 큰 수 중에서 550에 가장 가까운 수: 612
따라서 $550-398=152$, $612-550=62$이므로 550에 가장 가까운 수는 612입니다.

03 (1) • 숫자 룰렛으로 만들 수 있는 가장 큰 수는 각 자리 수가 각각 가장 커야 하므로 479입니다.
• 숫자 룰렛으로 만들 수 있는 가장 작은 수는 각 자리 수가 각각 가장 작아야 하므로 150입니다.
따라서 가장 큰 수와 가장 작은 수의 차는
$479-150=329$입니다.

(2) 400보다 큰 수이므로 백의 자리 숫자는 4입니다.
홀수이므로 일의 자리 숫자는 9입니다.
따라서 400보다 큰 홀수는 459, 469, 479입니다.

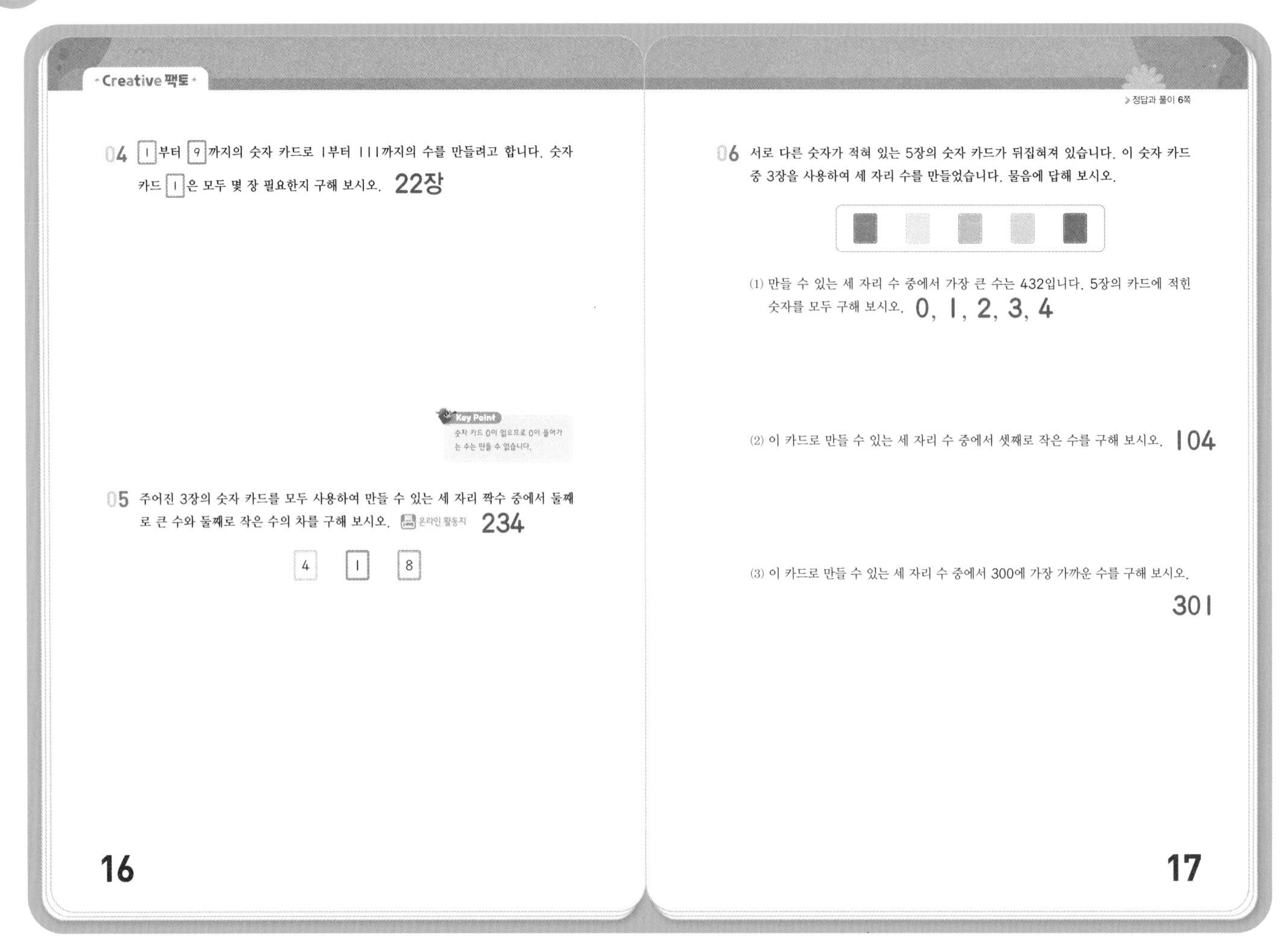
Creative 팩토

> 정답과 풀이 6쪽

04 1부터 9까지의 숫자 카드로 1부터 111까지의 수를 만들려고 합니다. 숫자 카드 1은 모두 몇 장 필요한지 구해 보시오. 22장

Key Point
숫자 카드 0이 없으므로 0이 들어가는 수는 만들 수 없습니다.

05 주어진 3장의 숫자 카드를 모두 사용하여 만들 수 있는 세 자리 짝수 중에서 둘째로 큰 수와 둘째로 작은 수의 차를 구해 보시오. 온라인 활동지 234

4 1 8

16

06 서로 다른 숫자가 적혀 있는 5장의 숫자 카드가 뒤집혀져 있습니다. 이 숫자 카드 중 3장을 사용하여 세 자리 수를 만들었습니다. 물음에 답해 보시오.

(1) 만들 수 있는 세 자리 수 중에서 가장 큰 수는 432입니다. 5장의 카드에 적힌 숫자를 모두 구해 보시오. 0, 1, 2, 3, 4

(2) 이 카드로 만들 수 있는 세 자리 수 중에서 셋째로 작은 수를 구해 보시오. 104

(3) 이 카드로 만들 수 있는 세 자리 수 중에서 300에 가장 가까운 수를 구해 보시오. 301

17

04 숫자 카드 0이 없으므로 0이 들어가는 수인 10, 101, 110은 만들 수 없습니다.

- 일의 자리에 숫자 1이 들어가는 경우:
  1, 11, 21, 31…, 81, 91, 111 → 11장
- 십의 자리에 숫자 1이 들어가는 경우:
  11, 12, 13, 14, 15, 16, 17, 18, 19, 111 → 10장
- 백의 자리에 숫자 1이 들어가는 경우: 111→ 1장

따라서 숫자 카드 1은 모두 $11+10+1=22$(장) 필요합니다.

05 세 자리 짝수를 만들어야 하므로 일의 자리에 4 또는 8을 놓아야 합니다.
만들 수 있는 세 자리 짝수는 184, 814, 148, 418이고 $814>418>184>148$이므로 둘째로 큰 수는 418, 둘째로 작은 수는 184입니다.
따라서 두 수의 차는 $418-184=234$입니다.

06 (1) 서로 다른 5장의 숫자 카드 중 3장을 사용하여 만든 가장 큰 세 자리 수가 432라면 사용하지 않은 2장의 숫자 카드에는 모두 2보다 작은 수가 적혀 있습니다.
2보다 작은 수는 0과 1이므로 5장의 숫자 카드에 적힌 수는 0, 1, 2, 3, 4입니다.

(2) $4>3>2>1>0$이고 백의 자리에는 0을 놓을 수 없으므로 만들 수 있는 가장 작은 수는 102, 둘째로 작은 수는 103, 셋째로 작은 수는 104입니다.

(3) • 300보다 작은 수 중에서 300에 가장 가까운 수: 243
• 300보다 큰 수 중에서 300에 가장 가까운 수: 301
따라서 $300-243=57$, $301-300=1$이므로 300에 가장 가까운 수는 301입니다.

4. 숫자 카드 배열하기

대표 문제

주어진 6장의 수 카드를 모두 사용하여 조건 에 맞게 수 카드를 놓아 보시오. 온라인 활동지

1 1 2 2 3 3

조건
① 위에 있는 세 수의 합과 아래에 있는 세 수의 합이 같습니다.
② 선으로 연결되어 있는 위아래의 두 수의 합이 모두 같습니다.
③ 위에 있는 세 수는 오른쪽으로 갈수록 커집니다.

1 2 3
3 2 1

STEP 1 위에 있는 세 수의 합과 아래에 있는 세 수의 합이 같도록 수를 3개씩 나누어 보시오.

1, 2, 3 / 1, 2, 3

STEP 2 선으로 연결된 위아래 두 수의 합이 모두 같으려면 어떤 수끼리 연결되어야 하는지 수를 2개씩 나누어 보시오. 1과 3, 2와 2, 3과 1

STEP 3 STEP 2를 이용하여 위에 있는 세 수가 오른쪽으로 갈수록 커지도록 □ 안에 알맞은 수를 써넣으시오.

1 2 3
3 2 1

18

▷ 정답과 풀이 7쪽

01 주어진 5장의 숫자 카드를 모두 사용하여 같은 수가 이웃하지 않게 놓아 가장 작은 수를 만들어 보시오. 온라인 활동지

1 1 2 3 3 ➡ 가장 작은 수 1 2 3 1 3

02 1, 2, 3이 적힌 도미노가 각각 2개씩 있습니다. 이 도미노를 조건 에 맞게 앞뒤로 나란히 세운 후 가장 앞에 있는 도미노를 밀어서 넘어뜨렸을 때, 쓰러진 도미노에 적힌 수를 위에서부터 차례로 써 보시오. 온라인 활동지 133122

조건
① 1과 1 사이에 있는 수의 합은 6입니다.
② 2와 3 사이에는 1만 올 수 있습니다.

Lecture ··· 숫자 카드 배열하기

3, 3, 4, 4 숫자 카드를 조건에 맞게 놓는 방법은 다음과 같습니다.

조건 1 3과 3 사이에 2장의 카드 놓기 ➡ 3 4 4 3

조건 2 4과 4 사이에 1장의 카드 놓기 ➡ 4 3 4 3 또는 3 4 3 4

19

대표 문제

STEP 1 모든 수의 합은 $1+1+2+2+3+3=12$이므로
(위에 있는 세 수의 합)=(아래에 있는 세 수의 합)
$=12\div2=6$
따라서 위에 있는 세 수는 1, 2, 3이고 아래에 있는 세 수도 1, 2, 3입니다.

STEP 2 모든 수의 합은 12이므로 선으로 연결되어 있는 두 수의 합은 $12\div3=4$입니다.
따라서 위아래의 두 수는 각각 1과 3, 2와 2, 3과 1입니다.

STEP 3 조건 ③에서 위에 있는 세 수는 오른쪽으로 갈수록 커져야 하므로 위에 있는 세 수는 1, 2, 3 순서로 배열됩니다. 그리고 조건 ②에 맞게 아래에 있는 수 카드의 배열을 찾아보면 3, 2, 1의 순서입니다.

01
• 가장 작은 수를 만들려면 가장 왼쪽 카드에 1을 놓아야 합니다.

• 같은 수가 이웃하지 않게 작은 수를 만들려면 왼쪽에서 둘째 카드에 2를 놓아야 합니다.

1 2 □ □ □

• 3과 3 카드가 서로 이웃하지 않게 카드를 놓아 봅니다.

02 1과 1 사이에 있는 수의 합은 6이므로 1과 1 사이에는 3과 3이 있습니다. → 1331
2와 3 사이에는 1만 올 수 있으므로 도미노에 적힌 수는 133122, 213312, 221331입니다.
주어진 문제의 그림 맨 앞에 있는 도미노에 적힌 수는 1이므로 쓰러진 도미노에 적힌 수를 위에서부터 차례로 쓰면 133122입니다.

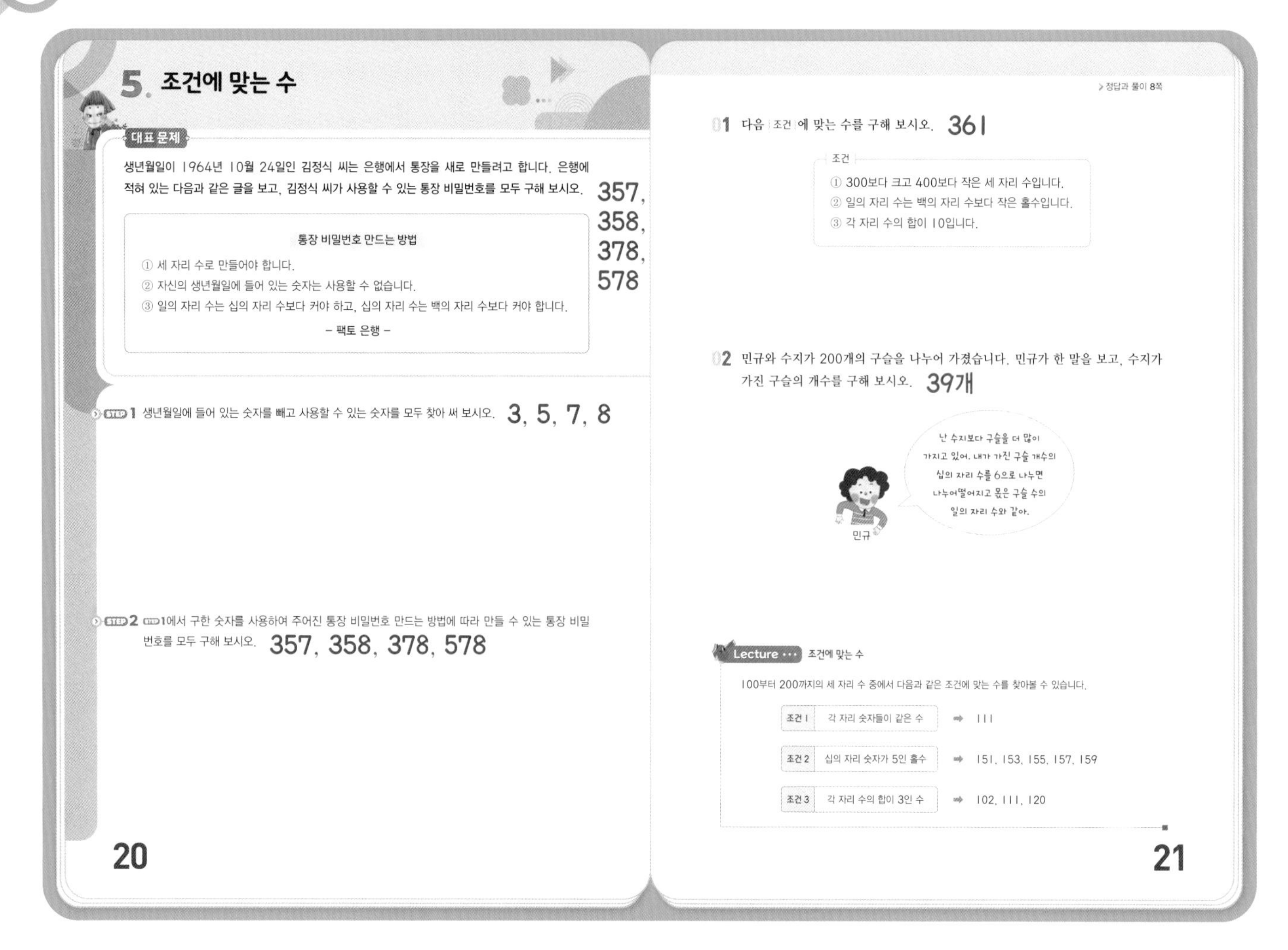

5. 조건에 맞는 수

대표 문제

생년월일이 1964년 10월 24일인 김정식 씨는 은행에서 통장을 새로 만들려고 합니다. 은행에 적혀 있는 다음과 같은 글을 보고, 김정식 씨가 사용할 수 있는 통장 비밀번호를 모두 구해 보시오. 357, 358, 378, 578

> 통장 비밀번호 만드는 방법
> ① 세 자리 수로 만들어야 합니다.
> ② 자신의 생년월일에 들어 있는 숫자는 사용할 수 없습니다.
> ③ 일의 자리 수는 십의 자리 수보다 커야 하고, 십의 자리 수는 백의 자리 수보다 커야 합니다.
> – 팩토 은행 –

STEP 1 생년월일에 들어 있는 숫자를 빼고 사용할 수 있는 숫자를 모두 찾아 써 보시오. 3, 5, 7, 8

STEP 2 STEP 1에서 구한 숫자를 사용하여 주어진 통장 비밀번호 만드는 방법에 따라 만들 수 있는 통장 비밀번호를 모두 구해 보시오. 357, 358, 378, 578

20

정답과 풀이 8쪽

01 다음 조건에 맞는 수를 구해 보시오. 361

> 조건
> ① 300보다 크고 400보다 작은 세 자리 수입니다.
> ② 일의 자리 수는 백의 자리 수보다 작은 홀수입니다.
> ③ 각 자리 수의 합이 10입니다.

02 민규와 수지가 200개의 구슬을 나누어 가졌습니다. 민규가 한 말을 보고, 수지가 가진 구슬의 개수를 구해 보시오. 39개

난 수지보다 구슬을 더 많이 가지고 있어. 내가 가진 구슬 개수의 십의 자리 수를 6으로 나누면 나누어떨어지고 몫은 구슬 수의 일의 자리 수와 같아.
민규

Lecture ··· 조건에 맞는 수

100부터 200까지의 세 자리 수 중에서 다음과 같은 조건에 맞는 수를 찾아볼 수 있습니다.

조건	내용	수
조건 1	각 자리 숫자들이 같은 수	➡ 111
조건 2	십의 자리 숫자가 5인 홀수	➡ 151, 153, 155, 157, 159
조건 3	각 자리 수의 합이 3인 수	➡ 102, 111, 120

21

대표 문제

STEP 1 생년월일에 들어 있는 숫자는 0, 1, 2, 4, 6, 9이므로 비밀번호를 만드는 데 사용할 수 있는 숫자는 3, 5, 7, 8입니다.

STEP 2 통장 비밀번호 만드는 방법 ③에서
(백의 자리 수)<(십의 자리 수)<(일의 자리 수)이므로
- 백의 자리 수가 8일 때, 8보다 큰 수가 없으므로 조건에 맞는 십의 자리 수, 일의 자리 수가 없습니다.
- 백의 자리 수가 7일 때, 십의 자리 수가 8이지만 8보다 큰 수는 없으므로 조건에 맞는 일의 자리 수가 없습니다.
- 백의 자리 수가 5일 때, 십의 자리 수가 7, 일의 자리 수가 8입니다. → 비밀번호: 578
- 백의 자리 수가 3일 때, 십의 자리에 5와 7이, 일의 자리에는 7과 8이 올 수 있습니다.
  → 비밀번호: 357, 358, 378

따라서 김정식 씨가 사용할 수 있는 비밀번호는 357, 358, 378, 578입니다.

01 ① 300보다 크고 400보다 작은 세 자리 수의 백의 자리 숫자는 3입니다. → 3□□
② 백의 자리 숫자가 3이고 3보다 작은 홀수는 1이므로 일의 자리 숫자는 1입니다. → 3□1
③ $3+□+1=10$, $□=6$
따라서 조건에 맞는 수는 361입니다.

02 민규와 수지가 200개의 구슬을 나누어 가졌을 때, 민규가 수지보다 더 많이 가졌으므로 민규의 구슬의 개수는 100개보다 많고 200개보다 적습니다. 즉, 민규가 가진 구슬의 수의 백의 자리 숫자는 1입니다.
한 자리 수 중에서 6으로 나누어떨어지는 수는 6밖에 없으므로 십의 자리 숫자는 6입니다. 또, 일의 자리 숫자는 $6÷6=1$입니다.
따라서 민규가 가진 구슬의 개수는 161개이므로 수지가 가진 구슬의 개수는 $200-161=39$(개)입니다.

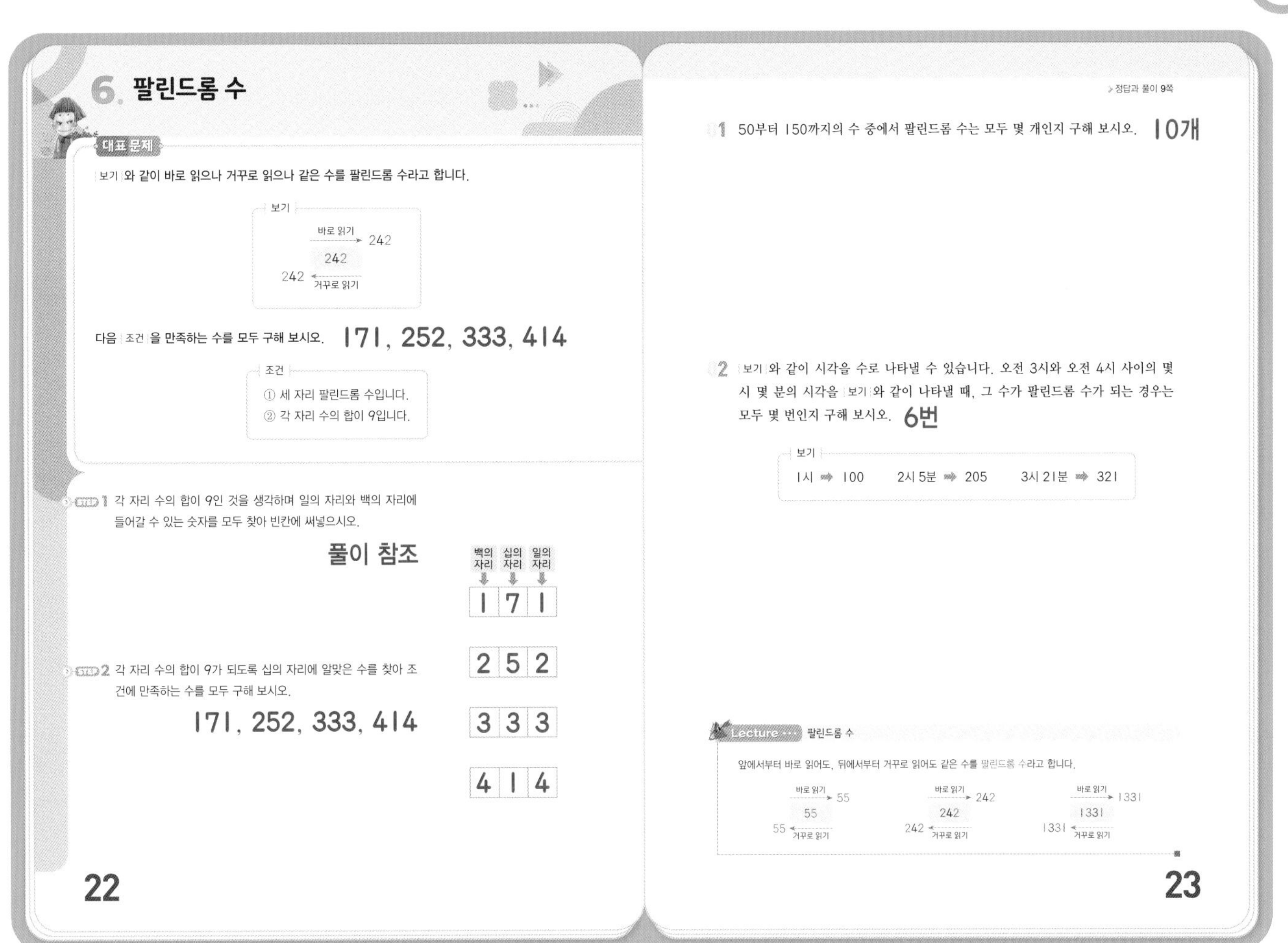

6. 팔린드롬 수

정답과 풀이 9쪽

대표 문제

보기 와 같이 바로 읽으나 거꾸로 읽으나 같은 수를 팔린드롬 수라고 합니다.

보기

바로 읽기 → 242

242

242 ← 거꾸로 읽기

다음 조건 을 만족하는 수를 모두 구해 보시오. **171, 252, 333, 414**

조건

① 세 자리 팔린드롬 수입니다.

② 각 자리 수의 합이 9입니다.

STEP 1 각 자리 수의 합이 9인 것을 생각하며 일의 자리와 백의 자리에 들어갈 수 있는 숫자를 모두 찾아 빈칸에 써넣으시오.

풀이 참조

백의 자리	십의 자리	일의 자리
1	7	1
2	5	2
3	3	3
4	1	4

STEP 2 각 자리 수의 합이 9가 되도록 십의 자리에 알맞은 수를 찾아 조건에 만족하는 수를 모두 구해 보시오.

171, 252, 333, 414

01 50부터 150까지의 수 중에서 팔린드롬 수는 모두 몇 개인지 구해 보시오. **10개**

02 보기 와 같이 시각을 수로 나타낼 수 있습니다. 오전 3시와 오전 4시 사이의 몇 시 몇 분의 시각을 보기 와 같이 나타낼 때, 그 수가 팔린드롬 수가 되는 경우는 모두 몇 번인지 구해 보시오. **6번**

보기

1시 ➡ 100 　 2시 5분 ➡ 205 　 3시 21분 ➡ 321

Lecture ··· 팔린드롬 수

앞에서부터 바로 읽어도, 뒤에서부터 거꾸로 읽어도 같은 수를 팔린드롬 수라고 합니다.

바로 읽기 → 55 / 55 / 55 ← 거꾸로 읽기 　 바로 읽기 → 242 / 242 / 242 ← 거꾸로 읽기 　 바로 읽기 → 1331 / 1331 / 1331 ← 거꾸로 읽기

22 　 23

대표 문제

STEP 1 세 자리 팔린드롬 수는 일의 자리 숫자와 백의 자리 숫자가 같습니다.
이 중 일의 자리 수와 백의 자리 수의 합이 9보다 크지 않도록 수를 써넣으면 다음과 같습니다.

1 　 1, 2 　 2, 3 　 3, 4 　 4

STEP 2 색칠한 십의 자리에
(백의 자리 수)+(십의 자리 수)+(일의 자리 수)=9가 되도록 알맞은 수를 써넣어 조건을 만족하는 수를 만듭니다.

1 7 1, 2 5 2, 3 3 3, 4 1 4

01 50부터 150까지의 수 중에서
- 두 자리 팔린드롬 수는 일의 자리 숫자와 십의 자리 숫자가 같으므로 55, 66, 77, 88, 99로 모두 5개입니다.
- 세 자리 팔린드롬 수는 일의 자리 숫자와 백의 자리 숫자가 같으므로 101, 111, 121, 131, 141로 모두 5개입니다.

따라서 50부터 150까지의 팔린드롬 수는 모두
5+5=10(개)입니다.

02 세 자리 팔린드롬 수는 일의 자리 숫자와 백의 자리 숫자가 같으므로 '시'를 나타내는 숫자와 '분'을 나타내는 수의 일의 자리 숫자가 같아야 합니다.
오전 3시와 오전 4시 사이의 시각에는 '시'를 나타내는 숫자가 항상 3이므로 '분'을 나타내는 수의 일의 자리 숫자도 3이어야 팔린드롬 수가 됩니다.
따라서 팔린드롬 수가 되는 시각은
3시 3분(303), 3시 13분(313), 3시 23분(323),
3시 33분(333), 3시 43분(343), 3시 53분(353)이므로
모두 6번 나옵니다.

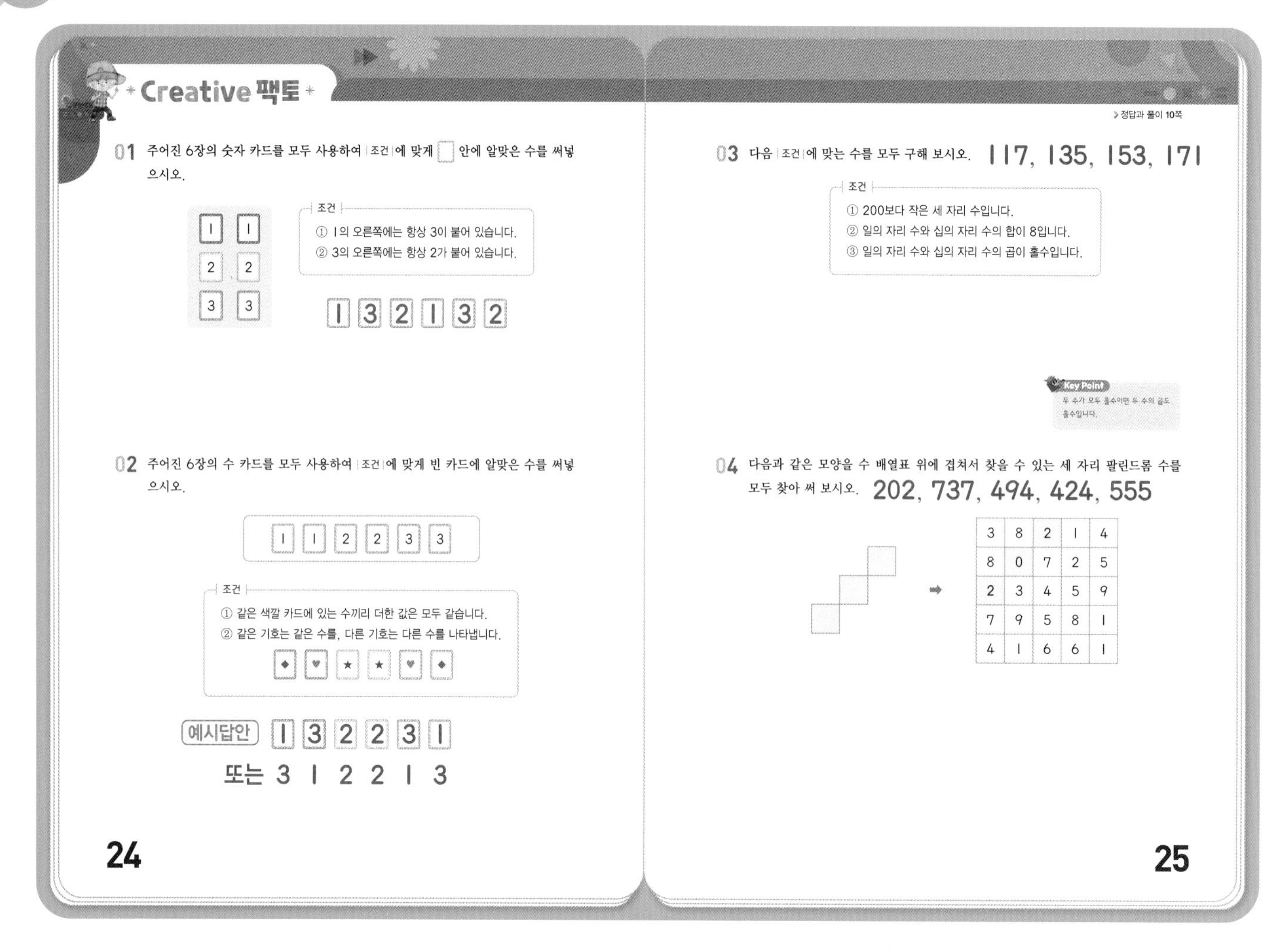

Creative 팩토
정답과 풀이 10쪽
01 주어진 6장의 숫자 카드를 모두 사용하여 조건에 맞게 □ 안에 알맞은 수를 써넣으시오.
조건
① 1의 오른쪽에는 항상 3이 붙어 있습니다.
② 3의 오른쪽에는 항상 2가 붙어 있습니다.
1 3 2 1 3 2
02 주어진 6장의 수 카드를 모두 사용하여 조건에 맞게 빈 카드에 알맞은 수를 써넣으시오.
조건
① 같은 색깔 카드에 있는 수끼리 더한 값은 모두 같습니다.
② 같은 기호는 같은 수를, 다른 기호는 다른 수를 나타냅니다.
예시답안 1 3 2 2 3 1
또는 3 1 2 2 1 3
24
03 다음 조건에 맞는 수를 모두 구해 보시오. 117, 135, 153, 171
조건
① 200보다 작은 세 자리 수입니다.
② 일의 자리 수와 십의 자리 수의 합이 8입니다.
③ 일의 자리 수와 십의 자리 수의 곱이 홀수입니다.
Key Point
두 수가 모두 홀수이면 두 수의 곱도 홀수입니다.
04 다음과 같은 모양을 수 배열표 위에 겹쳐서 찾을 수 있는 세 자리 팔린드롬 수를 모두 찾아 써 보시오. 202, 737, 494, 424, 555
25

01 조건 ①에서 13, 조건 ②에서 32이므로 숫자 카드 1, 2, 3은 항상 132로 놓입니다.
따라서 조건을 만족하는 숫자 카드 6장의 배열은 132132입니다.

02 조건 ①에서 모든 수 카드에 적힌 수의 합이 $1+1+2+2+3+3=12$이므로 같은 색깔인 2장의 수 카드에 적힌 수의 합은 $12\div3=4$가 되어야 합니다.
따라서 같은 색깔에 들어가는 수의 쌍은 1과 3, 2와 2, 3과 1입니다.

따라서 조건에 맞는 배열은 다음과 같습니다.

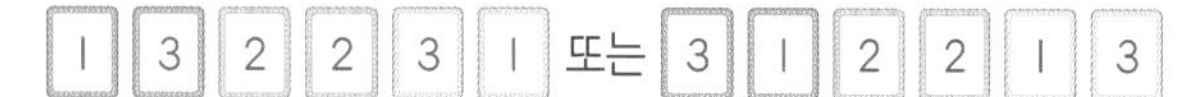

03
- 조건 ①에서 200보다 작은 세 자리 수이므로 백의 자리 숫자는 1입니다. → 1□□
- 조건 ②에서 합이 8인 두 수는 0과 8, 1과 7, 2와 6, 3과 5, 4와 4입니다.
- 조건 ③에서 두 수가 모두 홀수이면 두 수의 곱이 홀수입니다.

→ 조건 ②에서 찾은 수 중 두 수가 모두 홀수인 수는 1과 7, 3과 5입니다.
따라서 조건에 맞는 수를 만들면 117, 135, 153, 171입니다.

04 세 자리 팔린드롬 수는 일의 자리 숫자와 백의 자리 숫자가 같아야 합니다.
주어진 모양을 옮기면서 수 배열표 위에 겹쳐 보면 다음과 같은 팔린드롬 수를 찾을 수 있습니다.

3	8	2	1	4
8	0	7	2	5
2	3	4	5	9
7	9	5	8	1
4	1	6	6	1

따라서 찾을 수 있는 팔린드롬 수는 202, 737, 494, 424, 555입니다.

정답과 풀이 11쪽

05 다음과 같이 12시 34분을 나타내는 전자시계를 보고 물음에 답해 보시오.

12:34

(1) 오전 10시부터 오전 11시까지 매분마다 전자시계에 표시되는 숫자 2는 모두 몇 개인지 구해 보시오. 16개

(2) 전자시계의 몇 시 몇 분의 시각을 다음과 같이 나타낼 때, 오전 9시부터 낮 12시까지 세 자리 또는 네 자리 팰린드롬 수가 되는 경우는 모두 몇 번인지 구해 보시오. 8번

04 : 02 ➡ 402　　05 : 11 ➡ 511
10 : 00 ➡ 1000　　11 : 45 ➡ 1145

Key Point
9시부터 9시 59분까지는 세 자리 팰린드롬 수로 표시됩니다.

06 민혁이와 지수는 주말에 함께 연극을 보러 극장에 갔습니다. 매표소에는 이미 많은 사람들이 줄을 서 있어서 번호표를 받아 공원에서 기다리다 순서가 되면 표를 사서 들어가기로 했습니다. 물음에 답해 보시오.

(1) 민혁이가 받은 번호표에 적힌 수는 다음을 만족합니다. 민혁이는 극장에 몇째 번으로 들어갈 수 있는지 구해 보시오. 105째 번

조건
① 200보다 작은 세 자리 홀수입니다.
② 5로 나누어떨어집니다.
③ 숫자 0이 들어가는 수입니다.

(2) 지수는 민혁이의 바로 다음 번호표를 받았습니다. 1분 동안 5명이 표를 사서 극장에 들어간다면, 지수가 극장에 들어가는 것은 사람들이 표를 사기 시작한 시각에서 몇 분 후인지 구해 보시오. 21분 후

05 (1) • 10시부터 11시까지 '시'를 나타내는 수에는 숫자 2가 표시되지 않습니다.

• '분'을 나타내는 수의 십의 자리에는 10시 20분부터 10시 29분까지 매분마다 숫자 2가 나오므로 10번 표시됩니다.

10 : 20, 10 : 21, 10 : 22…, 10 : 29

• '분'을 나타내는 수의 일의 자리에 숫자 2가 나오는 경우는 10시 2분, 10시 12분, 10시 22분, 10시 32분, 10시 42분, 10시 52분이므로 모두 6번입니다.

10 : 02, 10 : 12, 10 : 22…, 10 : 52

따라서 10시부터 11시까지 매분마다 전자시계에 표시되는 숫자 2의 개수는 $10+6=16$(개)입니다.

(2) • 9시부터 9시 59분까지는 세 자리 팰린드롬 수로 나타낼 수 있습니다. 세 자리 팰린드롬 수는 백의 자리 숫자와 일의 자리 숫자가 같아야 하므로 9시 9분(909), 9시 19분(919), 9시 29분(929), 9시 39분(939), 9시 49분(949), 9시 59분(959)에 팰린드롬 수가 됩니다. → 6번

• 10시부터 12시까지는 네 자리 팰린드롬 수로 나타낼 수 있습니다. 네 자리 팰린드롬 수는 천의 자리 숫자와 일의 자리 숫자가 같고, 백의 자리 숫자와 십의 자리 숫자가 같아야 하므로 10시 1분 (1001), 11시 11분 (1111)에 팰린드롬 수가 됩니다. → 2번

따라서 오전 9시부터 낮 12시까지 팰린드롬 수로 표시되는 때는 모두 $6+2=8$(번)입니다.

06 (1) ① 200보다 작은 세 자리 수이므로 백의 자리 숫자는 1입니다.
② 5로 나누어떨어지는 홀수이므로 일의 자리 숫자는 5입니다.
③ 숫자 0이 들어가는 수이므로 십의 자리 숫자는 0입니다.

따라서 민혁이가 받은 번호표에 적힌 수는 105이므로 민혁이는 극장에 105째 번으로 들어갑니다.

(2) 지수는 민혁이 바로 다음 번호이므로 106째 번으로 들어갑니다.
따라서 지수가 들어가기 전에 극장에 들어간 사람은 105명이고 1분에 5명씩 들어가므로
$105\div5=21$(분) 후에 지수가 들어갑니다.

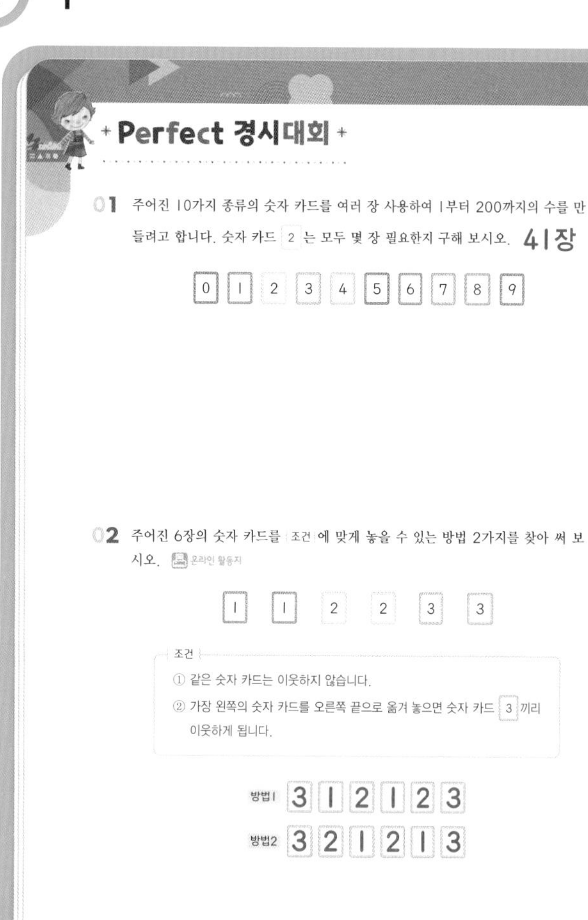

+ Perfect 경시대회 +

01 주어진 10가지 종류의 숫자 카드를 여러 장 사용하여 1부터 200까지의 수를 만들려고 합니다. 숫자 카드 2 는 모두 몇 장 필요한지 구해 보시오. 41장

0 1 2 3 4 5 6 7 8 9

02 주어진 6장의 숫자 카드를 조건 에 맞게 놓을 수 있는 방법 2가지를 찾아 써 보시오. 온라인 활동지

1 1 2 2 3 3

조건
① 같은 숫자 카드는 이웃하지 않습니다.
② 가장 왼쪽의 숫자 카드를 오른쪽 끝으로 옮겨 놓으면 숫자 카드 3 끼리 이웃하게 됩니다.

방법1 3 1 2 1 2 3
방법2 3 2 1 2 1 3

28

정답과 풀이 12쪽

03 수가 일정한 규칙으로 나열되어 있는 것을 수열이라고 합니다. 다음 수열을 첫째 번 수부터 열째 번 수까지 쓸 때, 가장 많이 쓰인 숫자는 무엇인지 구해 보시오. 2

1 — 2 — 4 — 8 — 16 — ···

04 백현이네 학교의 3학년은 4개의 반으로 각 반에는 25명의 학생이 있습니다. 각 반마다 키가 작은 순서대로 1번부터 25번까지의 번호를 붙입니다. 다음과 같은 방법으로 학생들의 이름 앞에 번호를 붙일 때, 3학년 학생 중에서 번호가 팰린드롬 수인 학생은 모두 몇 명인지 구해 보시오. 6명

3학년 1반에서 키가 셋째로 작은 학생 ➡ 313
3학년 3반에서 키가 열넷째로 작은 학생 ➡ 3314

29

01
- 일의 자리에 숫자 2가 들어가는 경우:
  2, 12, 22, 32···, 182, 192 → 20장
- 십의 자리에 숫자 2가 들어가는 경우:
  20, 21, 22, 23, 24, 25, 26, 27, 28, 29
  120, 121, 122, 123, 124, 125, 126, 127, 128, 129 → 20장
- 백의 자리에 숫자 2가 들어가는 경우: 200 → 1장

따라서 숫자 카드 2는 모두 $20+20+1=41$(장) 필요합니다.

02 가장 왼쪽의 수 카드를 오른쪽 끝으로 옮겨 다시 배열하면 그림과 같이 배열이 바뀝니다.

배열 A | 가 | 나 | 다 | 라 | 마 | 바 | ➡ 배열 B | 나 | 다 | 라 | 마 | 바 | 가 |

이때, 수 카드 3은 배열 A에서는 이웃하지 않았다가 배열 B에서 이웃하게 되므로 가와 바에 들어가야 합니다.

배열 A | 3 | 나 | 다 | 라 | 마 | 3 | ➡ 배열 B | 나 | 다 | 라 | 마 | 3 | 3 |

따라서 남은 4장의 수 카드를 같은 수끼리 이웃하지 않게 배열 A에 넣을 수 있는 방법은 다음과 같이 2가지가 있습니다.

| 3 | 1 | 2 | 1 | 2 | 3 |, | 3 | 2 | 1 | 2 | 1 | 3 |

03 주어진 수열은 1부터 시작하여 앞 수의 2배인 수가 다음 수입니다.
열째 번 수까지 수열을 써 보면 다음과 같습니다.
1 — 2 — 4 — 8 — 16 — 32 — 64 — 128 — 256 — 512
10개의 수에 쓰인 숫자를 종류별로 세어 보면 1이 4번, 2가 5번, 3이 1번, 4가 2번, 5가 2번, 6이 3번, 8이 2번 쓰였으므로 가장 많이 쓰인 숫자는 2입니다.

04 번호를 세 자리 수와 네 자리 수로 나누어 팰린드롬 수를 찾아봅니다.
- 세 자리 팰린드롬 수인 번호
  백의 자리 숫자가 3이므로 일의 자리 숫자도 3이어야 합니다.
  1반에서 셋째로 작은 학생 (313), 2반에서 셋째로 작은 학생 (323), 3반에서 셋째로 작은 학생 (333), 4반에서 셋째로 작은 학생 (343)
- 네 자리 팰린드롬 수인 번호
  천의 자리 숫자가 3이므로 일의 자리 숫자도 3이고, 학생 수는 25명이므로 십의 자리 수는 3을 넘지 않습니다.
  1반에서 열셋째로 작은 학생 (3113), 2반에서 23째로 작은 학생 (3223), 3반과 4반에서 번호가 팰린드롬 수인 경우는 각각 3333, 3443이어야 합니다. 그런데 한 반의 학생 수가 25명이므로 3333, 3443의 번호를 가진 학생이 없습니다.
  따라서 번호가 팰린드롬 수인 학생은 313, 323, 333, 343, 3113, 3223으로 모두 6명입니다.

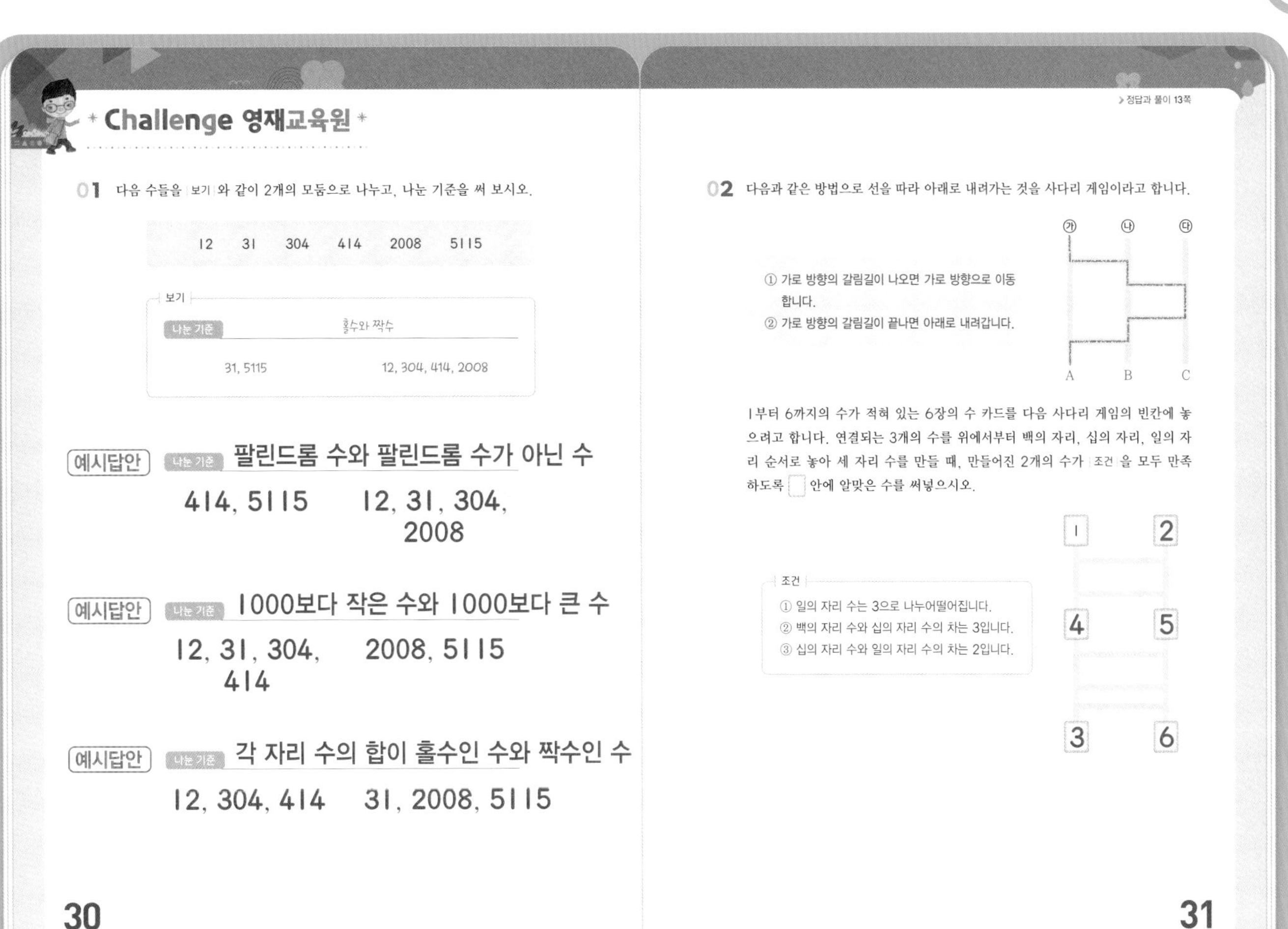

Challenge 영재교육원

01 다음 수들을 보기 와 같이 2개의 모둠으로 나누고, 나눈 기준을 써 보시오.

12 31 304 414 2008 5115

보기

나눈 기준: 홀수와 짝수

31, 5115 | 12, 304, 414, 2008

예시답안 나눈 기준: 팰린드롬 수와 팰린드롬 수가 아닌 수

414, 5115 | 12, 31, 304, 2008

예시답안 나눈 기준: 1000보다 작은 수와 1000보다 큰 수

12, 31, 304, 414 | 2008, 5115

예시답안 나눈 기준: 각 자리 수의 합이 홀수인 수와 짝수인 수

12, 304, 414 | 31, 2008, 5115

30

정답과 풀이 13쪽

02 다음과 같은 방법으로 선을 따라 아래로 내려가는 것을 사다리 게임이라고 합니다.

① 가로 방향의 갈림길이 나오면 가로 방향으로 이동합니다.
② 가로 방향의 갈림길이 끝나면 아래로 내려갑니다.

1부터 6까지의 수가 적혀 있는 6장의 수 카드를 다음 사다리 게임의 빈칸에 놓으려고 합니다. 연결되는 3개의 수를 위에서부터 백의 자리, 십의 자리, 일의 자리 순서로 놓아 세 자리 수를 만들 때, 만들어진 2개의 수가 조건 을 모두 만족하도록 ☐ 안에 알맞은 수를 써넣으시오.

조건
① 일의 자리 수는 3으로 나누어떨어집니다.
② 백의 자리 수와 십의 자리 수의 차는 3입니다.
③ 십의 자리 수와 일의 자리 수의 차는 2입니다.

31

01 여러 가지 기준을 정하여 수를 다양하게 나누어 봅니다.

예시답안

나눈 기준: 4로 나누어 떨어지는 수와 4로 나누어 떨어지지 않는 수

12 304 2008 | 31 414 5115

02 일의 자리 수가 3으로 나누어떨어지므로 일의 자리 수는 각각 3과 6입니다.

- 일의 자리 수가 6인 수
  십의 자리 수와 일의 자리 수의 차가 2이므로 십의 자리 수는 4입니다.
  백의 자리 수와 십의 자리 수의 차가 3이므로 백의 자리 수는 1입니다.
  → 146
- 일의 자리 수가 3인 수
  십의 자리 수와 일의 자리 수의 차가 2이므로 십의 자리 수는 1 또는 5입니다. 그런데 1은 이미 사용되었으므로 십의 자리 수는 5입니다.
  백의 자리 수와 십의 자리 수의 차가 3이므로 백의 자리 수는 2입니다.
  → 253

주어진 사다리 게임에서 146과 253을 만들 수 있게 수 카드를 넣으면 다음과 같습니다.

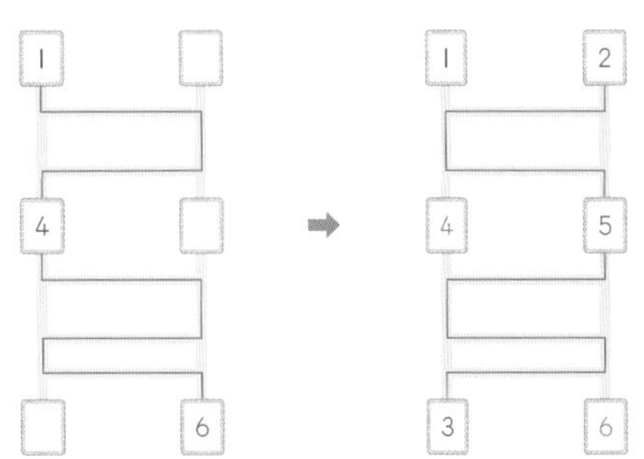

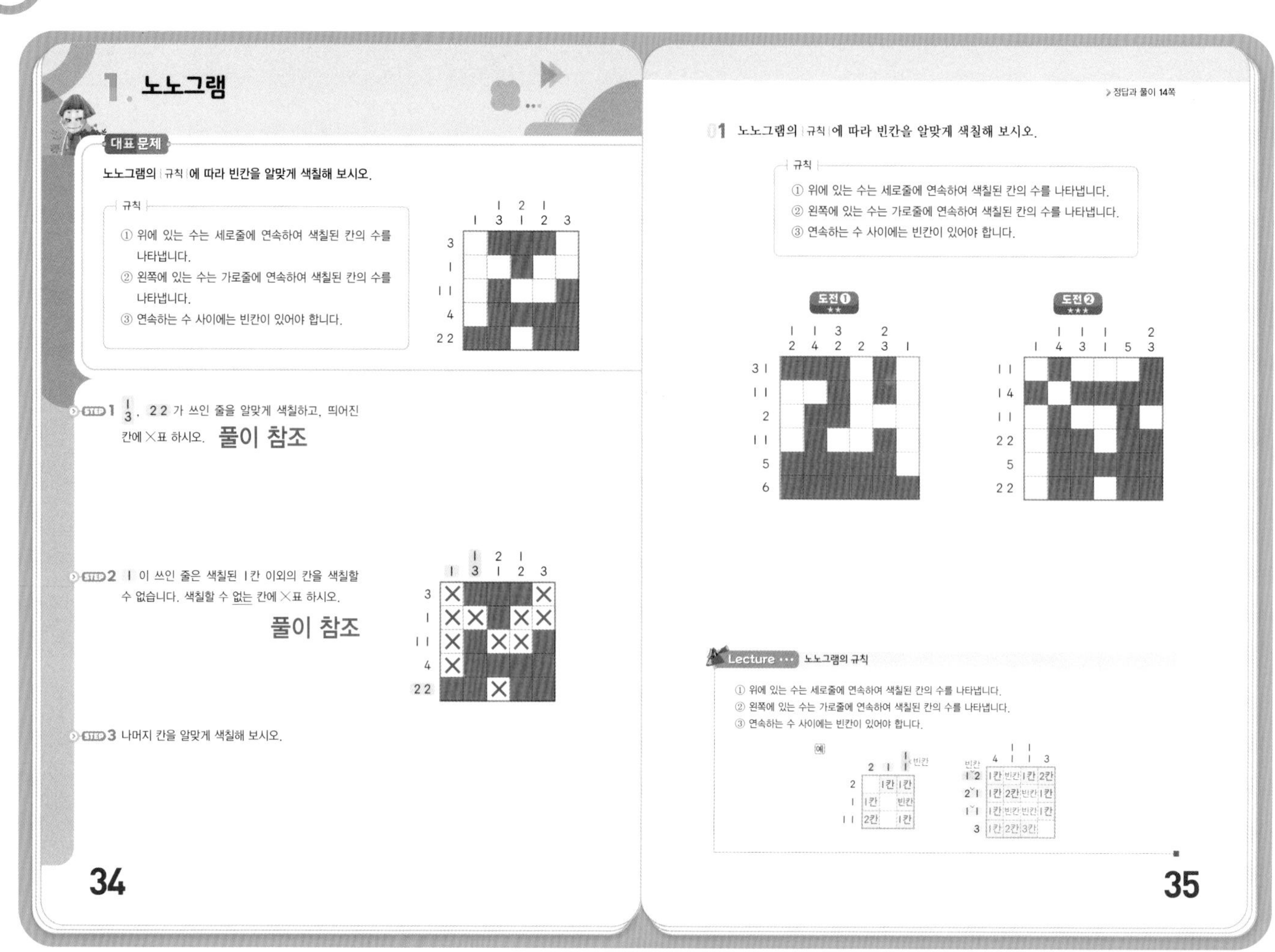
1. 노노그램
대표 문제
노노그램의 규칙 에 따라 빈칸을 알맞게 색칠해 보시오.
STEP 1 풀이 참조
STEP 2 풀이 참조
STEP 3 나머지 칸을 알맞게 색칠해 보시오.
01 노노그램의 규칙 에 따라 빈칸을 알맞게 색칠해 보시오.
도전❶
도전❷
Lecture 노노그램의 규칙
34
35

대표 문제

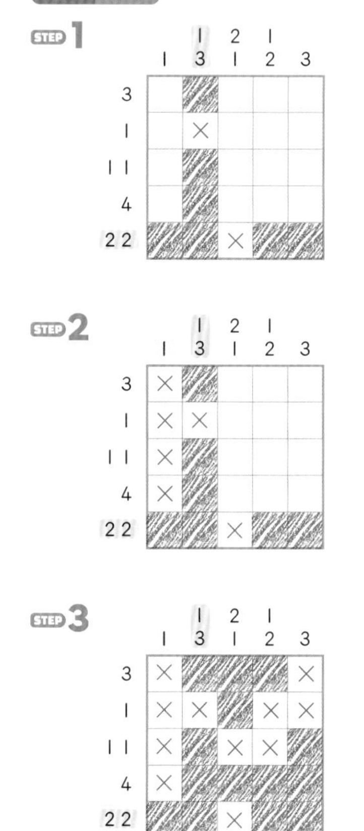
STEP 1
STEP 2
STEP 3

01

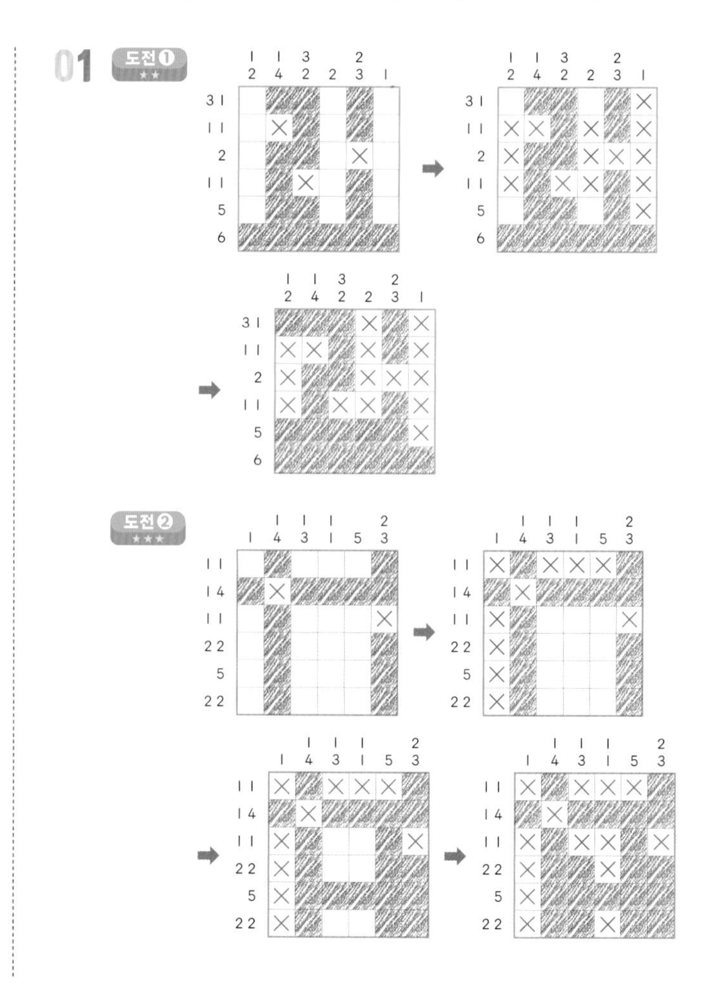
도전❶
도전❷

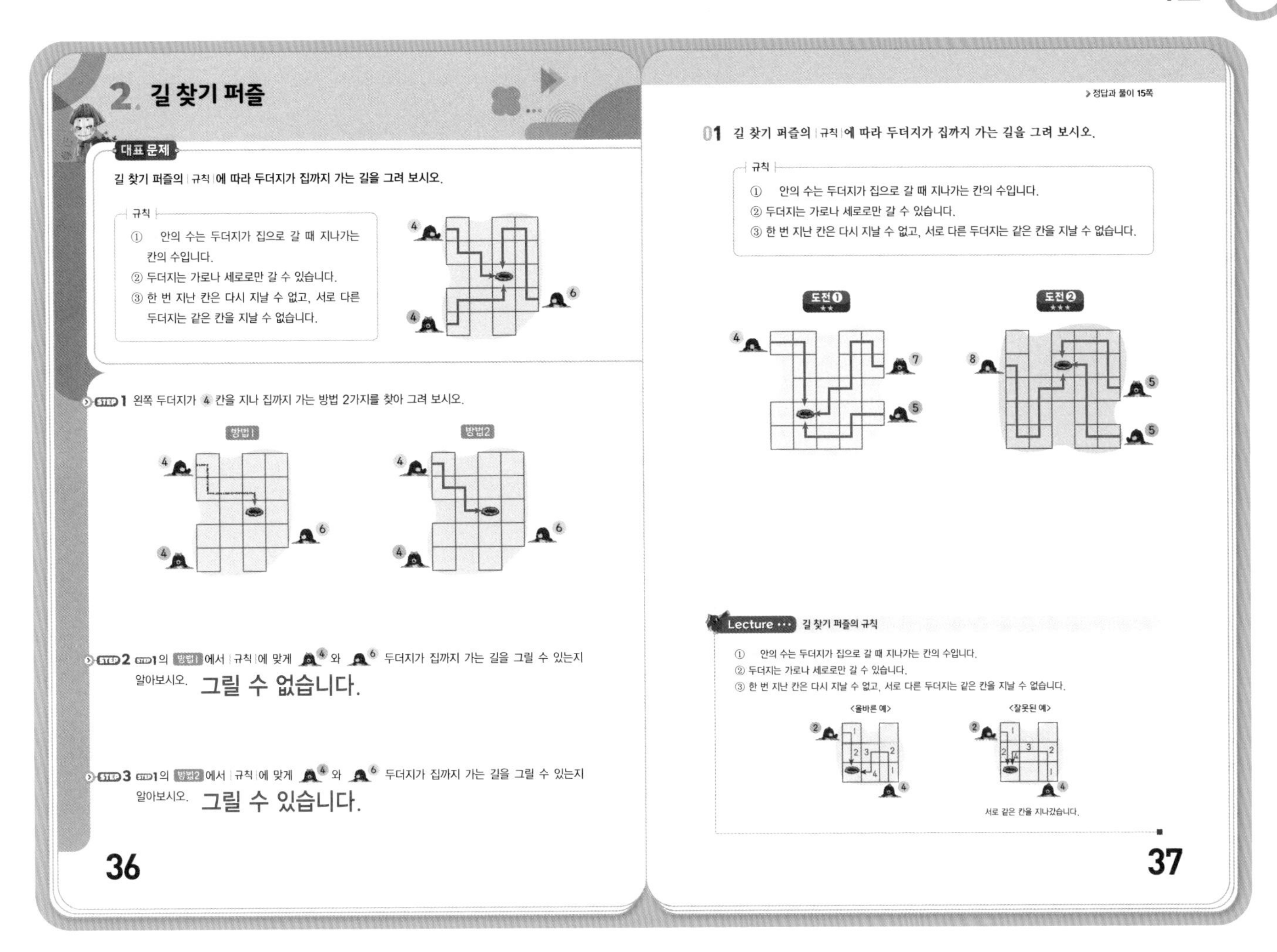

2. 길 찾기 퍼즐
대표 문제
길 찾기 퍼즐의 규칙에 따라 두더지가 집까지 가는 길을 그려 보시오.
STEP 1 왼쪽 두더지가 4 칸을 지나 집까지 가는 방법 2가지를 찾아 그려 보시오.
STEP 2 STEP1의 방법1에서 규칙에 맞게 4와 6 두더지가 집까지 가는 길을 그릴 수 있는지 알아보시오. 그릴 수 없습니다.
STEP 3 STEP1의 방법2에서 규칙에 맞게 4와 6 두더지가 집까지 가는 길을 그릴 수 있는지 알아보시오. 그릴 수 있습니다.
36
01 길 찾기 퍼즐의 규칙에 따라 두더지가 집까지 가는 길을 그려 보시오.
도전❶
도전❷
Lecture 길 찾기 퍼즐의 규칙
37

대표 문제

STEP 1

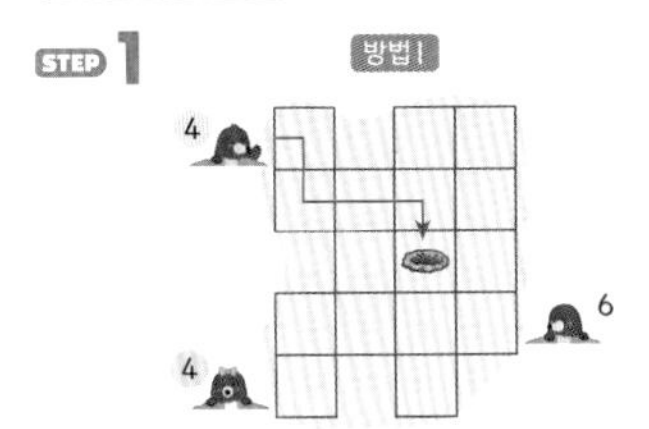

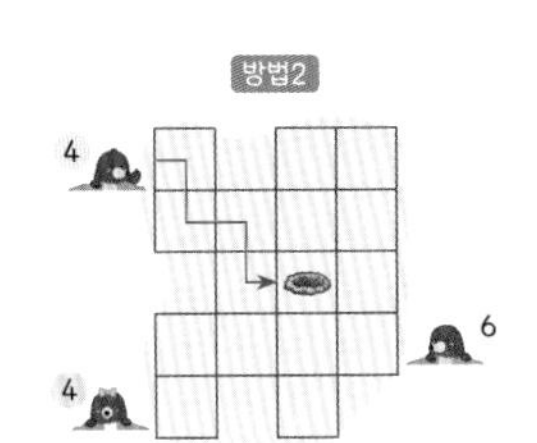

STEP 2

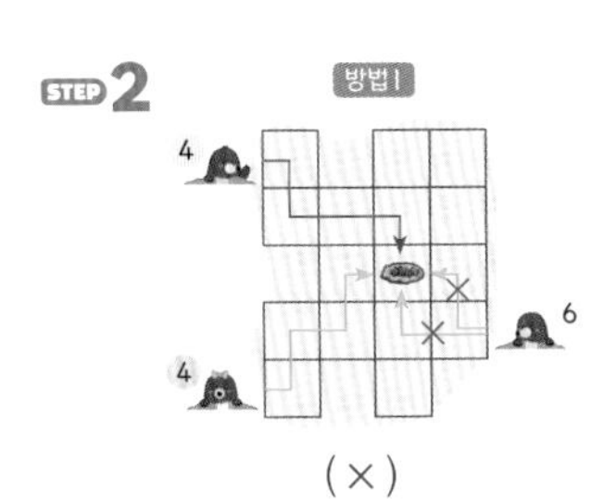

그릴 수 없습니다.
오른쪽 두더지가 6칸을 지나 집으로 갈 수 있는 길이 없습니다.

STEP 3

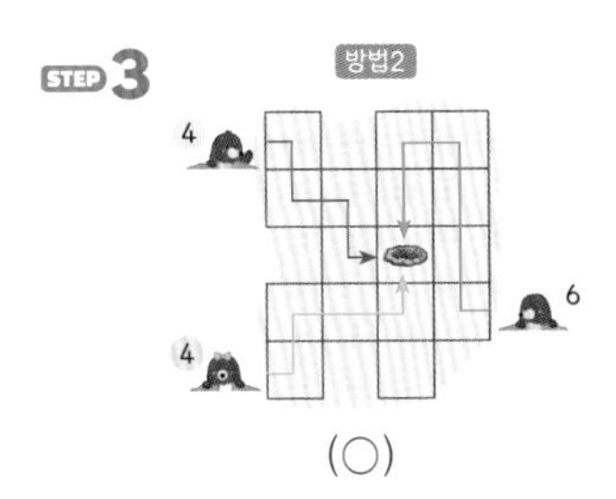

그릴 수 있습니다.

01 한 두더지가 집까지 가는 여러 가지 방법 중 규칙에 맞게 나머지 두더지도 집까지 갈 수 있는 길이 있는지 알아봅니다.

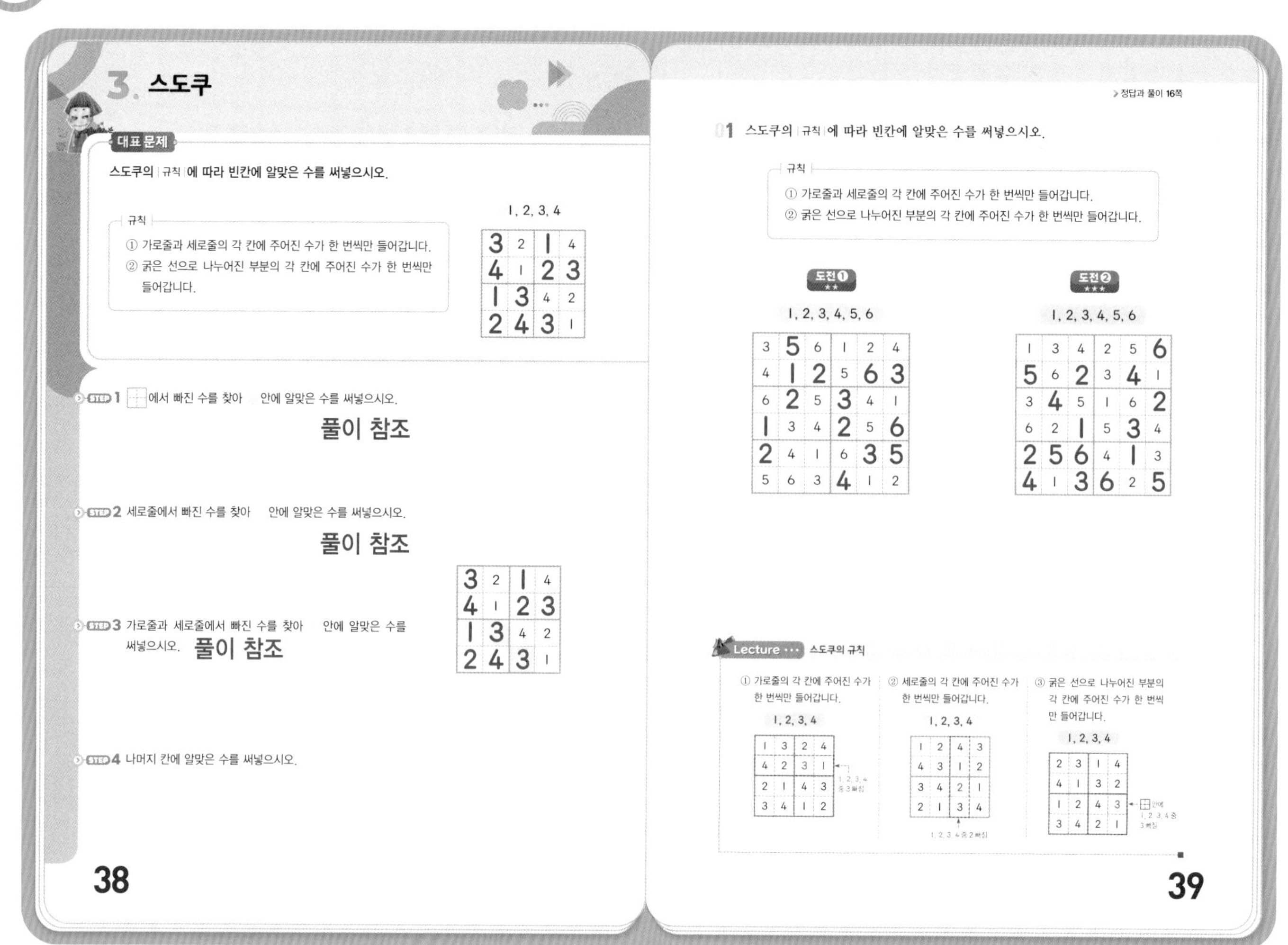
3. 스도쿠

대표 문제

스도쿠의 규칙에 따라 빈칸에 알맞은 수를 써넣으시오.

규칙
① 가로줄과 세로줄의 각 칸에 주어진 수가 한 번씩만 들어갑니다.
② 굵은 선으로 나누어진 부분의 각 칸에 주어진 수가 한 번씩만 들어갑니다.

1, 2, 3, 4

STEP 1 에서 빠진 수를 찾아 안에 알맞은 수를 써넣으시오. 풀이 참조

STEP 2 세로줄에서 빠진 수를 찾아 안에 알맞은 수를 써넣으시오. 풀이 참조

STEP 3 가로줄과 세로줄에서 빠진 수를 찾아 안에 알맞은 수를 써넣으시오. 풀이 참조

STEP 4 나머지 칸에 알맞은 수를 써넣으시오.

38

정답과 풀이 16쪽

01 스도쿠의 규칙에 따라 빈칸에 알맞은 수를 써넣으시오.

규칙
① 가로줄과 세로줄의 각 칸에 주어진 수가 한 번씩만 들어갑니다.
② 굵은 선으로 나누어진 부분의 각 칸에 주어진 수가 한 번씩만 들어갑니다.

도전① 1, 2, 3, 4, 5, 6

도전② 1, 2, 3, 4, 5, 6

Lecture 스도쿠의 규칙
① 가로줄의 각 칸에 주어진 수가 한 번씩만 들어갑니다.
② 세로줄의 각 칸에 주어진 수가 한 번씩만 들어갑니다.
③ 굵은 선으로 나누어진 부분의 각 칸에 주어진 수가 한 번씩만 들어갑니다.

39

대표 문제

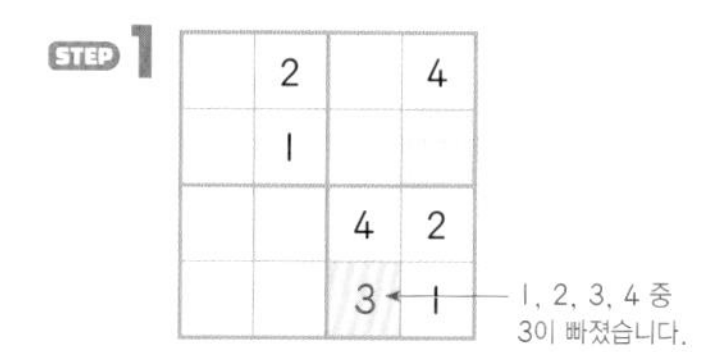

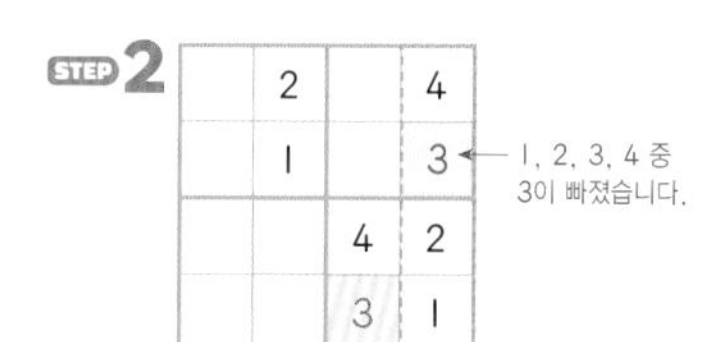

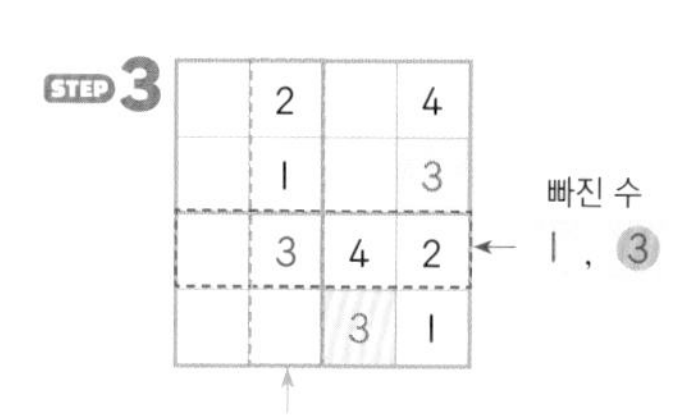

빠진 수 3, 4

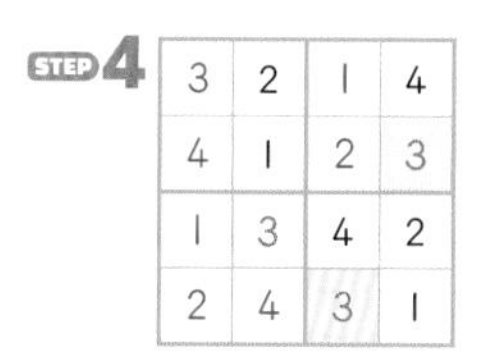

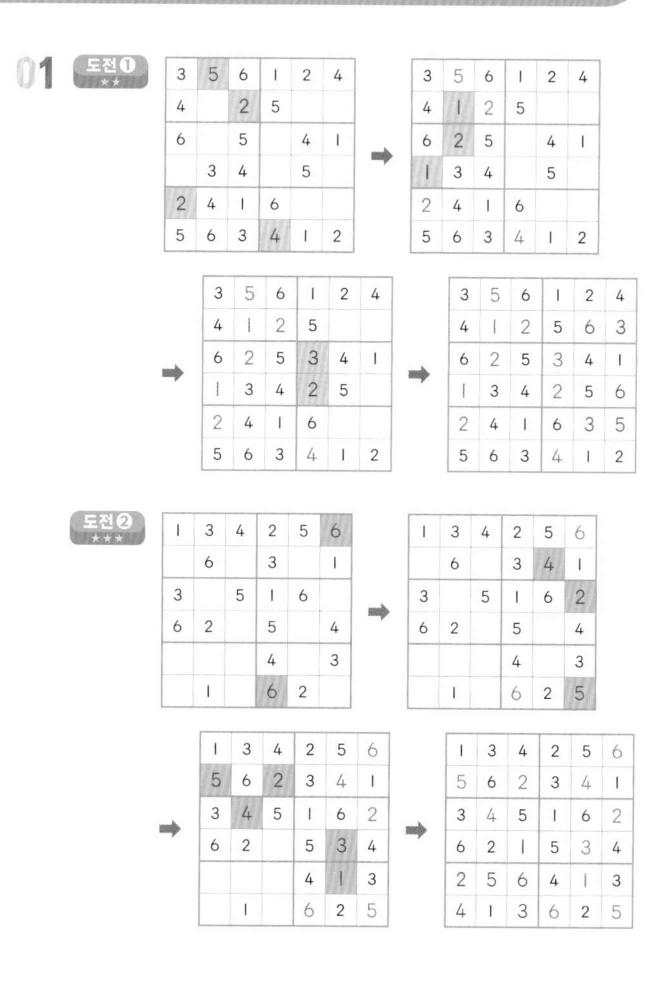

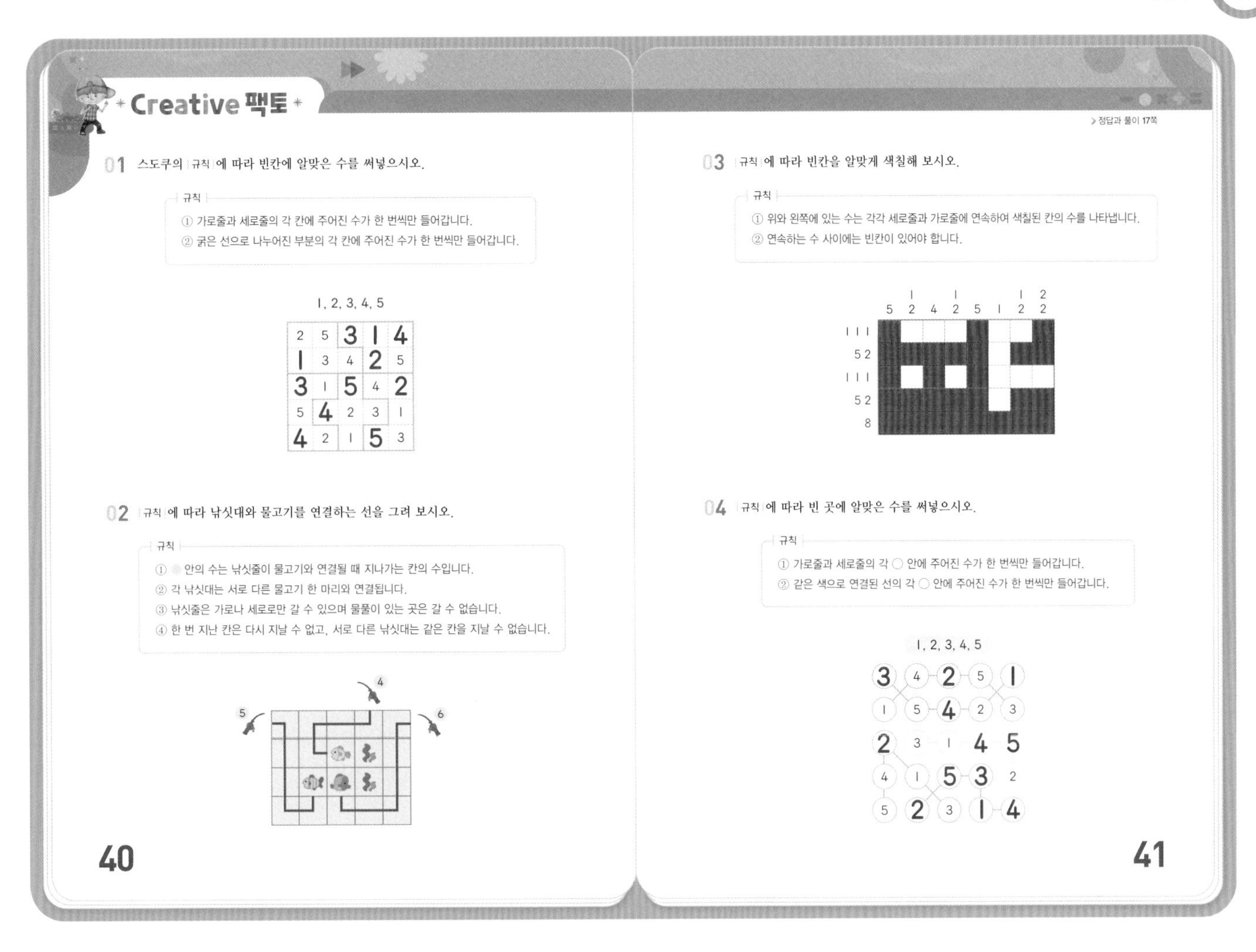
Creative 팩토
01 스도쿠의 규칙에 따라 빈칸에 알맞은 수를 써넣으시오.
02 규칙에 따라 낚싯대와 물고기를 연결하는 선을 그려 보시오.
03 규칙에 따라 빈칸을 알맞게 색칠해 보시오.
04 규칙에 따라 빈 곳에 알맞은 수를 써넣으시오.
40
41

01 먼저 가로줄과 세로줄, 굵은 선으로 나누어진 부분에서 1부터 5까지 수 중 빠진 수가 있는지 찾아봅니다.

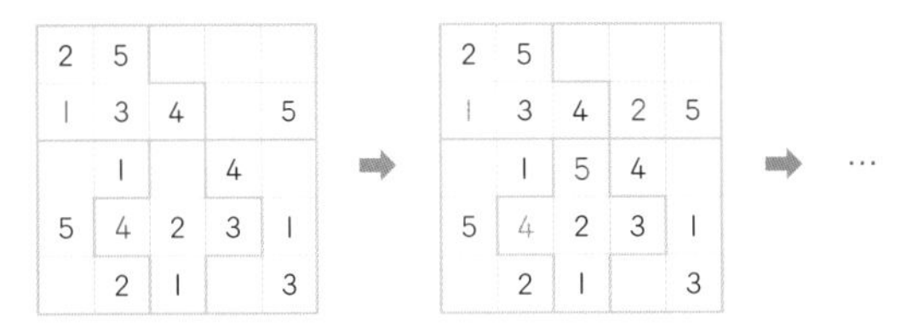

02 ① 가장 오른쪽의 낚싯대가 6칸을 지나 연결할 수 있는 물고기는 빨간색 물고기입니다.
② 가장 왼쪽의 낚싯대가 5칸을 지나서 연결할 수 있는 물고기는 초록색 물고기이고, 이때 다른 낚싯대와 같은 칸을 지나지 않도록 연결해야 합니다.

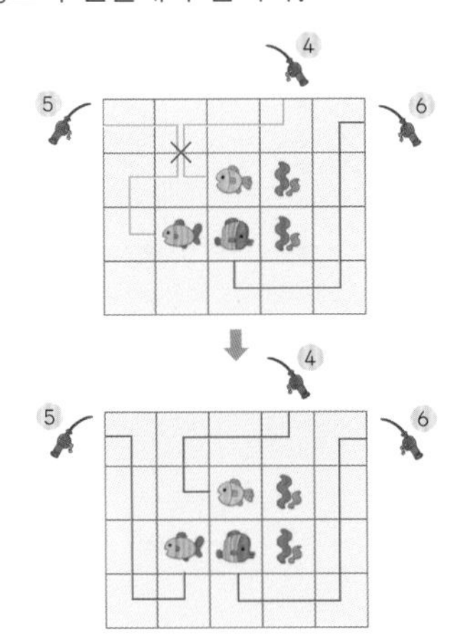

03 반드시 색칠해야 하는 칸부터 색칠하고, 색칠하지 않아야 하는 곳은 ×표 하며 퍼즐을 해결합니다.

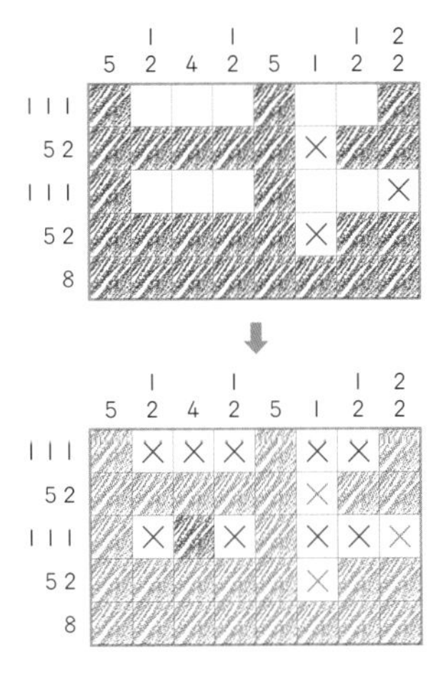

04 가로줄과 세로줄, 같은 색 선에서 1부터 5까지 수 중 빠진 수가 있는지 찾아봅니다.

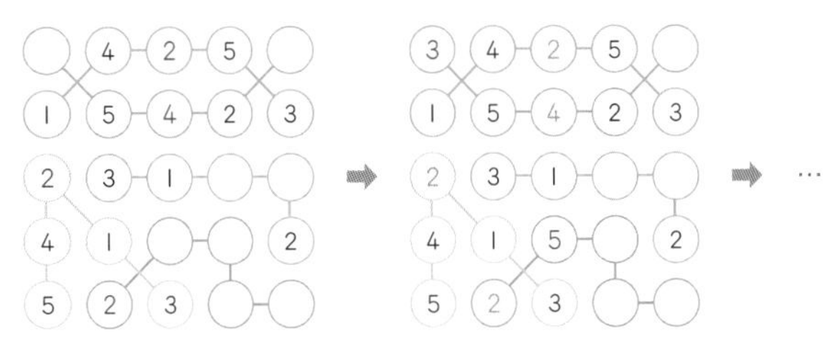

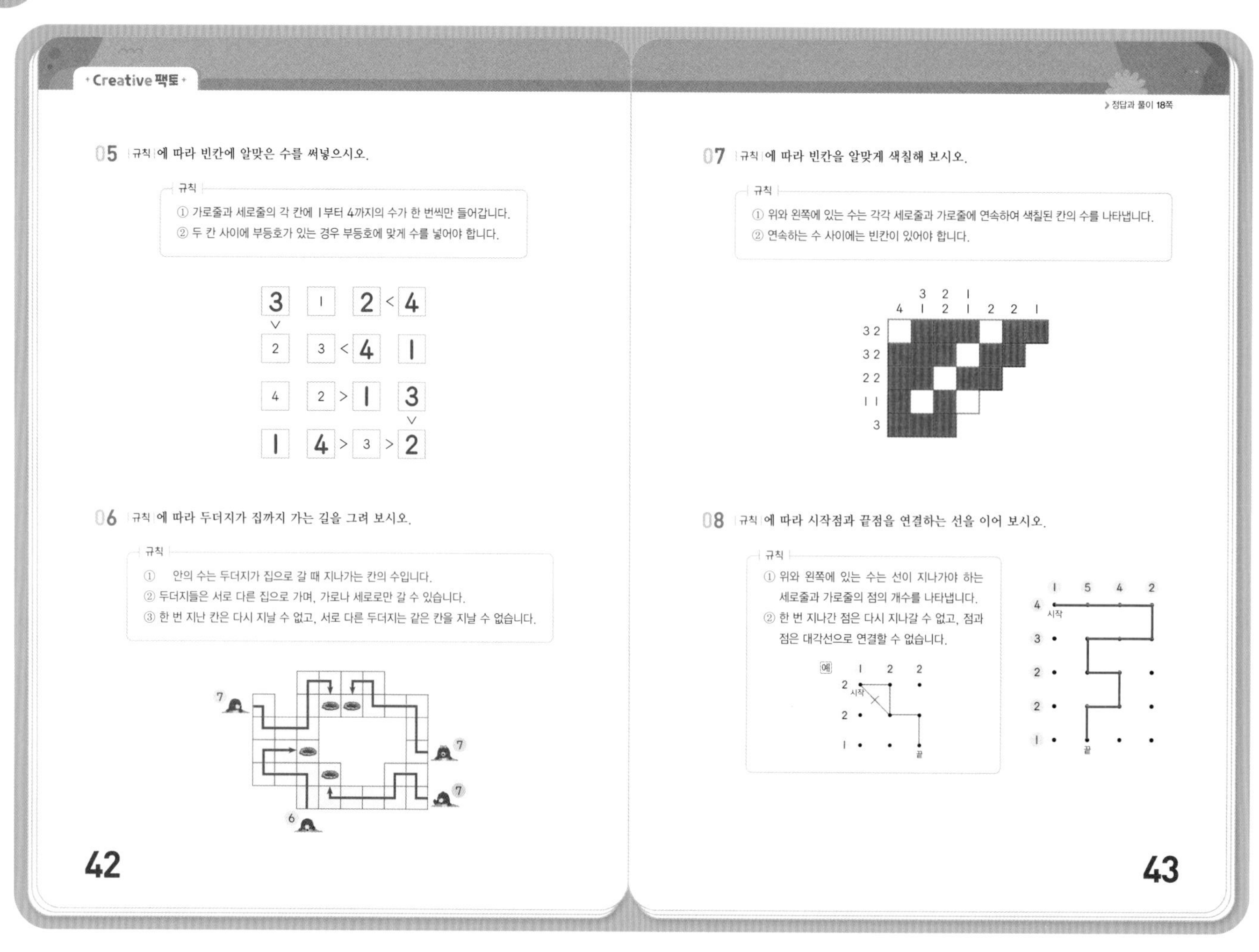

05 가로줄 또는 세로줄의 빠진 수 중에서 부등호를 만족시키는 수를 먼저 써넣습니다.

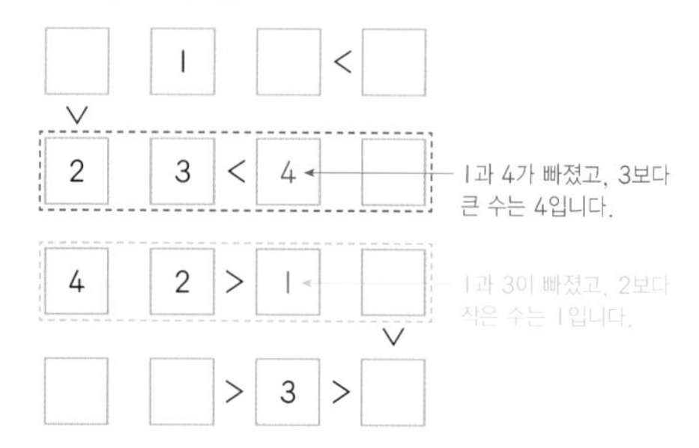

1과 4가 빠졌고, 3보다 큰 수는 4입니다.
1과 3이 빠졌고, 2보다 작은 수는 1입니다.

06 아래쪽에 있는 두더지가 6칸을 지나 집으로 갈 수 있는 방법이 1가지이므로 아래쪽 두더지부터 ①, ②, ③, ④ 순서로 길을 그리면 조금 더 쉽게 퍼즐을 해결할 수 있습니다.

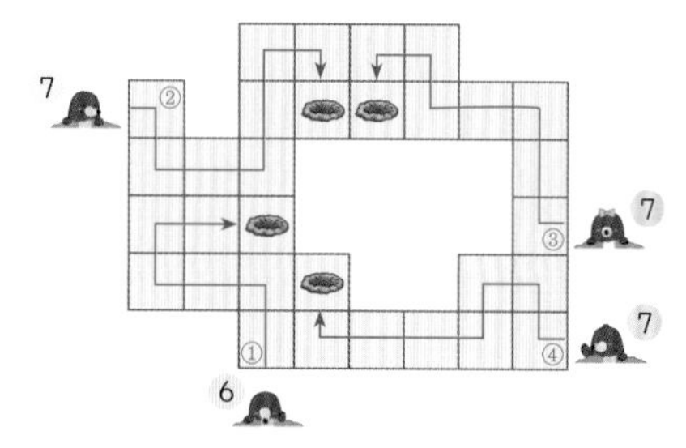

07 반드시 색칠해야 하는 칸부터 색칠하고, 색칠하지 않아야 하는 곳은 ×표 하며 퍼즐을 해결합니다.

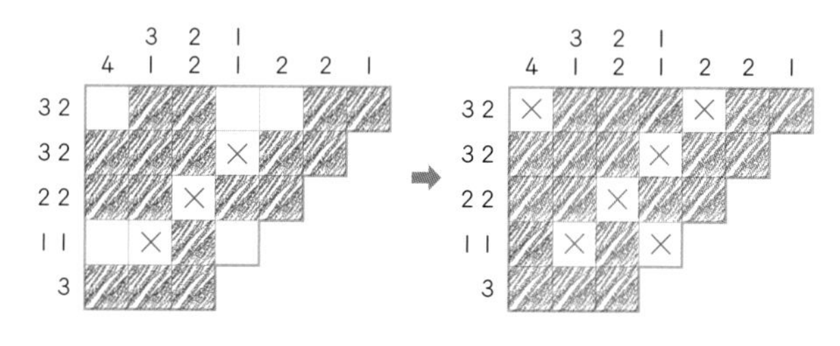

08 ① 반드시 지나는 점은 ○표, 지나지 않아야 하는 점은 ×표 합니다.

② 시작점부터 ○표 한 점을 모두 지나 끝점을 연결하는 선을 그립니다.

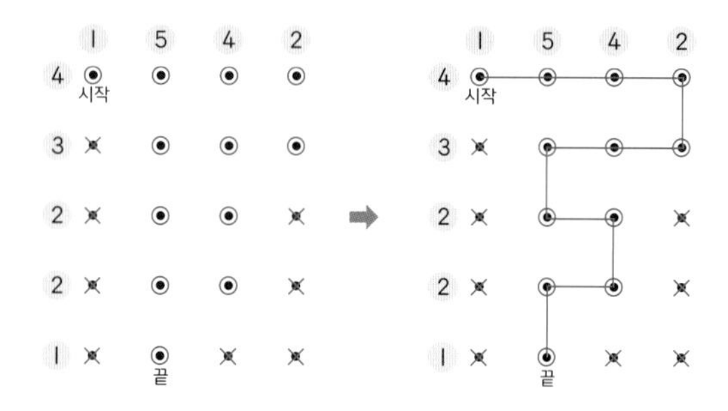

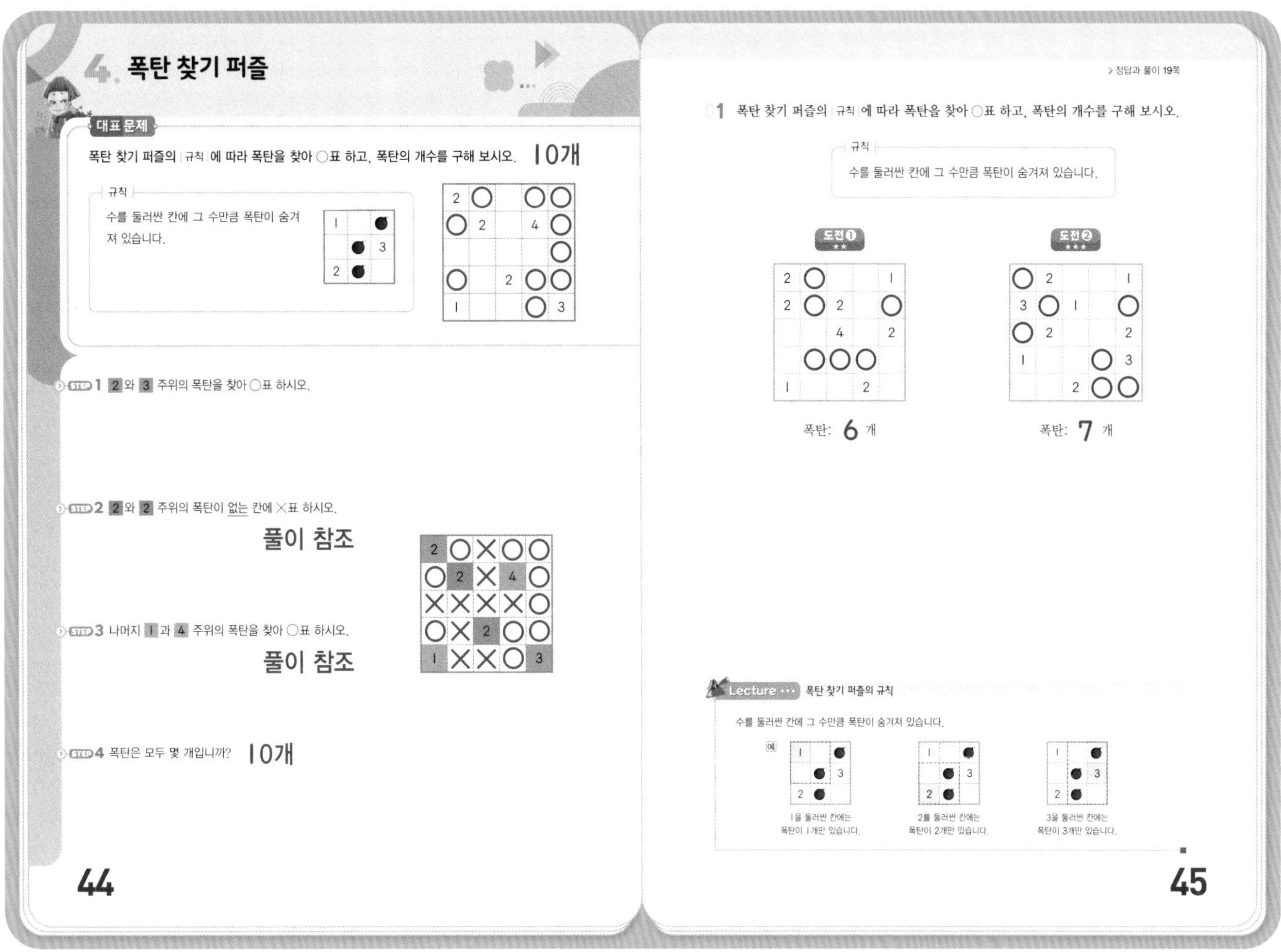

대표문제

STEP 1

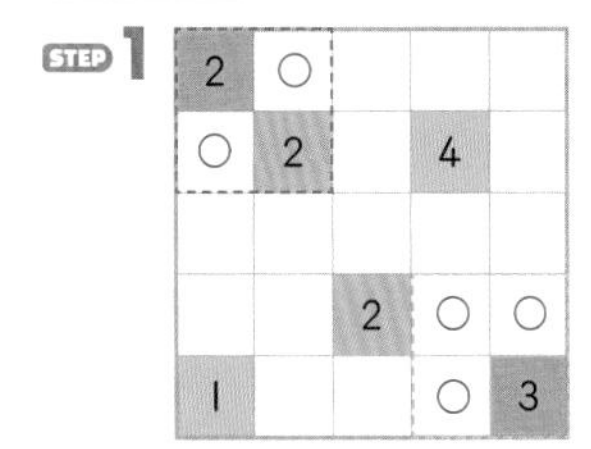

2 와 3 을 둘러싼 칸에 폭탄이 각각 2개, 3개 있어야 하므로 2 와 3 을 둘러싼 2개, 3개의 빈칸에 ○표 합니다.

STEP 2

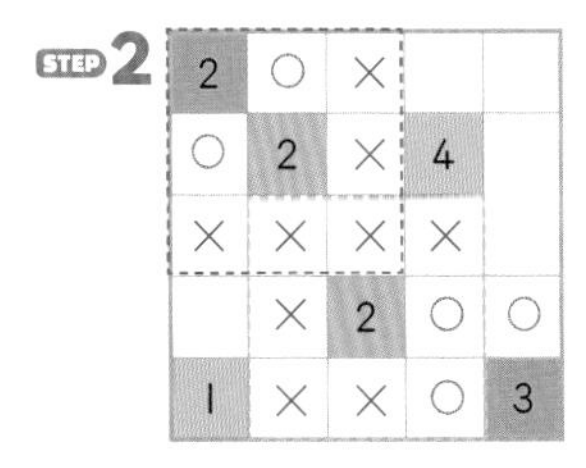

2 와 2 를 둘러싼 칸에 폭탄이 각각 2개씩 있으므로 2 와 2 를 둘러싼 빈칸에 모두 ×표 합니다.

STEP 3

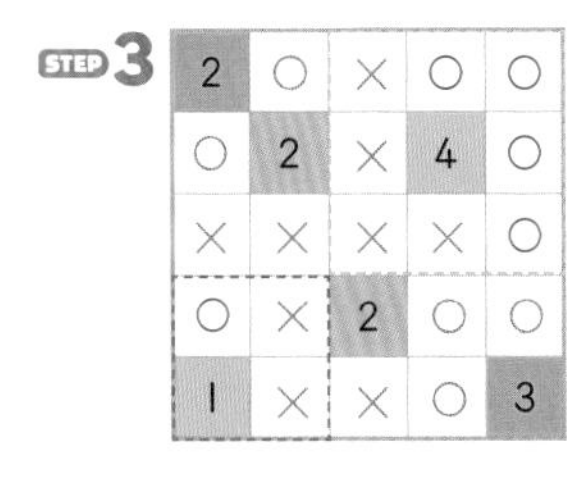

1 과 4 를 둘러싼 칸에 폭탄이 각각 1개, 4개 있어야 하므로 1 과 4 를 둘러싼 1개, 4개의 빈칸에 ○표 합니다.

STEP 4 폭탄은 모두 10개입니다.

01 도전❶ 도전❷

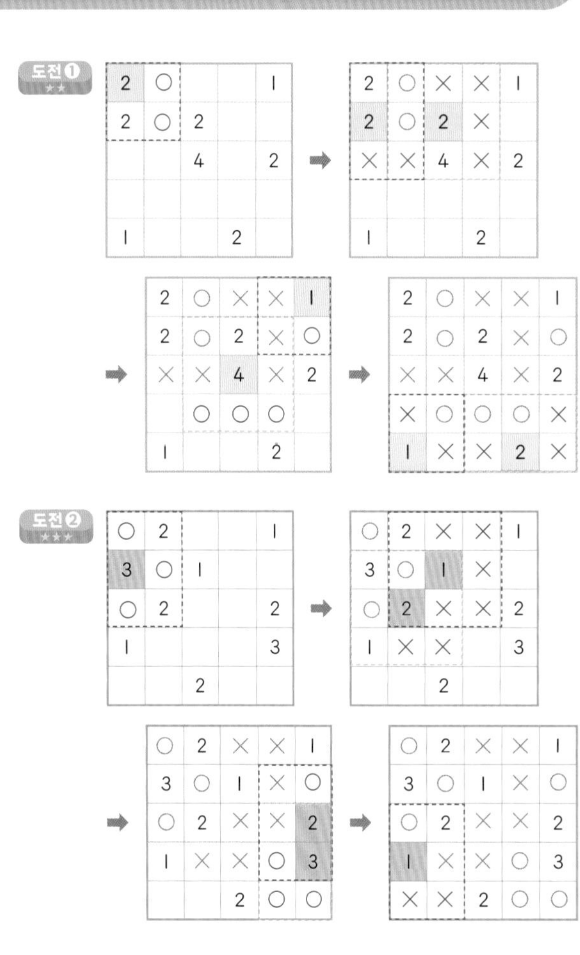

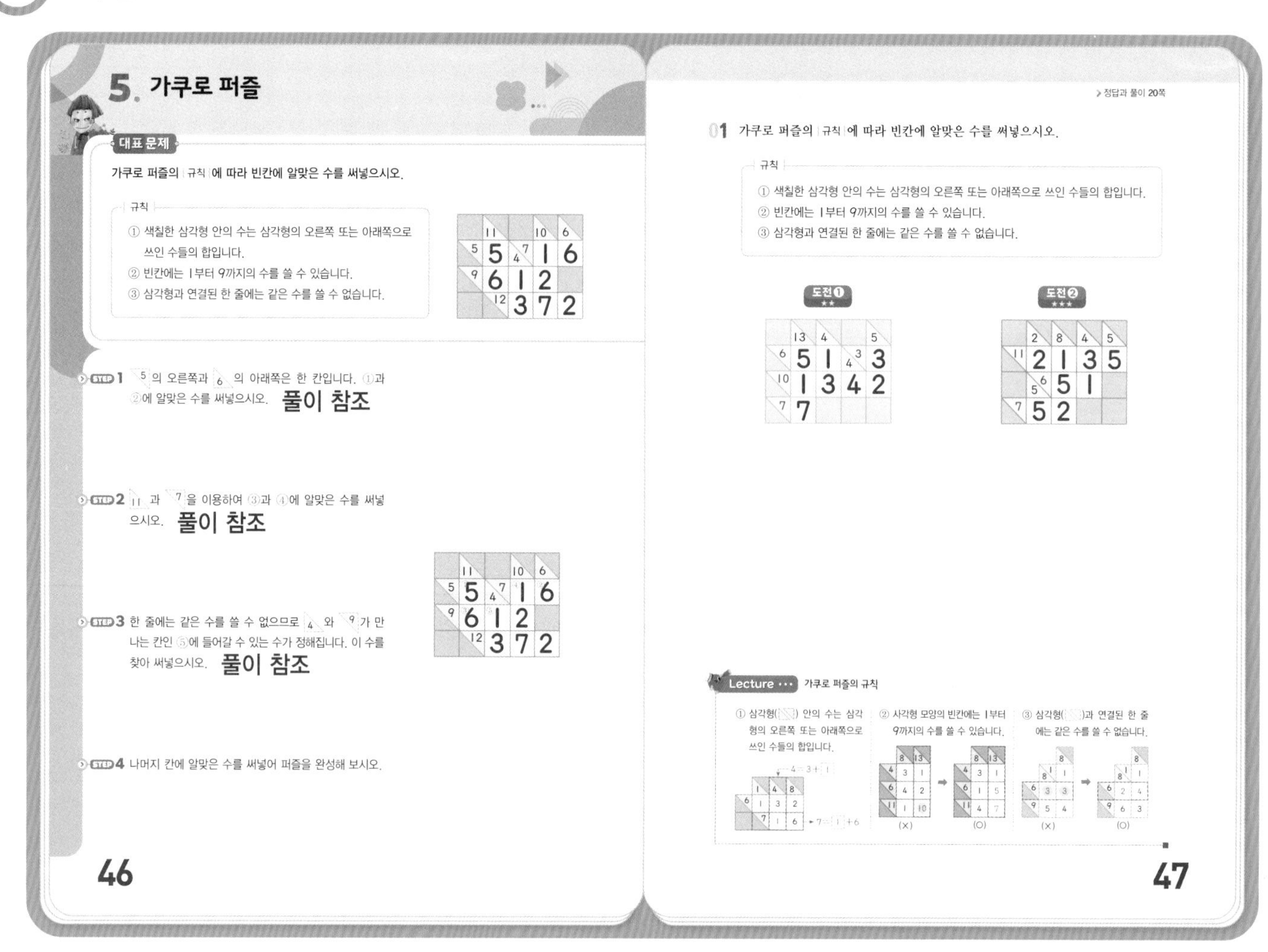

5. 가쿠로 퍼즐

대표 문제

가쿠로 퍼즐의 규칙 에 따라 빈칸에 알맞은 수를 써넣으시오.

규칙
① 색칠한 삼각형 안의 수는 삼각형의 오른쪽 또는 아래쪽으로 쓰인 수들의 합입니다.
② 빈칸에는 1부터 9까지의 수를 쓸 수 있습니다.
③ 삼각형과 연결된 한 줄에는 같은 수를 쓸 수 없습니다.

STEP 1 5 의 오른쪽과 6 의 아래쪽은 한 칸입니다. ①과 ②에 알맞은 수를 써넣으시오. 풀이 참조

STEP 2 11 과 7 을 이용하여 ③과 ④에 알맞은 수를 써넣으시오. 풀이 참조

STEP 3 한 줄에는 같은 수를 쓸 수 없으므로 4 와 9 가 만나는 칸인 ⑤에 들어갈 수 있는 수가 정해집니다. 이 수를 찾아 써넣으시오. 풀이 참조

STEP 4 나머지 칸에 알맞은 수를 써넣어 퍼즐을 완성해 보시오.

46

정답과 풀이 20쪽

01 가쿠로 퍼즐의 규칙 에 따라 빈칸에 알맞은 수를 써넣으시오.

규칙
① 색칠한 삼각형 안의 수는 삼각형의 오른쪽 또는 아래쪽으로 쓰인 수들의 합입니다.
② 빈칸에는 1부터 9까지의 수를 쓸 수 있습니다.
③ 삼각형과 연결된 한 줄에는 같은 수를 쓸 수 없습니다.

도전❶ ★★ 도전❷ ★★★

Lecture ··· 가쿠로 퍼즐의 규칙
① 삼각형( ) 안의 수는 삼각형의 오른쪽 또는 아래쪽으로 쓰인 수들의 합입니다.
② 사각형 모양의 빈칸에는 1부터 9까지의 수를 쓸 수 있습니다.
③ 삼각형( )과 연결된 한 줄에는 같은 수를 쓸 수 없습니다.

47

대표문제

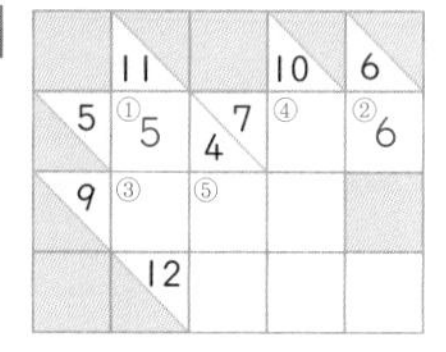

STEP 2

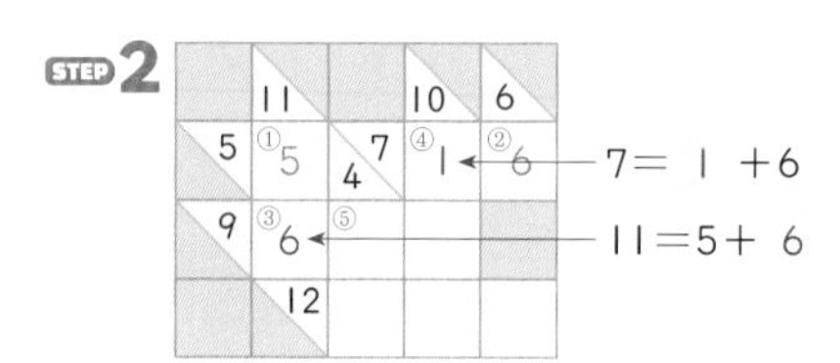

STEP 3

4는 같은 수로 가르는 것을 제외하고 1과 3으로 가를 수 있는데 ⑤에 3을 쓰면 가로줄의 합이 9보다 크게 되므로 1을 씁니다.

STEP 4

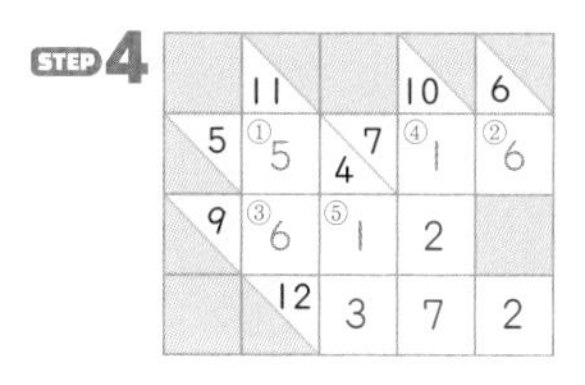

01 도전❶ ★★

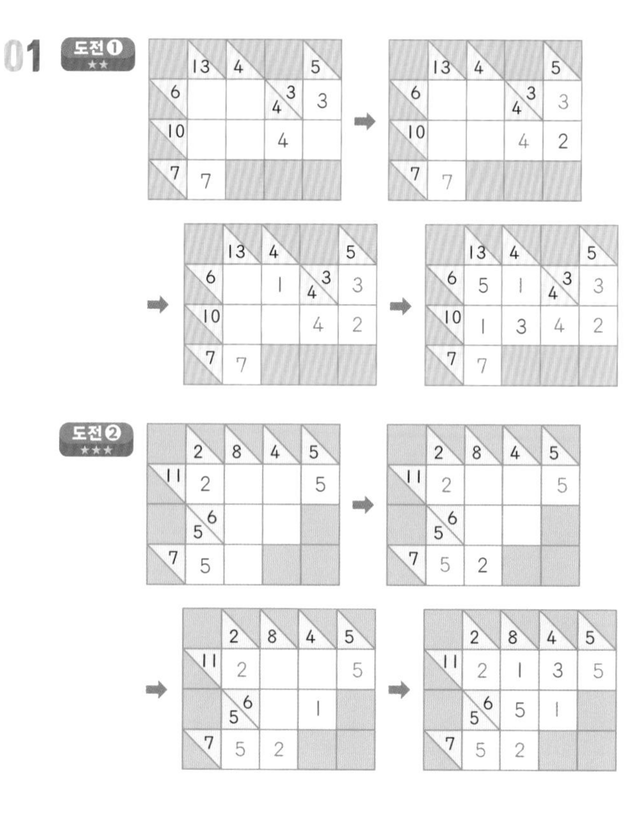

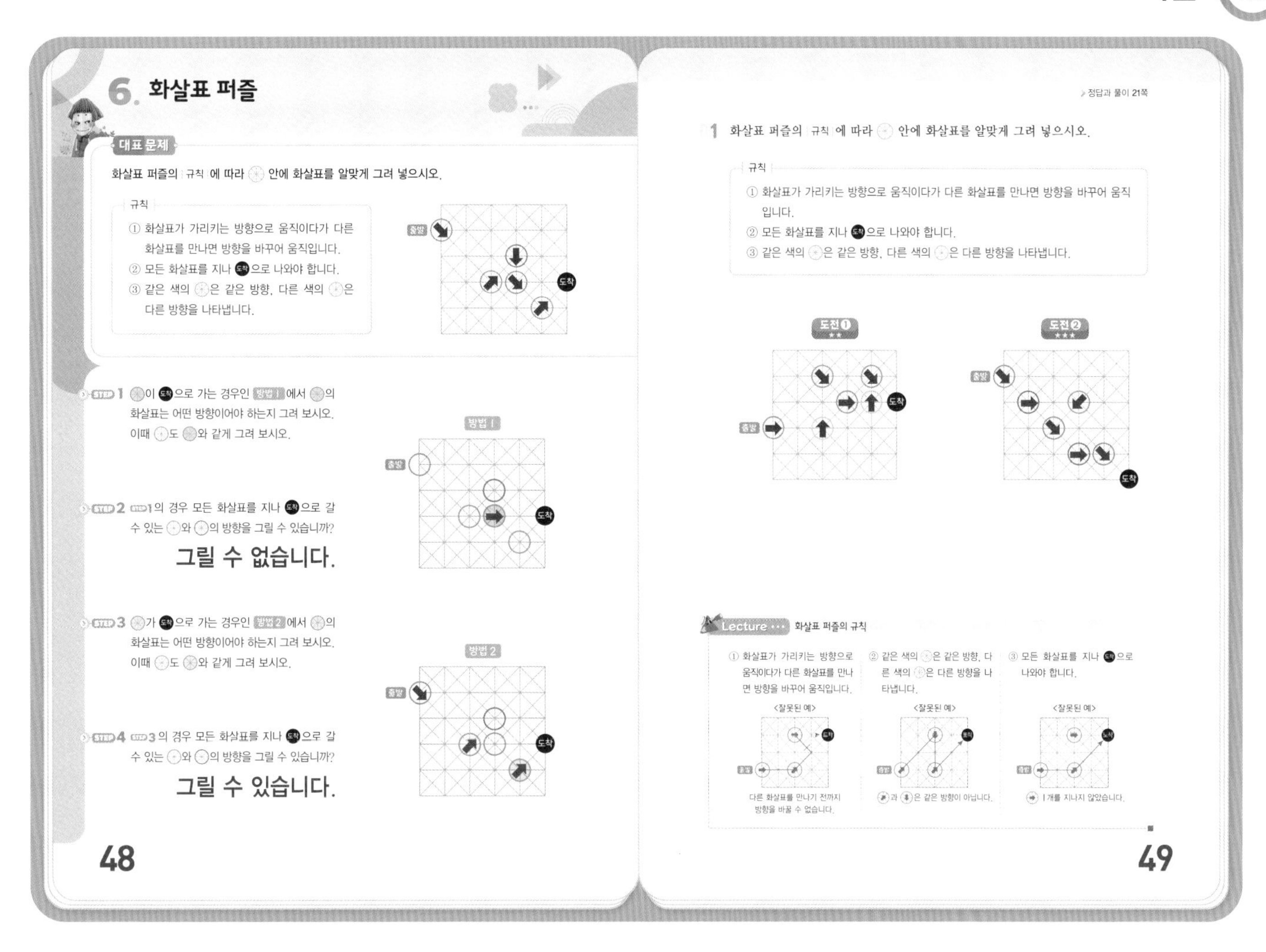

6. 화살표 퍼즐

정답과 풀이 21쪽

대표 문제

화살표 퍼즐의 규칙 에 따라 ⊕ 안에 화살표를 알맞게 그려 넣으시오.

규칙
① 화살표가 가리키는 방향으로 움직이다가 다른 화살표를 만나면 방향을 바꾸어 움직입니다.
② 모든 화살표를 지나 도착으로 나와야 합니다.
③ 같은 색의 ⊕은 같은 방향, 다른 색의 ⊕은 다른 방향을 나타냅니다.

STEP 1 ⊕이 도착으로 가는 경우인 방법 1 에서 ⊕의 화살표는 어떤 방향이어야 하는지 그려 보시오. 이때 ⊕도 ⊕와 같게 그려 보시오.

STEP 2 STEP 1의 경우 모든 화살표를 지나 도착으로 갈 수 있는 ⊕와 ⊕의 방향을 그릴 수 있습니까?

그릴 수 없습니다.

STEP 3 ⊕가 도착으로 가는 경우인 방법 2 에서 ⊕의 화살표는 어떤 방향이어야 하는지 그려 보시오. 이때 ⊕도 ⊕와 같게 그려 보시오.

STEP 4 STEP 3의 경우 모든 화살표를 지나 도착으로 갈 수 있는 ⊕와 ⊕의 방향을 그릴 수 있습니까?

그릴 수 있습니다.

48

1 화살표 퍼즐의 규칙 에 따라 ⊕ 안에 화살표를 알맞게 그려 넣으시오.

규칙
① 화살표가 가리키는 방향으로 움직이다가 다른 화살표를 만나면 방향을 바꾸어 움직입니다.
② 모든 화살표를 지나 도착으로 나와야 합니다.
③ 같은 색의 ⊕은 같은 방향, 다른 색의 ⊕은 다른 방향을 나타냅니다.

도전❶ ★★ 도전❷ ★★★

Lecture 화살표 퍼즐의 규칙

① 화살표가 가리키는 방향으로 움직이다가 다른 화살표를 만나면 방향을 바꾸어 움직입니다.
② 같은 색의 ⊕은 같은 방향, 다른 색의 ⊕은 다른 방향을 나타냅니다.
③ 모든 화살표를 지나 도착으로 나와야 합니다.

<잘못된 예> 다른 화살표를 만나기 전까지 방향을 바꿀 수 없습니다.

<잘못된 예> ↗과 ↓은 같은 방향이 아닙니다.

<잘못된 예> → 1개를 지나지 않았습니다.

49

대표 문제

STEP 1

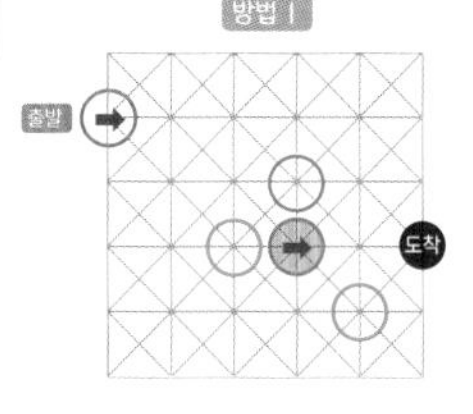

⊕에서 도착점으로 가려면 ➡ 방향의 화살표를 그려야 합니다.

STEP 2 ➡ 방향으로 그린 경우 출발점에서 다른 ⊕으로 갈 수 없습니다.

STEP 3

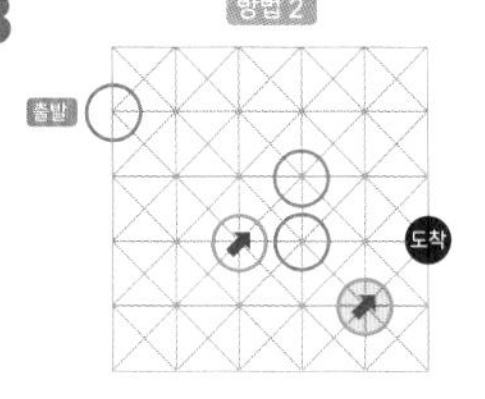

⊕에서 도착점으로 가려면 ↗ 방향의 화살표를 그려야 합니다.

STEP 4 ↗ 방향으로 그린 경우 ↘, ⬇ 방향으로 그리면 규칙에 따라 퍼즐을 해결하게 됩니다.

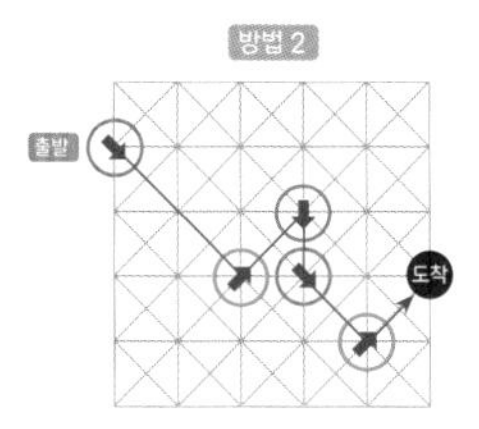

01 출발과 도착을 보고 방향이 정해지는 화살표를 먼저 그립니다.

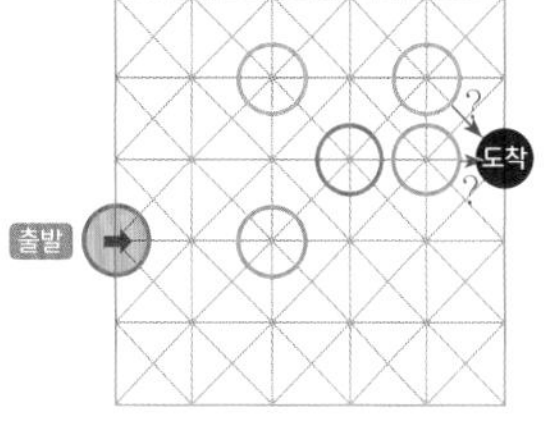

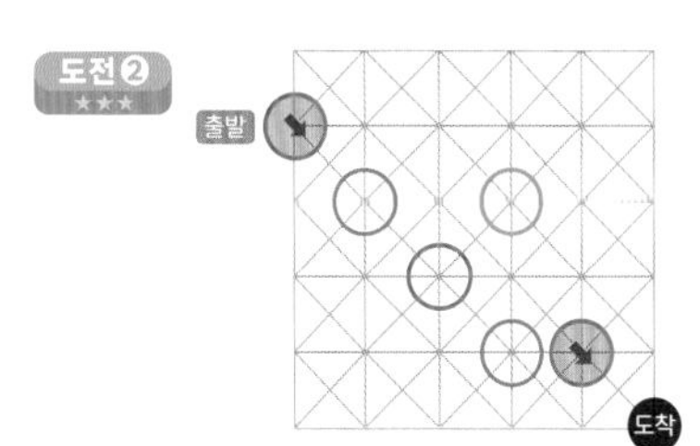

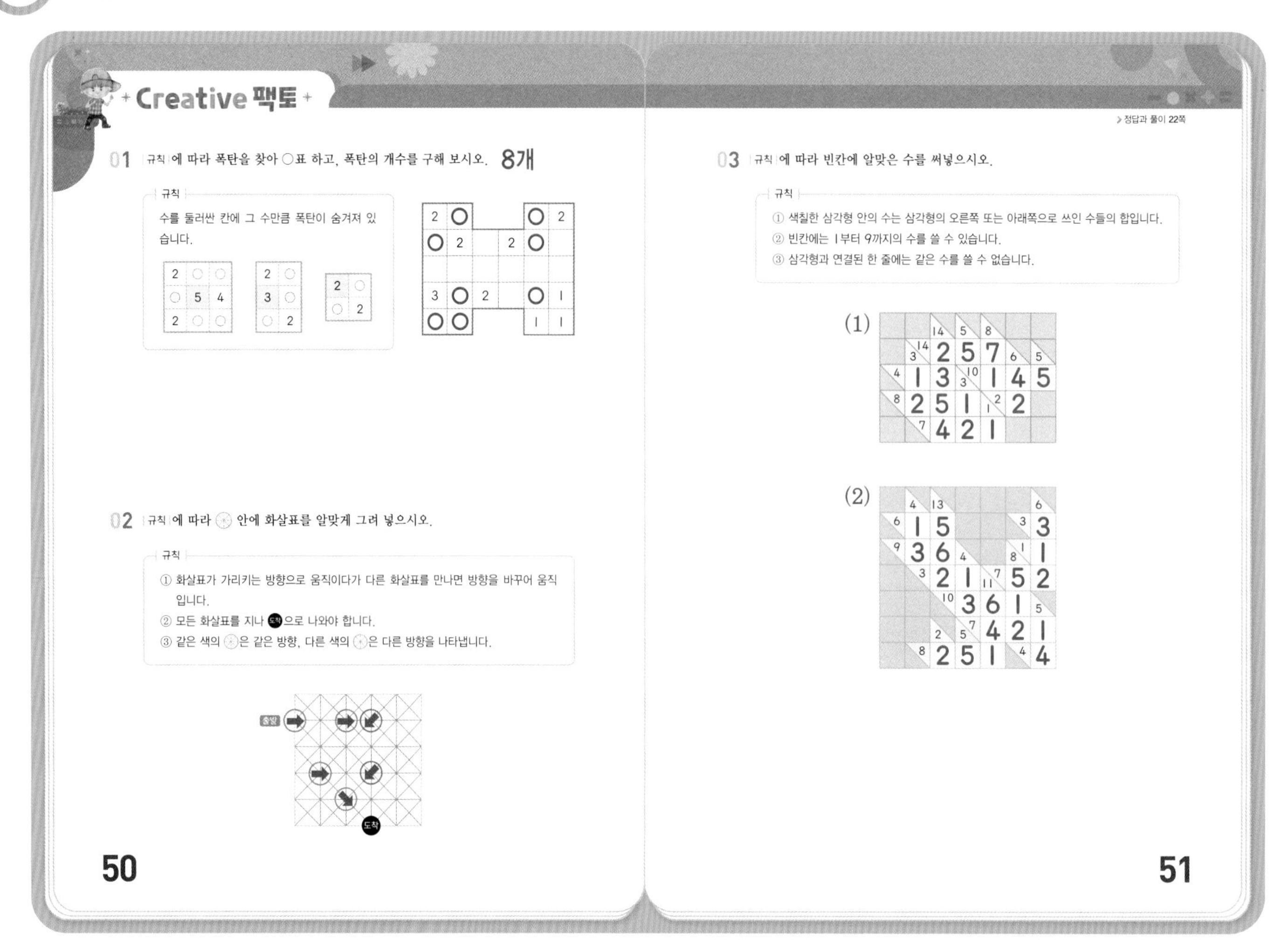
Creative 팩토
정답과 풀이 22쪽
01 규칙에 따라 폭탄을 찾아 ○표 하고, 폭탄의 개수를 구해 보시오. 8개
규칙
수를 둘러싼 칸에 그 수만큼 폭탄이 숨겨져 있습니다.
02 규칙에 따라 안에 화살표를 알맞게 그려 넣으시오.
규칙
① 화살표가 가리키는 방향으로 움직이다가 다른 화살표를 만나면 방향을 바꾸어 움직입니다.
② 모든 화살표를 지나 도착으로 나와야 합니다.
③ 같은 색의 은 같은 방향, 다른 색의 은 다른 방향을 나타냅니다.
출발
도착
50
03 규칙에 따라 빈칸에 알맞은 수를 써넣으시오.
규칙
① 색칠한 삼각형 안의 수는 삼각형의 오른쪽 또는 아래쪽으로 쓰인 수들의 합입니다.
② 빈칸에는 1부터 9까지의 수를 쓸 수 있습니다.
③ 삼각형과 연결된 한 줄에는 같은 수를 쓸 수 없습니다.
(1)
(2)
51

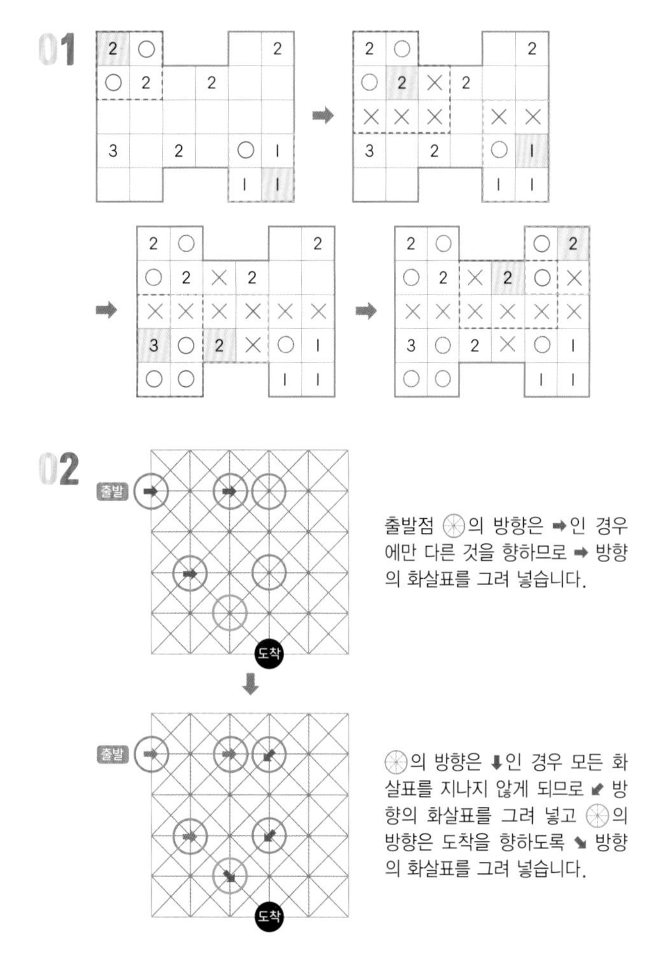
01
02
출발
도착

출발점 의 방향은 ➡인 경우에만 다른 것을 향하므로 ➡ 방향의 화살표를 그려 넣습니다.

의 방향은 ⬇인 경우 모든 화살표를 지나지 않게 되므로 ↙ 방향의 화살표를 그려 넣고 의 방향은 도착을 향하도록 ↘ 방향의 화살표를 그려 넣습니다.

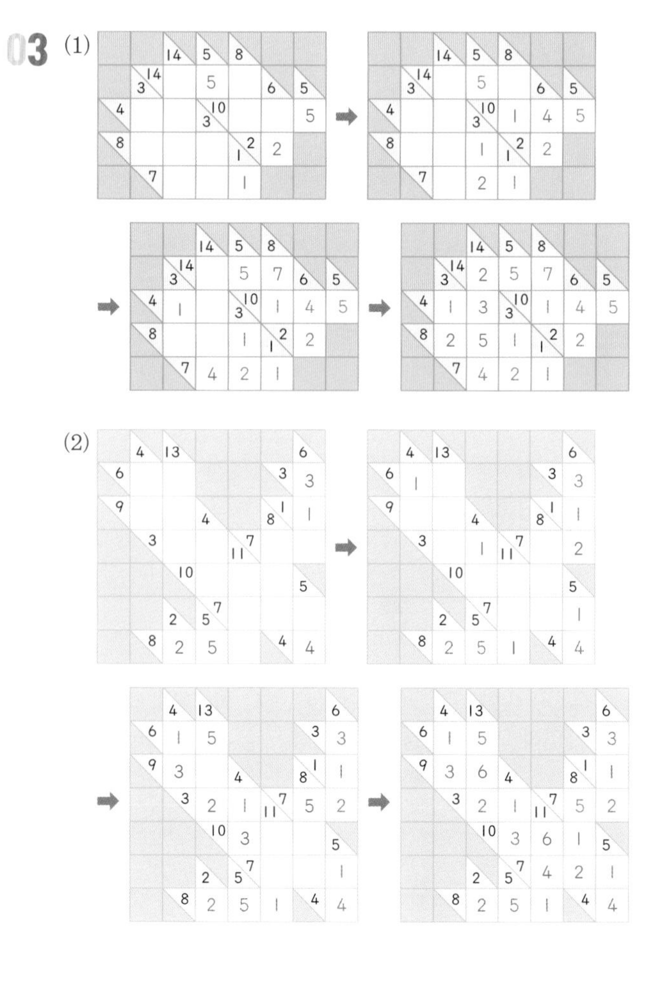
03 (1)
(2)

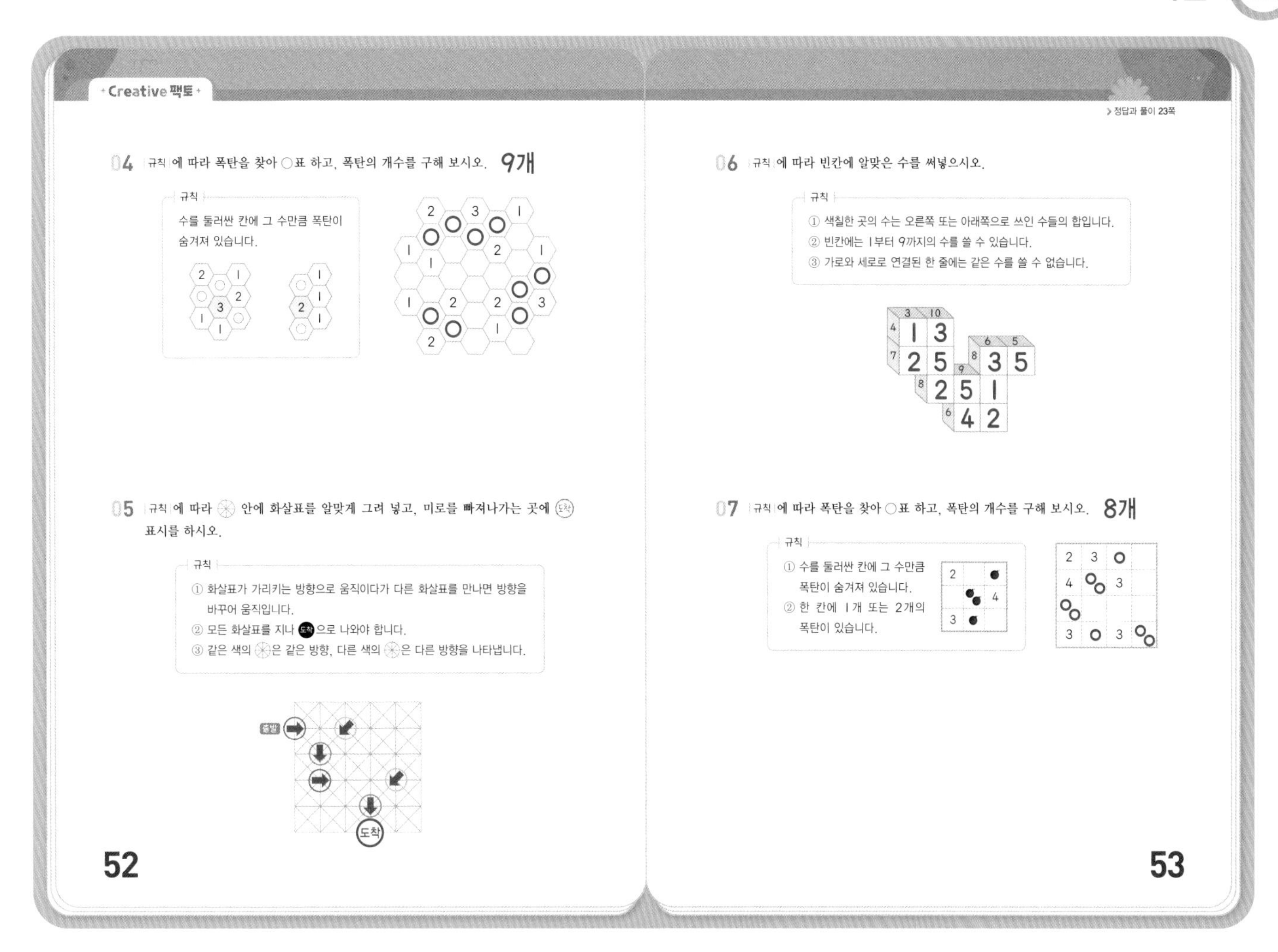
Creative 팩토

04 규칙 에 따라 폭탄을 찾아 ○표 하고, 폭탄의 개수를 구해 보시오. 9개

규칙
수를 둘러싼 칸에 그 수만큼 폭탄이 숨겨져 있습니다.

05 규칙 에 따라 안에 화살표를 알맞게 그려 넣고, 미로를 빠져나가는 곳에 도착 표시를 하시오.

규칙
① 화살표가 가리키는 방향으로 움직이다가 다른 화살표를 만나면 방향을 바꾸어 움직입니다.
② 모든 화살표를 지나 도착으로 나와야 합니다.
③ 같은 색의 은 같은 방향, 다른 색의 은 다른 방향을 나타냅니다.

52

정답과 풀이 23쪽

06 규칙 에 따라 빈칸에 알맞은 수를 써넣으시오.

규칙
① 색칠한 곳의 수는 오른쪽 또는 아래쪽으로 쓰인 수들의 합입니다.
② 빈칸에는 1부터 9까지의 수를 쓸 수 있습니다.
③ 가로와 세로로 연결된 한 줄에는 같은 수를 쓸 수 없습니다.

07 규칙 에 따라 폭탄을 찾아 ○표 하고, 폭탄의 개수를 구해 보시오. 8개

규칙
① 수를 둘러싼 칸에 그 수만큼 폭탄이 숨겨져 있습니다.
② 한 칸에 1개 또는 2개의 폭탄이 있습니다.

53

04 수를 둘러싼 곳을 확인하고, 폭탄이 있는 곳은 ○표, 폭탄이 없는 곳은 ×표 하며 퍼즐을 해결합니다.

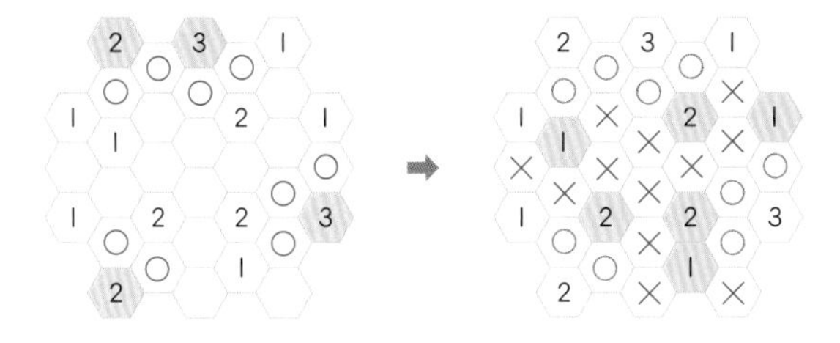

05

출발

㊀의 방향이 ↘인 경우 밖으로 나가게 되므로 ㊀을 향하도록 ㊀에 ➡ 방향의 화살표를 그려 넣습니다.

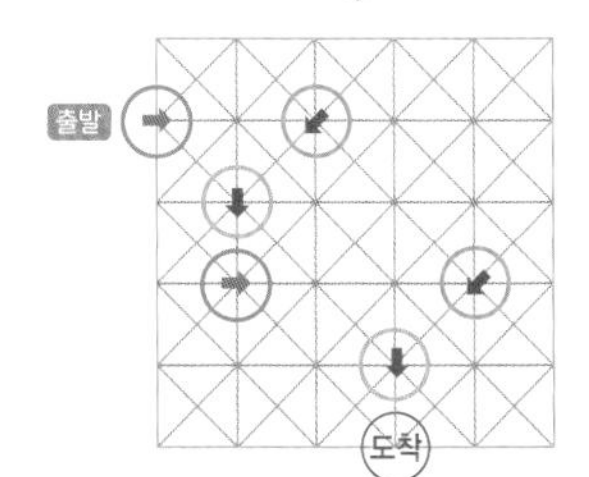

㊀의 방향이 ↘인 경우 모든 화살표를 지나지 않게 되므로 ↙ 방향의 화살표를 그려 넣고, ㊀의 방향은 도착을 향하도록 ⬇ 방향의 화살표를 그려 넣습니다.

06 길이가 짧은 칸부터 채우고, 작은 수부터 수 가르기를 이용하여 퍼즐을 해결합니다.

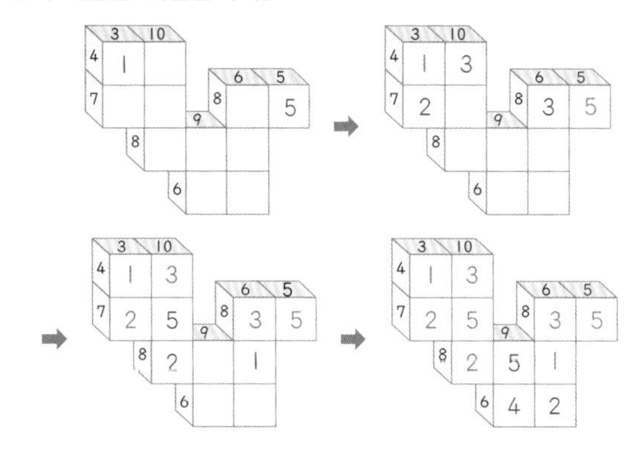

07 한 칸에 폭탄이 1개 또는 2개가 들어갈 수 있다는 것을 생각하며 퍼즐을 해결합니다.

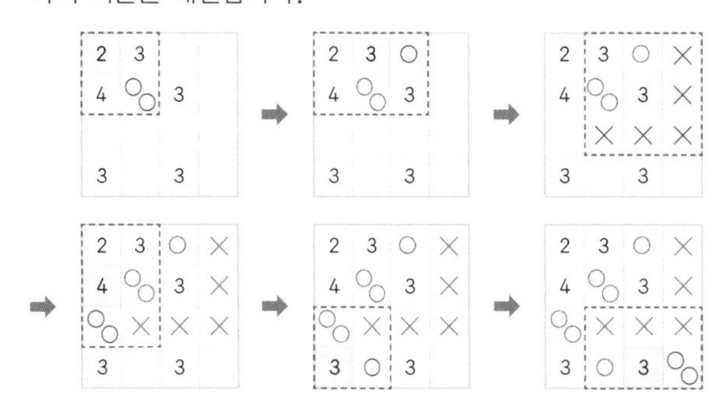

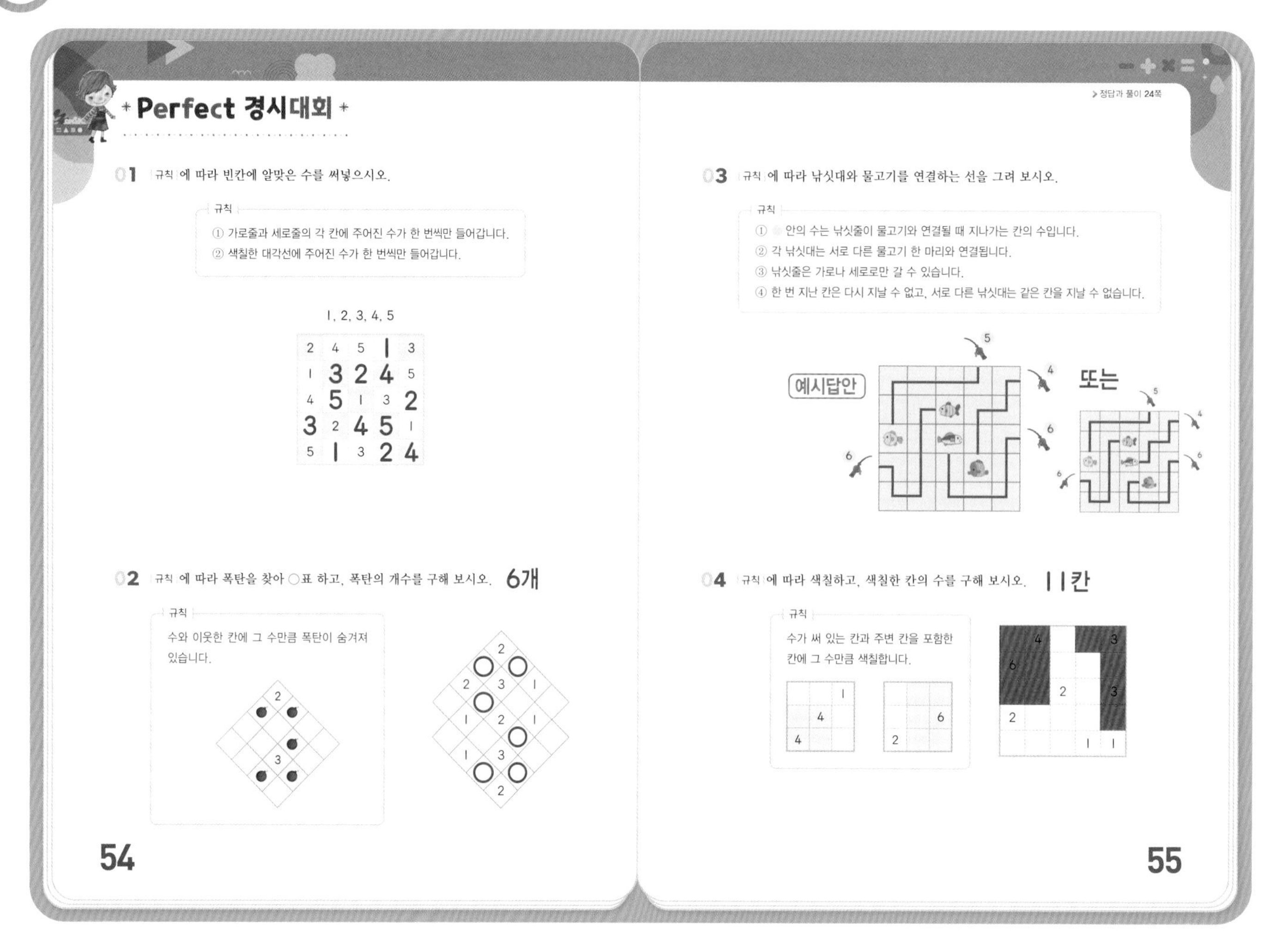

01
먼저 가로줄, 세로줄, 색칠한 대각선줄에서 1부터 5까지 수 중 빠진 수가 있는지 찾아봅니다.

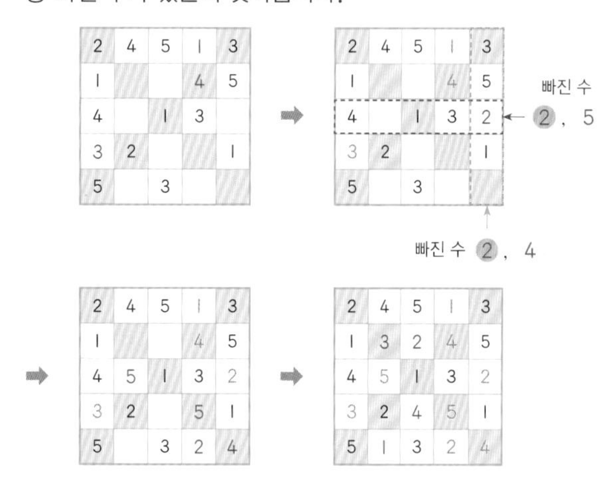

02
수와 이웃한 곳을 확인하고, 폭탄이 있는 곳은 ○표, 폭탄이 없는 곳은 ×표 하며 퍼즐을 해결합니다.

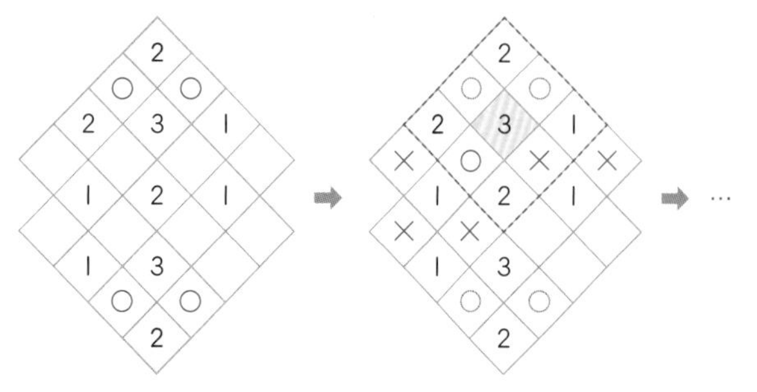

03
오른쪽 아래에 있는 낚싯대가 6칸을 지나 물고기와 연결되는 방법이 1가지이므로 오른쪽 아래 낚싯대부터 ①, ②, ③, ④ 순서로 선을 그리면 조금 더 쉽게 퍼즐을 해결할 수 있습니다.

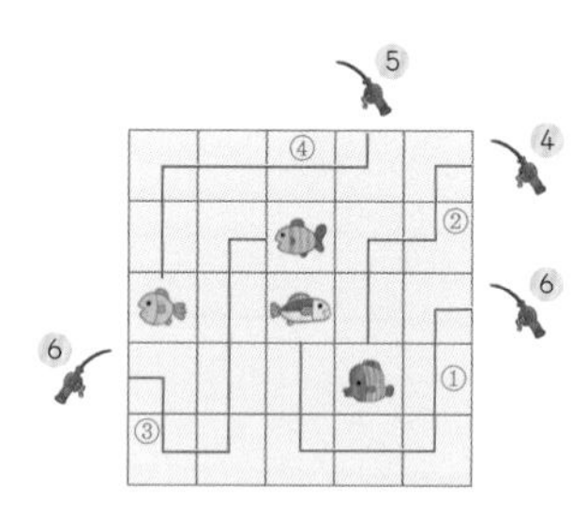

04
수가 써 있는 칸도 포함하여 색칠한다는 것을 생각하며 퍼즐을 해결합니다.

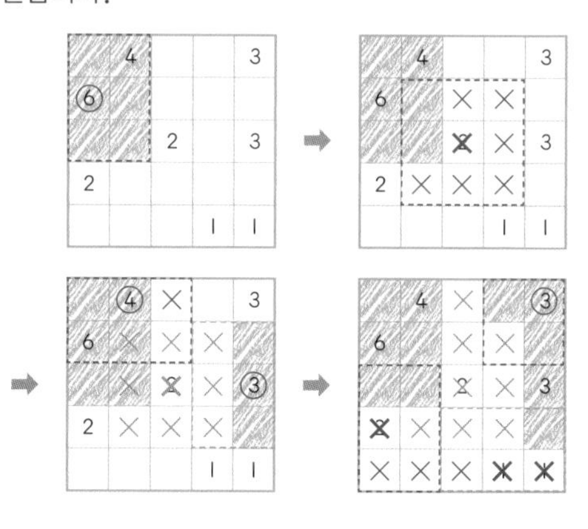

정답과 풀이 25쪽

01 규칙 에 따라 빈칸에 알맞은 수를 써넣으시오.

규칙
① 가로줄과 세로줄의 각 칸에는 양 끝 사이의 수가 순서에 관계없이 한 번씩만 들어갑니다.
② 가로줄과 세로줄에는 같은 수가 중복해서 들어갈 수 없습니다.

예

	2	1	0	
1	4	3	2	5
0	3	2	1	4
2	5	4	3	6
	6	5	4	

← 1과 5 사이의 수는 2, 3, 4입니다.
← 0과 4 사이의 수는 1, 2, 3입니다.

(1)

	3	5	4	
3	4	6	5	7
5	6	8	7	9
4	5	7	6	8
	7	9	8	

(2)

	5	4	7	6	
6	8	7	10	9	11
5	7	6	9	8	10
4	6	5	8	7	9
7	9	8	11	10	12
	10	9	12	11	

02 규칙 에 따라 빈칸에 알맞은 수를 써넣거나 ×표 하시오.

규칙
① 위와 왼쪽에 있는 수는 각각 세로줄과 가로줄에 연속으로 이어진 수들의 합입니다.
② 각 칸에는 1부터 4까지의 수가 들어갈 수 있습니다.
③ 한 줄에 1부터 4까지의 수가 모두 들어갈 필요는 없습니다.
④ 같은 수가 중복해서 들어갈 수 없습니다.
⑤ 수가 들어가지 않는 곳에는 ×표 합니다.

	4 6	6	3 5	6 4	2
4 2	3	1	×	2	×
1 0	1	2	3	4	×
3 2	×	3	×	×	2
2 5	2	×	4	1	×
4 4	4	×	1	3	×

	1	3 4	7 1	4 6	1 2
1 7	1	×	3	4	×
6 1	×	2	4	×	1
1 3	×	1	×	3	×
3	×	×	1	2	×
4 3	×	4	×	1	2

01 (1)

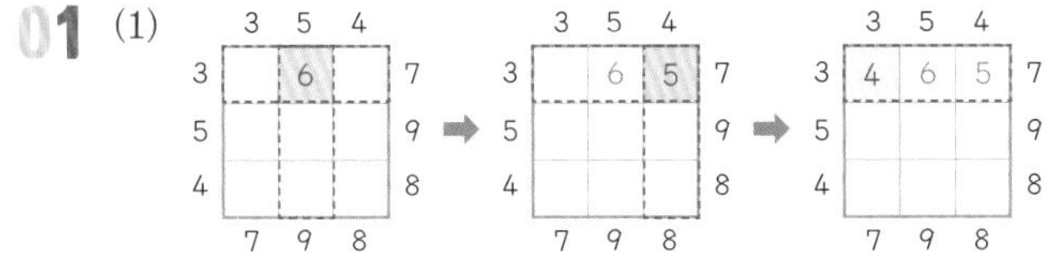

3과 7 사이의 수는 4, 5, 6이고, 5와 9 사이의 수는 6, 7, 8이므로 색칠한 곳에는 6을 넣어야 합니다.

3과 7 사이의 수는 4, 5, 6이고, 4와 8 사이의 수는 5, 6, 7입니다. 같은 줄에 같은 수를 넣을 수 없으므로 색칠한 곳에는 5를 넣어야 합니다.

3과 7 사이의 수는 4, 5, 6이고, 같은 줄에 같은 수를 넣을 수 없으므로 색칠한 곳에는 4를 넣어야 합니다.

➡

	3	5	4	
3	4	6	5	7
5	6			9
4	5			8
	7	9	8	

➡

	3	5	4	
3	4	6	5	7
5	6	8	7	9
4	5	7	6	8
	7	9	8	

(2)

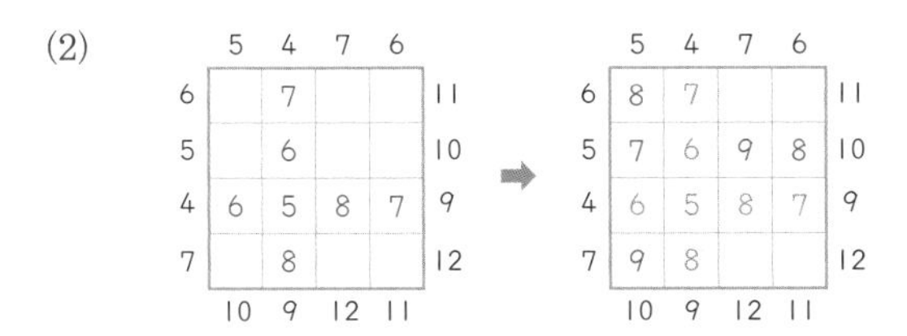

➡

	5	4	7	6	
6	8	7	10	9	11
5	7	6	9	8	10
4	6	5	8	7	9
7	9	8	11	10	12
	10	9	12	11	

02

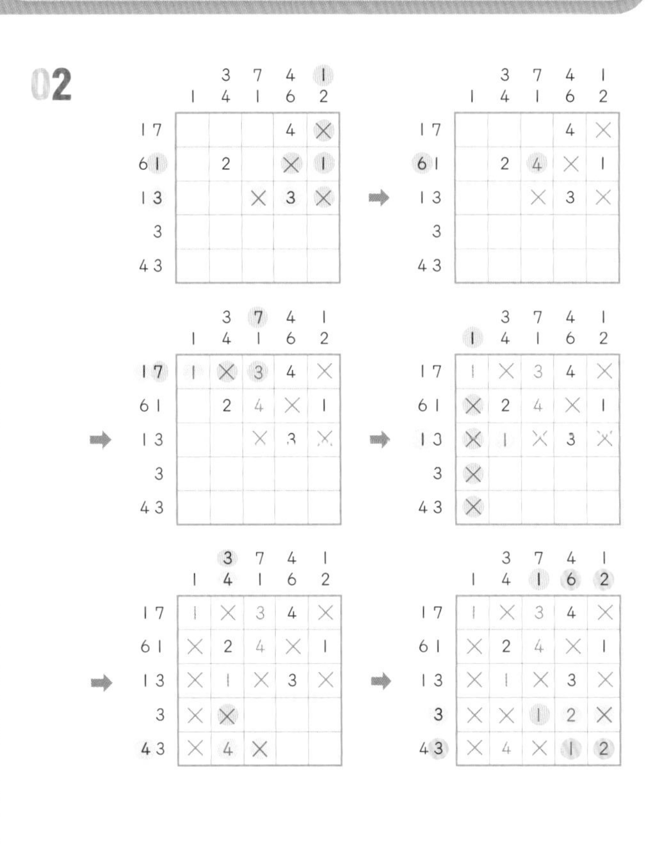

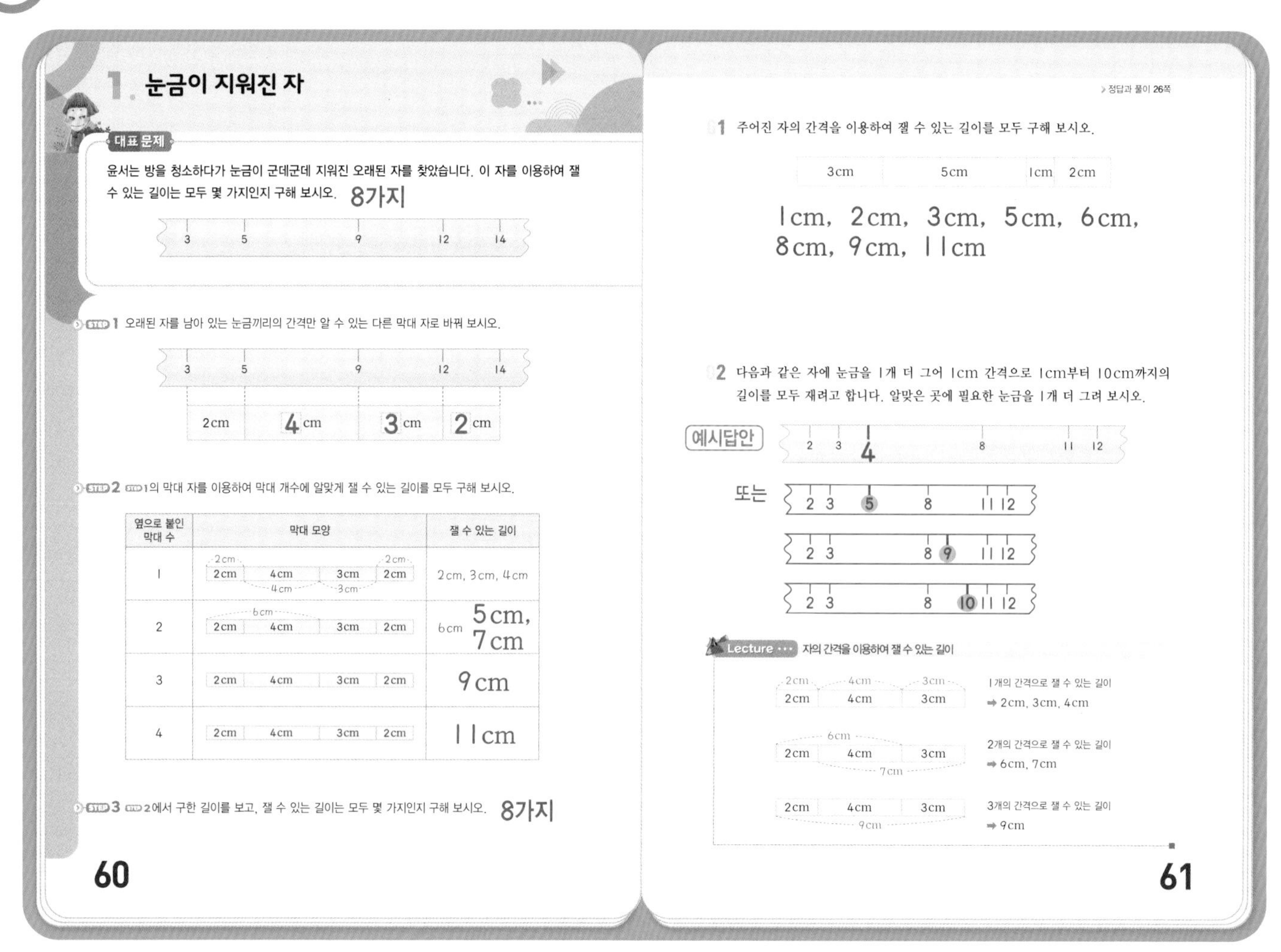

대표 문제

STEP 1 각 간격의 길이는 양쪽 끝 눈금이 가리키는 수의 차와 같습니다.

STEP 2 각 간격별로 잴 수 있는 길이를 구합니다.

옆으로 붙인 막대 수	막대 모양	잴 수 있는 길이
1	2cm, 4cm, 3cm, 2cm	2cm, 3cm, 4cm
2	2cm 4cm 3cm 2cm (6cm, 7cm, 5cm)	6cm 5cm, 7cm
3	2cm 4cm 3cm 2cm (9cm)	9cm
4	2cm 4cm 3cm 2cm (11cm)	11cm

STEP 3 STEP 2에서 잴 수 있는 길이는 2cm, 3cm, 4cm, 5cm, 6cm, 7cm, 9cm, 11cm이므로 모두 8가지입니다.

01 • 간격 1개로 잴 수 있는 길이: 1cm, 2cm, 3cm, 5cm

• 간격 2개로 잴 수 있는 길이: 3cm(1+2), 6cm(5+1), 8cm(3+5)

• 간격 3개로 잴 수 있는 길이: 8cm(5+1+2), 9cm(3+5+1)

• 간격 4개로 잴 수 있는 길이: 11cm(3+5+1+2)

따라서 잴 수 있는 길이는 1cm, 2cm, 3cm, 5cm, 6cm, 8cm, 9cm, 11cm입니다.

02 먼저 주어진 자의 간격을 이용하여 잴 수 있는 길이를 구합니다.

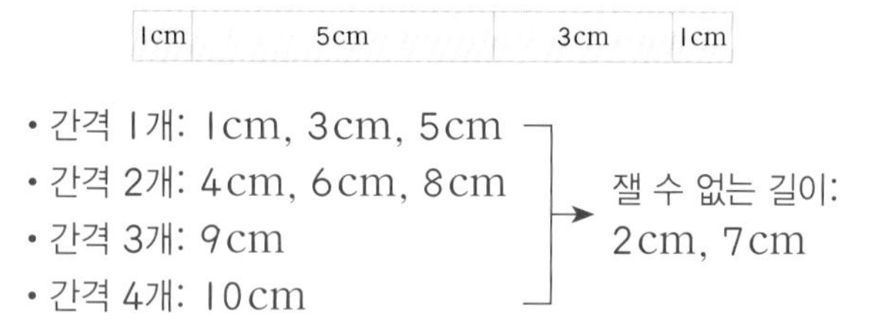

• 간격 1개: 1cm, 3cm, 5cm
• 간격 2개: 4cm, 6cm, 8cm
• 간격 3개: 9cm
• 간격 4개: 10cm

→ 잴 수 없는 길이: 2cm, 7cm

①~⑥까지 눈금을 그을 수 있는 곳에 표시를 하고, 각각의 경우에 2cm와 7cm를 잴 수 있는지 알아봅니다.

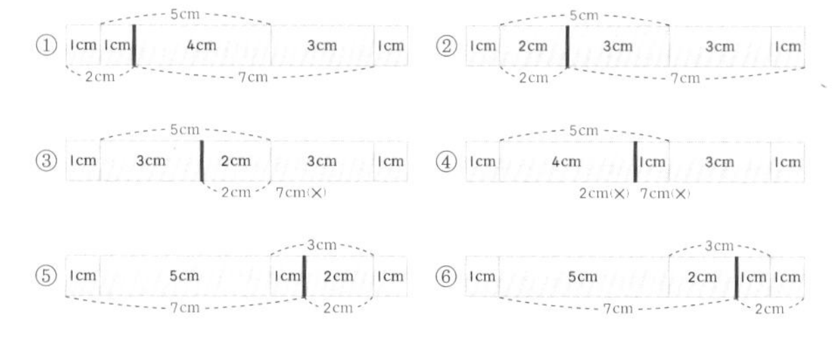

따라서 ①, ②, ⑤, ⑥의 위치에 눈금을 그으면 1cm부터 10cm까지의 길이를 모두 잴 수 있습니다.

2. 고장 난 시계

대표 문제

슬기의 손목시계는 I시간에 30초씩 느리게 가고, 우재의 손목시계는 I시간에 20초씩 빠르게 갑니다. 어느 날 오후 2시에 두 시계를 정확하게 맞추어 놓았다면, 6시간이 지난 후에 두 사람의 시계가 가리키는 시각은 몇 분만큼 차이가 나는지 구해 보시오. 5분

STEP 1 슬기의 손목시계는 I시간에 30초씩 느려지는 시계입니다. 6시간 후 슬기의 손목시계는 몇 초 느려집니까?

STEP 2 6시간 후 슬기의 시계는 몇 시 몇 분을 가리키고 있습니까? 7시 57분

STEP 3 우재의 손목시계는 I시간에 20초씩 빨라지는 시계입니다. 6시간 후 우재의 손목시계는 몇 분 빨라집니까?

STEP 4 6시간 후 우재의 시계는 몇 시 몇 분을 가리키고 있습니까? 8시 2분

STEP 5 STEP 2와 STEP 4에서 구한 6시간 후인 8시에 두 시계가 가리키는 시각은 몇 분만큼 차이가 나는지 구해 보시오. 5분

62

정답과 풀이 27쪽

01 거실 시계는 I시간에 I0초씩 빨라지고, 방안 시계는 I시간에 20초씩 늦어집니다. 오전 II시에 집에 있는 시계를 모두 정확히 맞추었다면, 오후 5시에 두 시계가 가리키는 시각은 몇 분만큼 차이가 나는지 구해 보시오. 3분

02 지우의 시계는 I시간에 5분씩 빨라지고, 현서의 시계는 I시간에 I5분씩 늦어집니다. 오전 9시에 두 사람의 시계를 모두 정확히 맞추었다면, 오후 7시에 두 시계가 가리키는 시각은 몇 시간 몇 분만큼 차이가 나는지 구해 보시오. 3시간 20분

Lecture 고장 난 시계

정확한 시계의 시각을 보고 고장 난 시계의 시각을 알아 볼 수 있습니다.

63

대표 문제

STEP 1 슬기의 손목시계는 I시간에 30초씩 느려지므로 6시간 후에는 $30 \times 6 = 180$(초) 느려집니다.

STEP 2 오후 2시에서 6시간 후에 슬기의 손목시계는 I80초(=3분) 느린 7시 57분을 가리키고 있습니다.

STEP 3 우재의 손목시계는 I시간에 20초씩 빨라지므로 6시간 후에는 $20 \times 6 = 120$(초) 빨라집니다.

STEP 4 오후 2시에서 6시간 후인 8시에 우재의 손목시계는 I20초(=2분) 빠른 8시 2분을 가리키고 있습니다.

STEP 5 슬기의 손목시계는 7시 57분을 가리키고, 우재의 손목시계는 8시 2분을 가리키고 있으므로 두 시계가 가리키는 시각의 차이는 5분입니다.

〈슬기의 손목시계〉

〈우재의 손목시계〉

별해 두 시계는 I시간에 50초씩 차이가 납니다. 따라서 6시간 후에는 $50 \times 6 = 300$(초)만큼 차이가 납니다. 300초는 5분입니다.

01 두 시계는 I시간에 30초(I0+20)씩 차이가 납니다. 따라서 오전 II시에서 오후 5시까지 6시간 동안 $30 \times 6 = 180$(초), 3분만큼 차이가 납니다.

02 두 시계는 I시간에 20분(5+I5)씩 차이가 납니다. 따라서 오전 9시에서 오후 7시까지 I0시간 동안 $20 \times 10 = 200$(분), 3시간 20분 만큼 차이가 납니다.

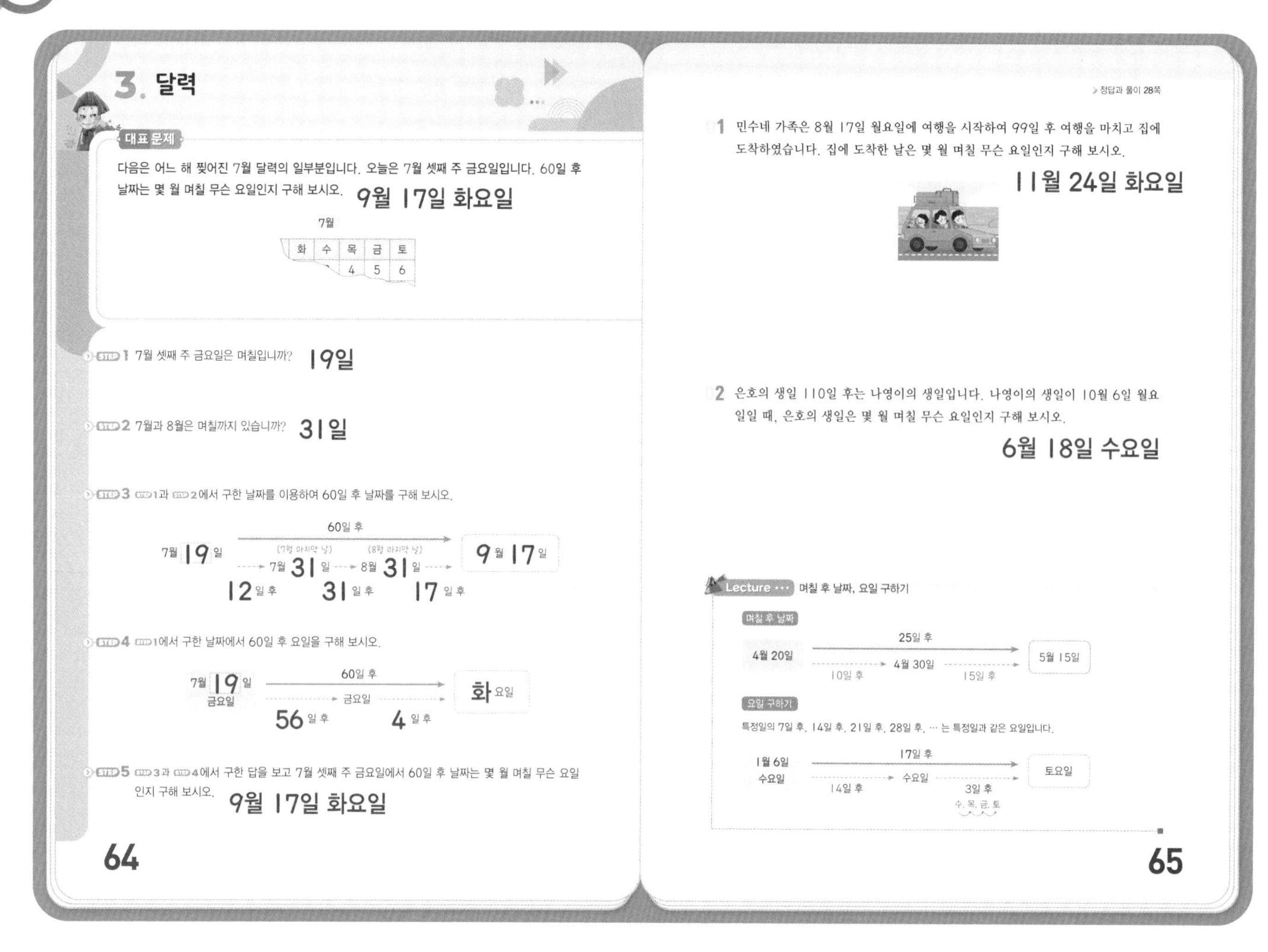

3. 달력

대표 문제

다음은 어느 해 찢어진 7월 달력의 일부분입니다. 오늘은 7월 셋째 주 금요일입니다. 60일 후 날짜는 몇 월 며칠 무슨 요일인지 구해 보시오. 9월 17일 화요일

7월

화	수	목	금	토
		4	5	6

STEP 1 7월 셋째 주 금요일은 며칠입니까? 19일

STEP 2 7월과 8월은 며칠까지 있습니까? 31일

STEP 3 STEP 1과 STEP 2에서 구한 날짜를 이용하여 60일 후 날짜를 구해 보시오.

STEP 4 STEP 1에서 구한 날짜에서 60일 후 요일을 구해 보시오.

STEP 5 STEP 3과 STEP 4에서 구한 답을 보고 7월 셋째 주 금요일에서 60일 후 날짜는 몇 월 며칠 무슨 요일인지 구해 보시오. 9월 17일 화요일

64

> 정답과 풀이 28쪽

01 민수네 가족은 8월 17일 월요일에 여행을 시작하여 99일 후 여행을 마치고 집에 도착하였습니다. 집에 도착한 날은 몇 월 며칠 무슨 요일인지 구해 보시오. 11월 24일 화요일

02 은호의 생일 110일 후는 나영이의 생일입니다. 나영이의 생일이 10월 6일 월요일일 때, 은호의 생일은 몇 월 며칠 무슨 요일인지 구해 보시오. 6월 18일 수요일

Lecture 며칠 후 날짜, 요일 구하기

며칠 후 날짜

4월 20일 → 25일 후 → 5월 15일 (10일 후 4월 30일, 15일 후)

요일 구하기

특정일의 7일 후, 14일 후, 21일 후, 28일 후, … 는 특정일과 같은 요일입니다.

1월 6일 수요일 → 17일 후 → 토요일 (14일 후 수요일, 3일 후 수, 목, 금, 토)

65

대표 문제

STEP 1 7월 첫째 주 금요일은 5일이고, 셋째 주 금요일은 $5+7+7=19$(일)입니다.

STEP 3 주어진 날에서 각 달의 마지막 날은 며칠 후인지 구한 다음 60일 후의 날짜를 구합니다.

$31-19=12$(일) $60-12-31=17$(일)

STEP 4 7일마다 같은 요일이 반복되므로 56일 후는 금요일입니다. 따라서 60일 후는 화요일입니다.

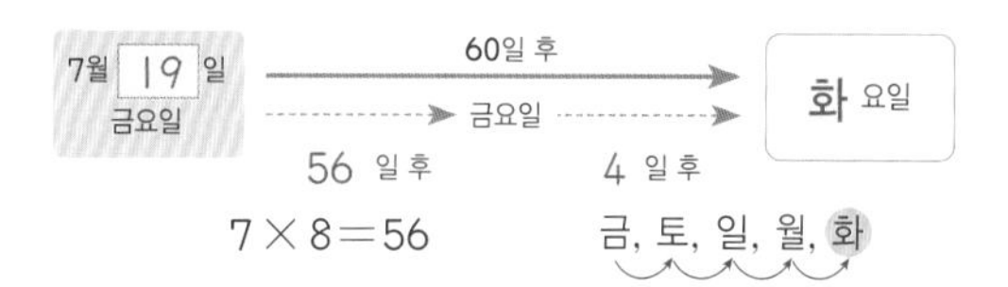

$7\times8=56$ 금, 토, 일, 월, 화

01 8월은 31일, 9월은 30일, 10월은 31일이 각 달의 마지막 날이므로 99일 이후의 날짜를 구하면 11월 24일입니다.

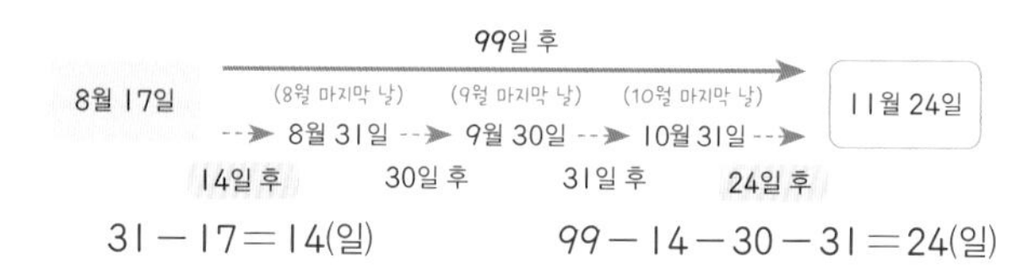

$31-17=14$(일) $99-14-30-31=24$(일)

8월 17일은 월요일입니다. 7일마다 같은 요일이 반복되므로 $7\times14=98$(일) 후의 요일도 월요일입니다. 따라서 99일 후의 요일은 화요일입니다.

02 나영이의 생일은 은호의 생일 110일 후이므로 나영이의 생일 110일 전은 은호의 생일입니다. 9월은 30일, 8월은 31일, 7월은 31일이 각 달의 마지막 날이므로 110일 전 날짜를 구하면 6월 18일입니다.

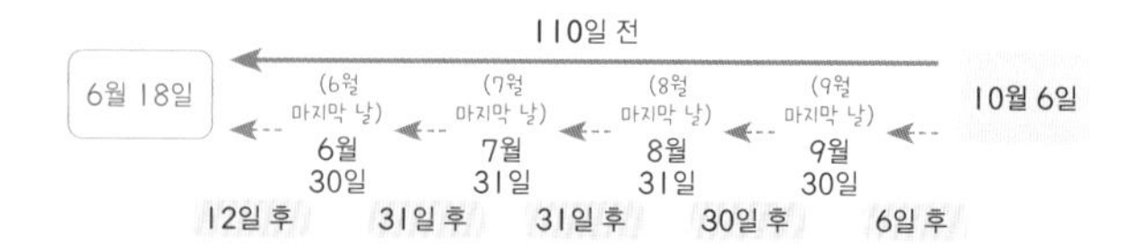

10월 6일은 월요일입니다. 7일마다 같은 요일이 반복되므로 $7\times15=105$(일) 전의 요일도 월요일입니다. 따라서 110일 전의 요일은 수요일입니다.

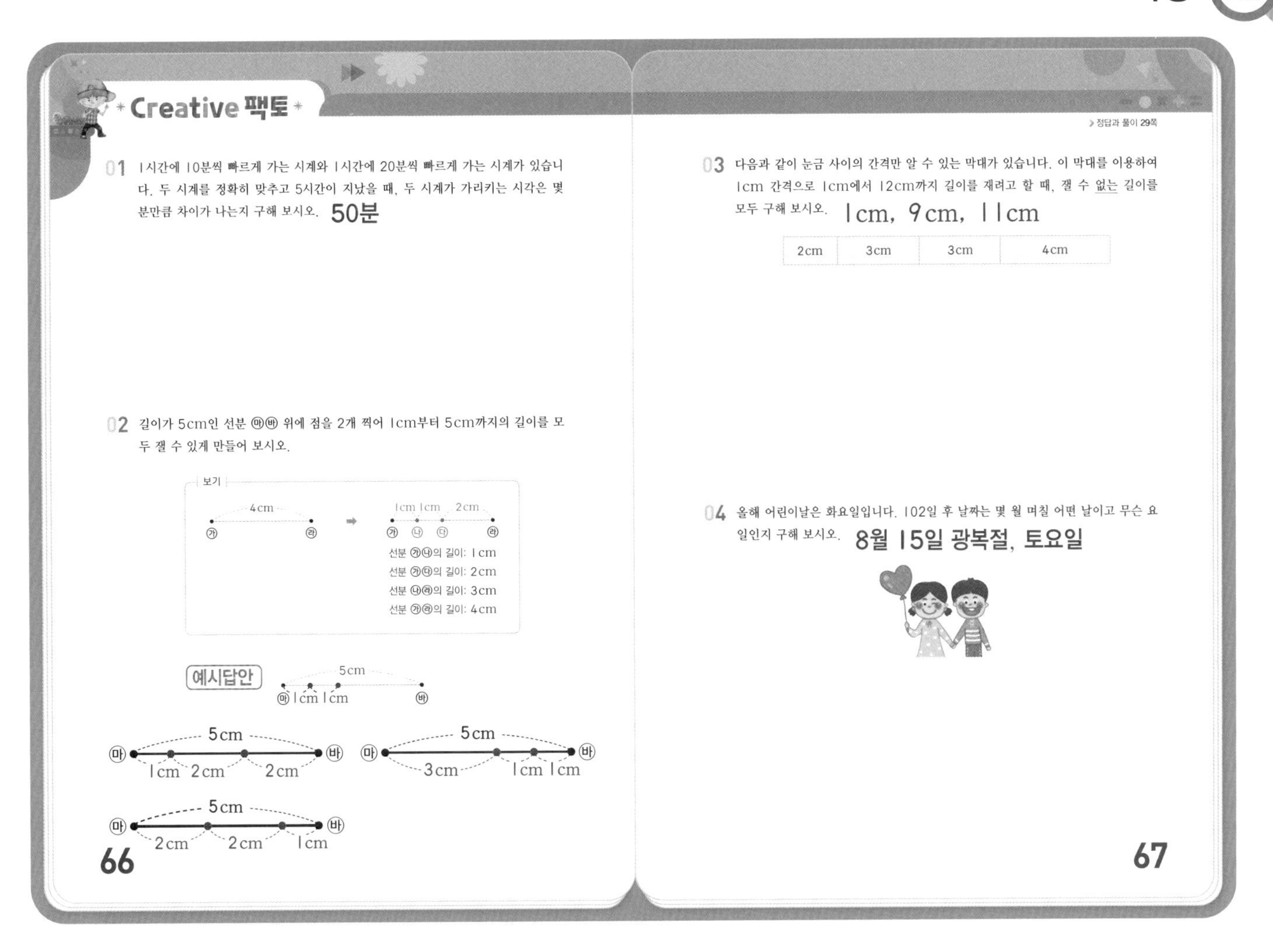

Creative 팩토

정답과 풀이 29쪽

01 1시간에 10분씩 빠르게 가는 시계와 1시간에 20분씩 빠르게 가는 시계가 있습니다. 두 시계를 정확히 맞추고 5시간이 지났을 때, 두 시계가 가리키는 시각은 몇 분만큼 차이가 나는지 구해 보시오. 50분

02 길이가 5cm인 선분 ㉣㉤ 위에 점을 2개 찍어 1cm부터 5cm까지의 길이를 모두 잴 수 있게 만들어 보시오.

보기

선분 ㉠㉡의 길이: 1cm
선분 ㉠㉢의 길이: 2cm
선분 ㉡㉣의 길이: 3cm
선분 ㉠㉣의 길이: 4cm

예시답안

03 다음과 같이 눈금 사이의 간격만 알 수 있는 막대가 있습니다. 이 막대를 이용하여 1cm 간격으로 1cm에서 12cm까지 길이를 재려고 할 때, 잴 수 없는 길이를 모두 구해 보시오. 1cm, 9cm, 11cm

2cm	3cm	3cm	4cm

04 올해 어린이날은 화요일입니다. 102일 후 날짜는 몇 월 며칠 어떤 날이고 무슨 요일인지 구해 보시오. 8월 15일 광복절, 토요일

66 67

01 두 시계는 1시간에 10분(20－10)씩 차이가 납니다.
따라서 5시간 후에는 10×5＝50(분)만큼 차이가 납니다.

02 1cm부터 4cm까지의 길이를 나타내는 방법을 여러 가지 생각해 봅니다. (선분 ㉣㉤의 길이가 5cm이므로 5cm를 재는 방법은 생각하지 않아도 됩니다.)
1cm＝1cm
2cm＝(1＋1)cm
3cm＝(1＋2)cm
4cm＝(1＋3)cm＝(2＋2)cm＝(3＋1)cm
따라서 5cm의 선분을 1cm, 1cm, 3cm로 나누거나 1cm, 2cm, 2cm로 나누면 됩니다.

03 • 간격 1개로 잴 수 있는 길이: 2cm, 3cm, 4cm
• 간격 2개로 잴 수 있는 길이: 5cm(2＋3), 6cm(3＋3), 7cm(3＋4)
• 간격 3개로 잴 수 있는 길이: 8cm(2＋3＋3), 10cm(3＋3＋4)
• 간격 4개로 잴 수 있는 길이: 12cm(2＋3＋3＋4)
따라서 잴 수 없는 길이는 1cm, 9cm, 11cm입니다.

04 5월은 31일, 6월은 30일, 7월은 31일, 8월은 31일이 각 달의 마지막 날이므로 102일 후의 날짜를 구하면 8월 15일 광복절입니다.

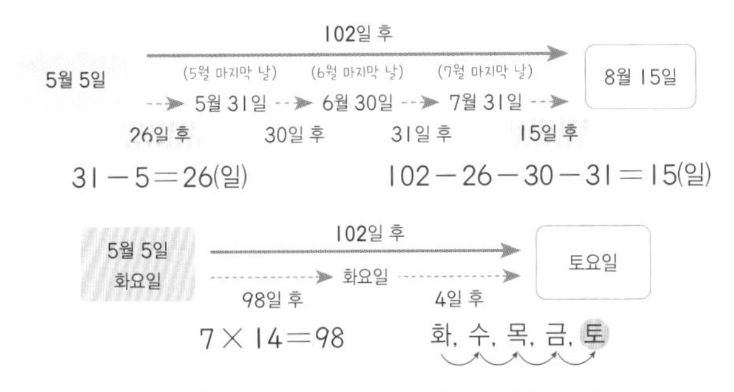

따라서 5월 5일 화요일의 102일 후는 8월 15일 광복절, 토요일입니다.

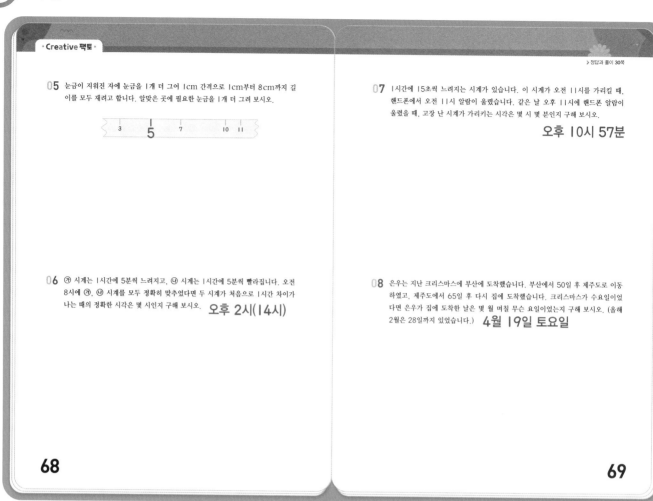

· Creative 팩토 ·

> 정답과 풀이 30쪽

05 눈금이 지워진 자에 눈금을 1개 더 그어 1cm 간격으로 1cm부터 8cm까지 길이를 모두 재려고 합니다. 알맞은 곳에 필요한 눈금을 1개 더 그려 보시오.

3 5 7 10 11

06 ㉮ 시계는 1시간에 5분씩 느려지고, ㉯ 시계는 1시간에 5분씩 빨라집니다. 오전 8시에 ㉮, ㉯ 시계를 모두 정확히 맞추었다면 두 시계가 처음으로 1시간 차이가 나는 때의 정확한 시각은 몇 시인지 구해 보시오. 오후 2시(14시)

07 1시간에 15초씩 느려지는 시계가 있습니다. 이 시계가 오전 11시를 가리킬 때, 핸드폰에서 오전 11시 알람이 울렸습니다. 같은 날 오후 11시에 핸드폰 알람이 울렸을 때, 고장 난 시계가 가리키는 시각은 몇 시 몇 분인지 구해 보시오.

오후 10시 57분

08 은우는 지난 크리스마스에 부산에 도착했습니다. 부산에서 50일 후 제주도로 이동하였고, 제주도에서 65일 후 다시 집에 도착했습니다. 크리스마스가 수요일이었다면 은우가 집에 도착한 날은 몇 월 며칠 무슨 요일이었는지 구해 보시오. (올해 2월은 28일까지 있었습니다.) 4월 19일 토요일

68 69

05 먼저 주어진 자의 간격을 이용하여 잴 수 있는 길이를 구합니다.

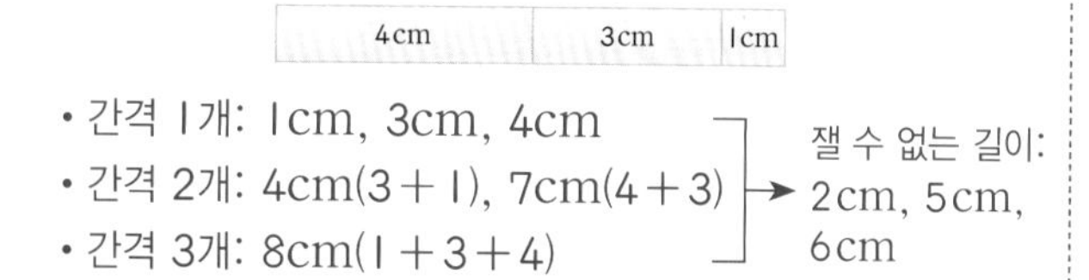

- 간격 1개: 1cm, 3cm, 4cm
- 간격 2개: 4cm(3+1), 7cm(4+3)
- 간격 3개: 8cm(1+3+4)

→ 잴 수 없는 길이: 2cm, 5cm, 6cm

①~⑤까지 눈금을 그을 수 있는 곳에 표시를 하고, 각각의 경우에 2cm, 5cm, 6cm를 잴 수 있는지 알아봅니다.

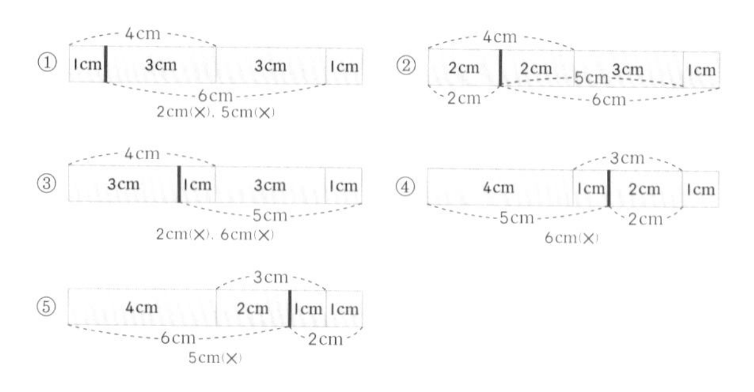

따라서 ②의 위치에 눈금을 그으면 1cm부터 8cm까지의 길이를 모두 잴 수 있습니다.

06 두 시계는 1시간에 10분(5+5)씩 차이가 나므로 두 시계가 처음으로 1시간(=60분) 차이가 나는 때는 6시간 후입니다. 따라서 오전 8시에서 6시간 후인 오후 2시(14시)입니다.

07 시계가 오전 11시를 가리킬 때 핸드폰에서 오전 11시 알람이 울렸다는 것은 11시에 시계를 정확하게 맞추었다는 것입니다. 같은 날 오후 11시에 핸드폰 알람이 울렸기 때문에 1시간에 15초 느려지는 고장 난 시계는 12시간 후 $12 \times 15 = 180$(초) 느려집니다.
따라서 오후 11시에 고장 난 시계는 180초(=3분) 전인 오후 10시 57분을 가리킵니다.

08 은우가 부산에 도착한 날은 크리스마스(12월 25일 수요일)였고, 50일 후 제주도에 도착, 65일 후 다시 집에 도착했으므로 크리스마스부터 115일 후 집에 도착한 것입니다.
12월은 31일, 다음 해 1월은 31일, 2월은 28일, 3월은 31일이 각 달의 마지막 날이므로 115일 후의 날짜를 구하면 4월 19일입니다.

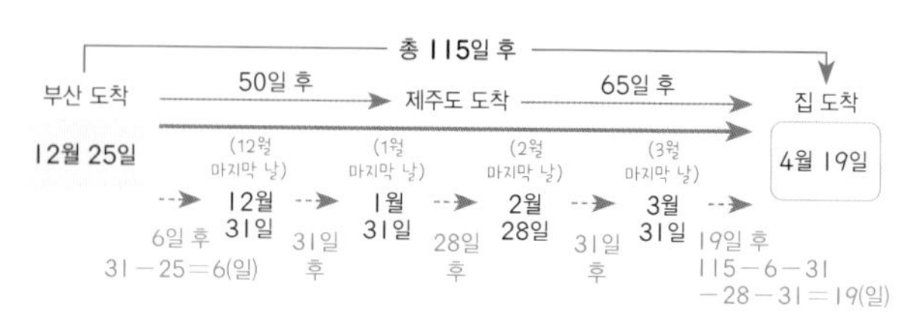

12월 25일은 수요일입니다. 7일마다 같은 요일이 반복되므로 $7 \times 16 = 112$(일) 후의 요일도 수요일입니다.
따라서 115일 후의 요일은 토요일입니다.

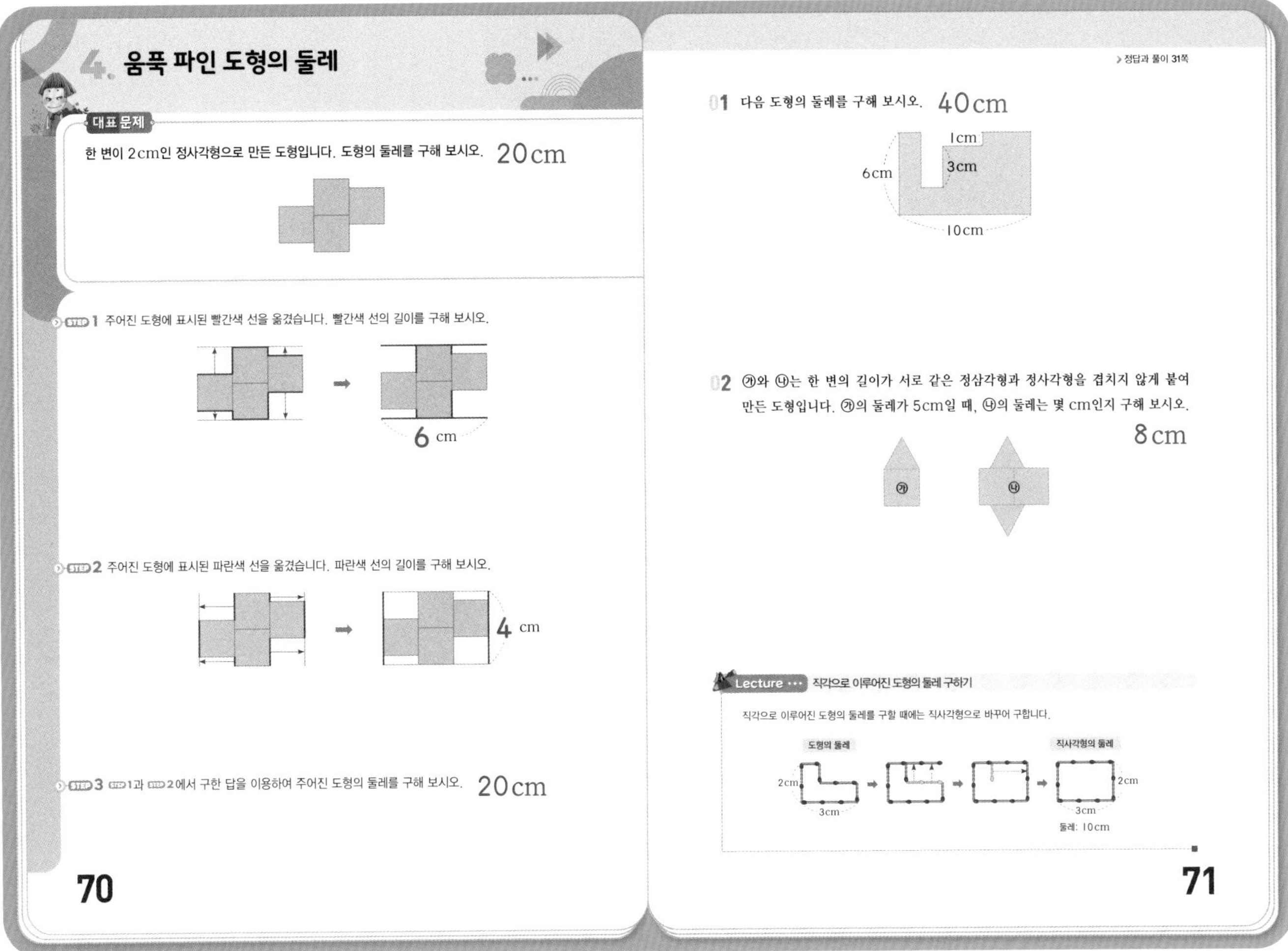
4. 움푹 파인 도형의 둘레

대표 문제

한 변이 2cm인 정사각형으로 만든 도형입니다. 도형의 둘레를 구해 보시오. 20cm

STEP 1 주어진 도형에 표시된 빨간색 선을 옮겼습니다. 빨간색 선의 길이를 구해 보시오. 6 cm

STEP 2 주어진 도형에 표시된 파란색 선을 옮겼습니다. 파란색 선의 길이를 구해 보시오. 4 cm

STEP 3 STEP 1과 STEP 2에서 구한 답을 이용하여 주어진 도형의 둘레를 구해 보시오. 20cm

70

정답과 풀이 31쪽

01 다음 도형의 둘레를 구해 보시오. 40cm

1cm, 3cm, 6cm, 10cm

02 ㉮와 ㉯는 한 변의 길이가 서로 같은 정삼각형과 정사각형을 겹치지 않게 붙여 만든 도형입니다. ㉮의 둘레가 5cm일 때, ㉯의 둘레는 몇 cm인지 구해 보시오. 8cm

Lecture ••• 직각으로 이루어진 도형의 둘레 구하기

직각으로 이루어진 도형의 둘레를 구할 때에는 직사각형으로 바꾸어 구합니다.

도형의 둘레 / 직사각형의 둘레

2cm, 3cm, 2cm, 3cm, 둘레: 10cm

71

대표 문제

STEP 1 빨간색 선의 길이는 정사각형의 한 변의 길이의 3배이므로 $2 \times 3 = 6$(cm)입니다.

STEP 2 파란색 선의 길이는 정사각형의 한 변의 길이의 2배이므로 $2 \times 2 = 4$(cm)입니다.

STEP 3 주어진 직사각형의 둘레는 $6 + 6 + 4 + 4 = 20$(cm)입니다.

01

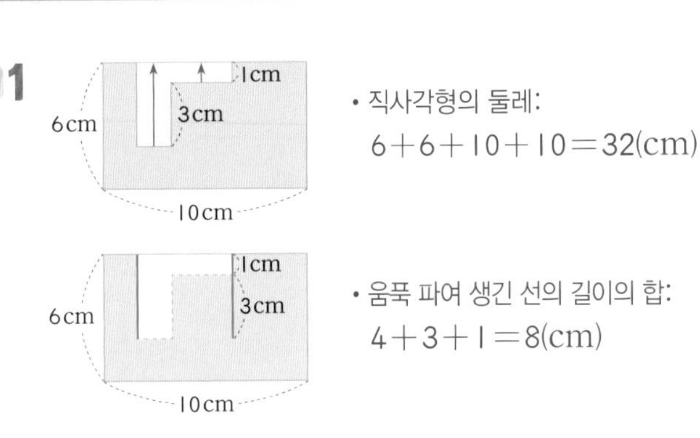

• 직사각형의 둘레: $6 + 6 + 10 + 10 = 32$(cm)

• 움푹 파여 생긴 선의 길이의 합: $4 + 3 + 1 = 8$(cm)

따라서 도형의 둘레는 $32 + 8 = 40$(cm)입니다.

02 한 변의 길이가 같은 정삼각형과 정사각형을 이어 붙인 ㉮의 둘레가 5cm이고 변의 개수가 5개이므로, 정삼각형과 정사각형의 한 변은 1cm입니다.
주어진 도형을 다음과 같이 이동시키면 1cm인 변이 8개입니다. 따라서 ㉯의 둘레는 8cm입니다.

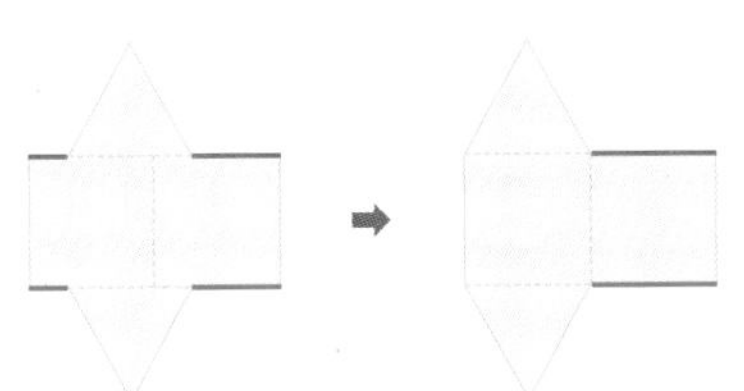

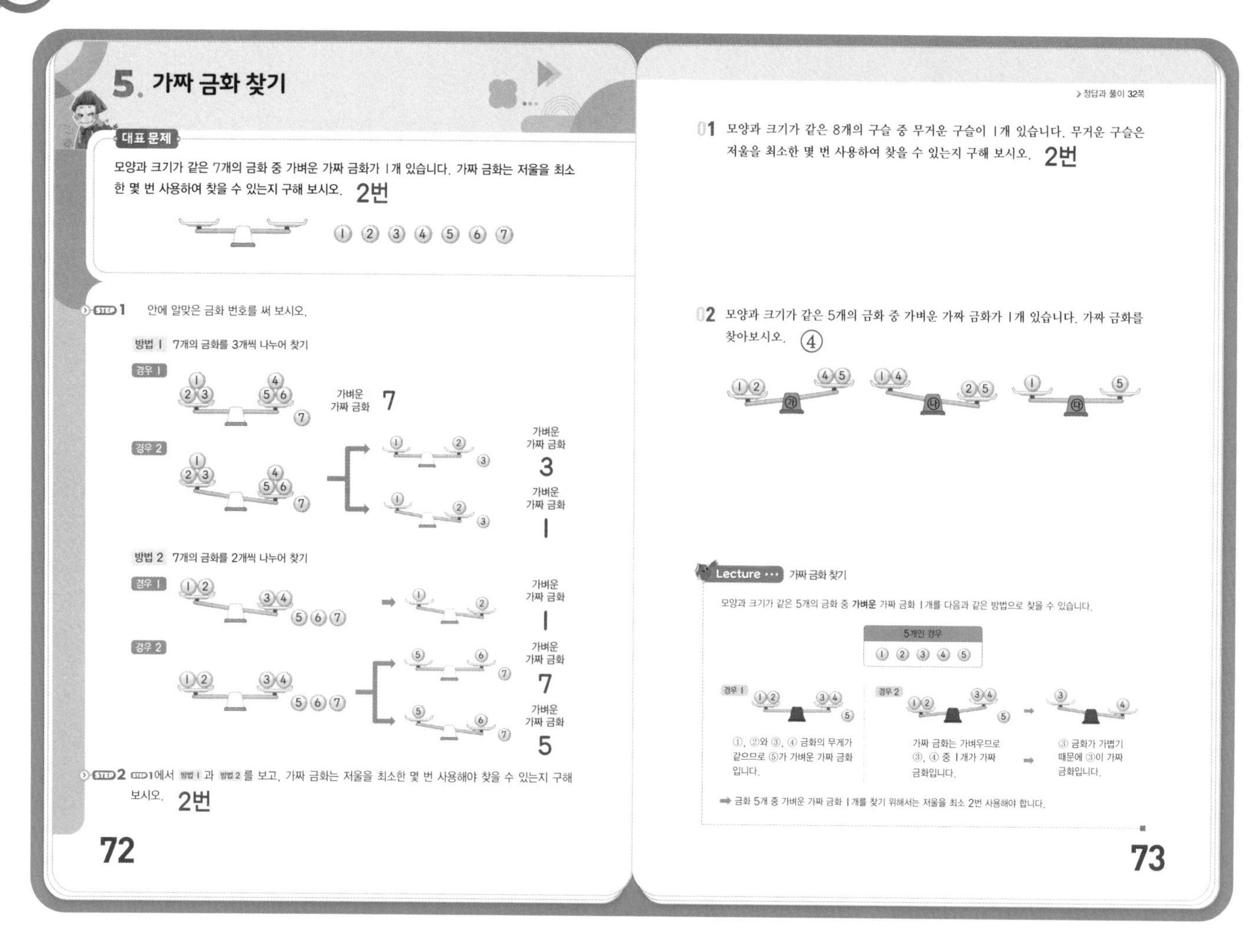

대표 문제

STEP 1

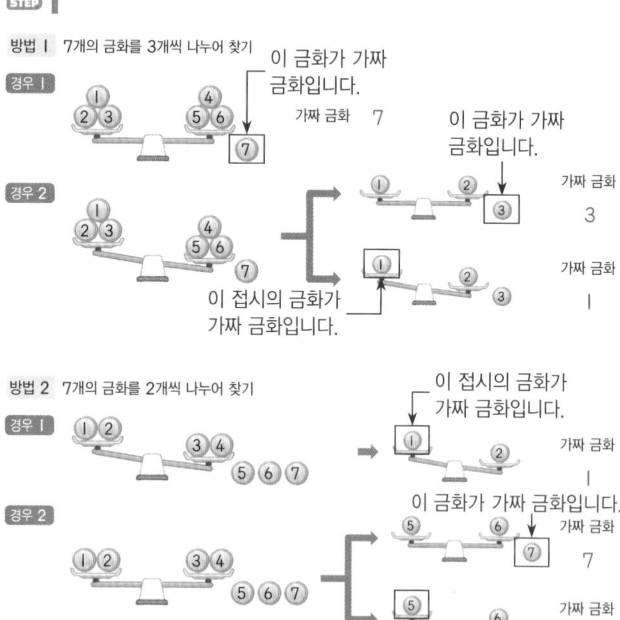

STEP 2 7개의 금화를 3개씩 나누거나 2개씩 나누어 저울을 2번 사용하면 가짜 금화를 찾을 수 있습니다.

01 모양과 크기가 같은 8개 구슬 중 무거운 구슬을 찾는 방법은 다음과 같습니다.

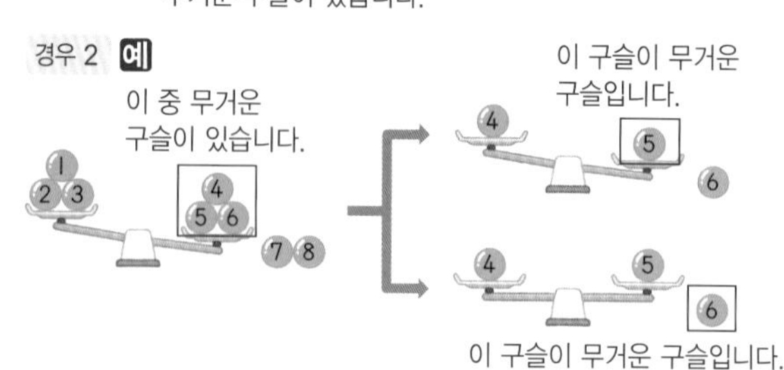

경우 1 예
이 구슬이 무거운 구슬입니다.
올려놓지 않은 구슬 중 무거운 구슬이 있습니다.
경우 2 예
이 중 무거운 구슬이 있습니다.
이 구슬이 무거운 구슬입니다.
이 구슬이 무거운 구슬입니다.

따라서 저울을 최소 2번 사용하면 무거운 구슬을 찾을 수 있습니다.

02 모양과 크기가 같은 5개 금화 중 가벼운 가짜 금화를 찾는 방법은 다음과 같습니다.

• 가짜 금화: ④, ⑤ 중 1개
• 진짜 금화: ①, ②

①, ②는 진짜 금화이므로 저울에서 빼면 ④가 가벼운 가짜 금화입니다.

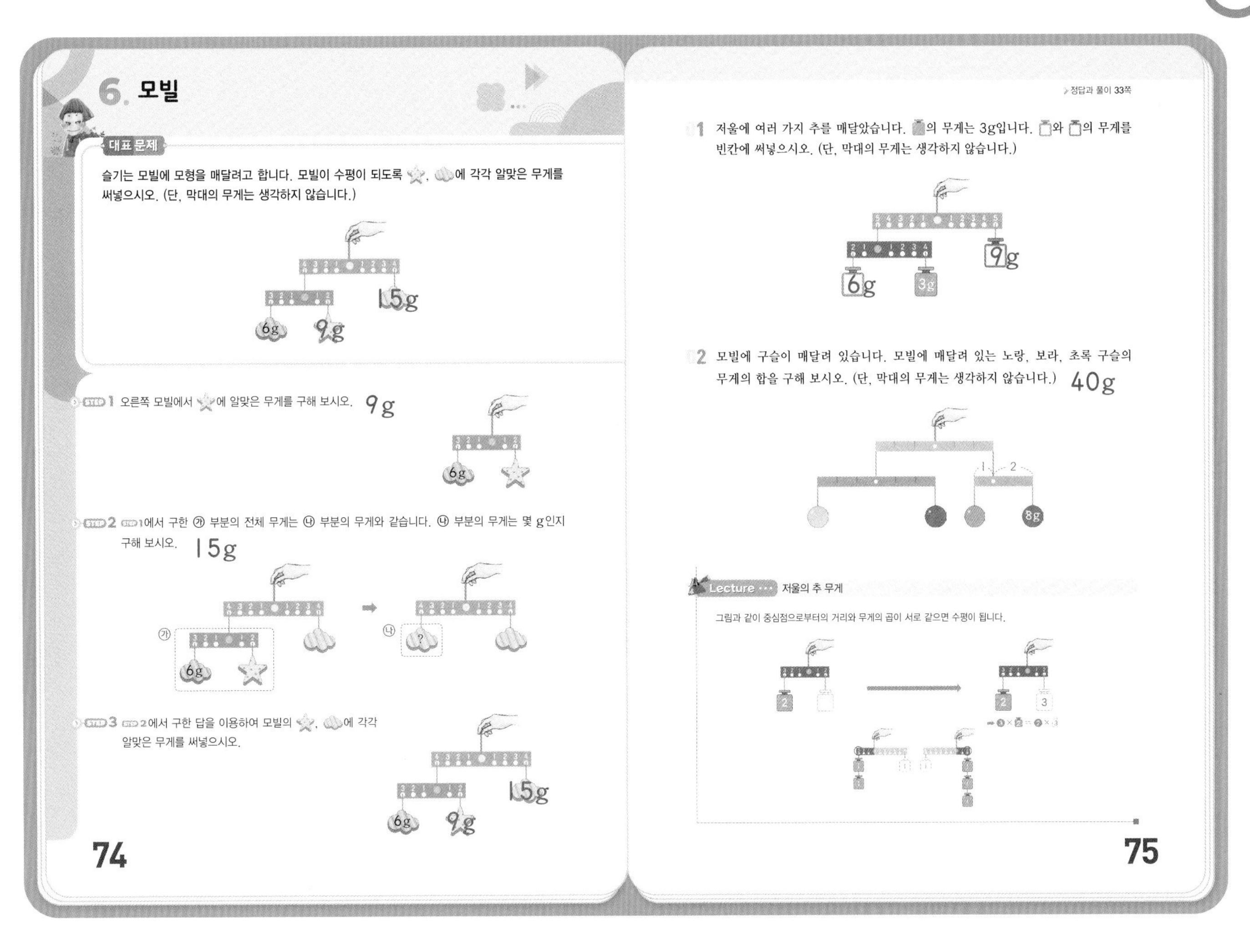

대표 문제

STEP 1 3 × (6g) = 2 × ☆ 에서 ☆ = 9(g)입니다.

STEP 2 ㉯ 부분의 모형의 무게는 ㉮ 부분의 전체 무게와 같으므로
(6g) + 9 = 15(g)입니다.

01

□의 무게는 2 × □ = 4 × (3g)
2 × □ = 12
□ = 6(g)

㉯ 부분의 추의 무게는 ㉮ 부분의 전체 무게와 같으므로
6 + 3 = 9(g)입니다.

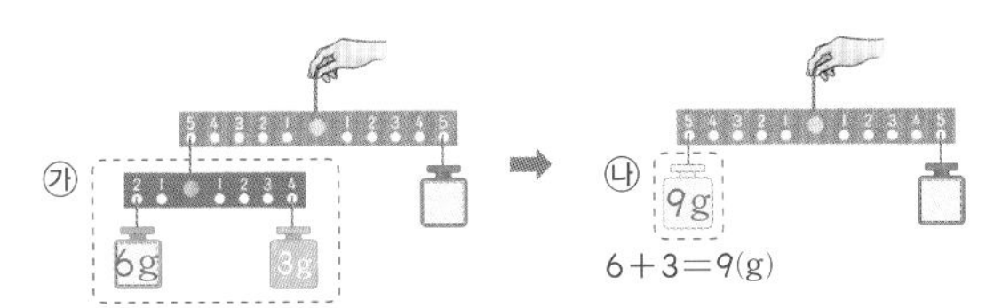

㉯ 부분의 추의 무게는 9g이고, □가 매달려 있는 위치와 중심과의 거리가 같으므로 □의 무게는 9g입니다.

02

●의 무게는 1 × ● = 2 × (8g)
● = 16g

㉮ 부분의 전체 무게는 ㉯ 부분의 전체 무게와 같으므로
16 + 8 = 24(g)입니다.

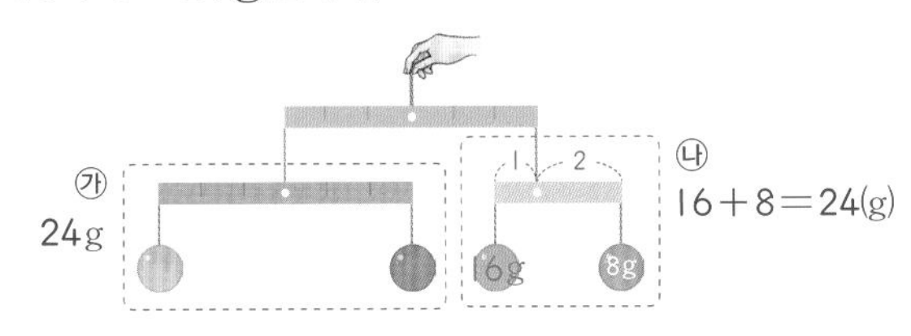

㉮ 부분의 전체 무게는 24g이고, 각 구슬이 매달려 있는 위치와 중심과의 거리가 같으므로 구슬의 무게는 각각 12g입니다.
따라서 노랑, 보라, 초록 구슬의 무게의 합은
12 + 12 + 16 = 40(g)입니다.

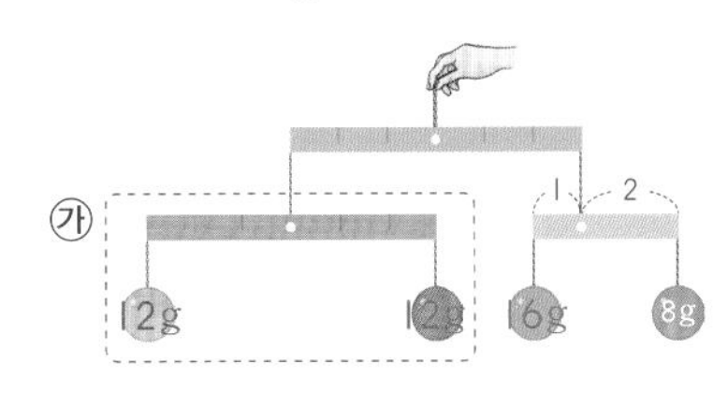

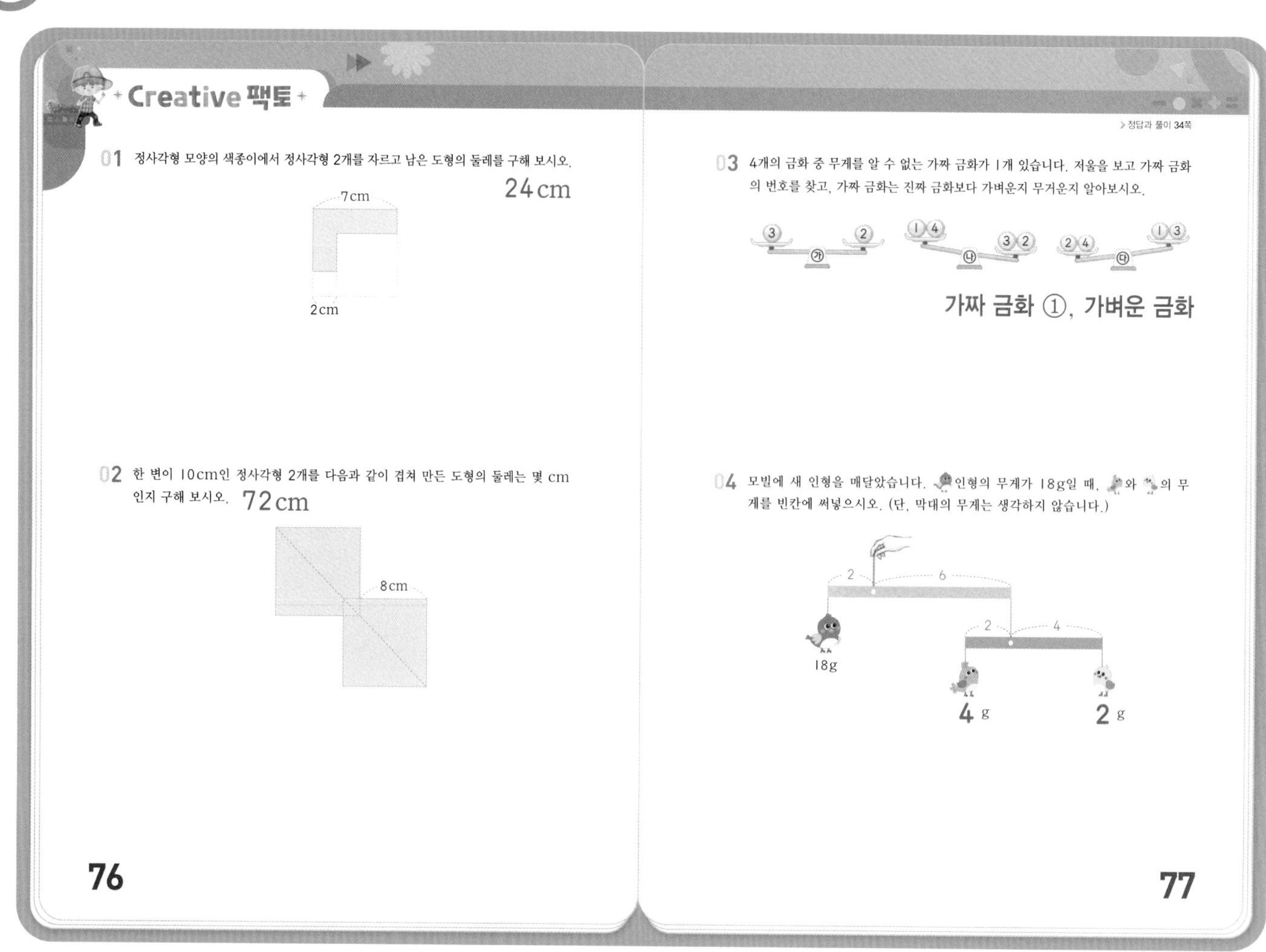

Creative 팩토
01 정사각형 모양의 색종이에서 정사각형 2개를 자르고 남은 도형의 둘레를 구해 보시오.
24 cm
02 한 변이 10cm인 정사각형 2개를 다음과 같이 겹쳐 만든 도형의 둘레는 몇 cm인지 구해 보시오.
72 cm
03 4개의 금화 중 무게를 알 수 없는 가짜 금화가 1개 있습니다. 저울을 보고 가짜 금화의 번호를 찾고, 가짜 금화는 진짜 금화보다 가벼운지 무거운지 알아보시오.
가짜 금화 ①, 가벼운 금화
04 모빌에 새 인형을 매달았습니다. 인형의 무게가 18g일 때, 와 의 무게를 빈칸에 써넣으시오. (단, 막대의 무게는 생각하지 않습니다.)
18g
4 g
2 g
76
77

01

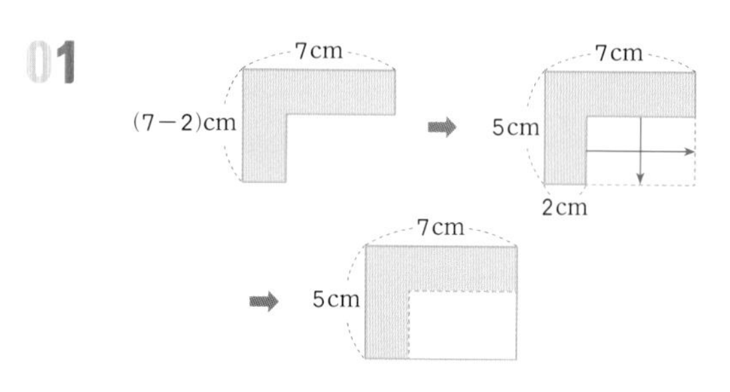

자르고 남은 도형의 둘레는
$5+5+7+7=24$(cm)입니다.

02

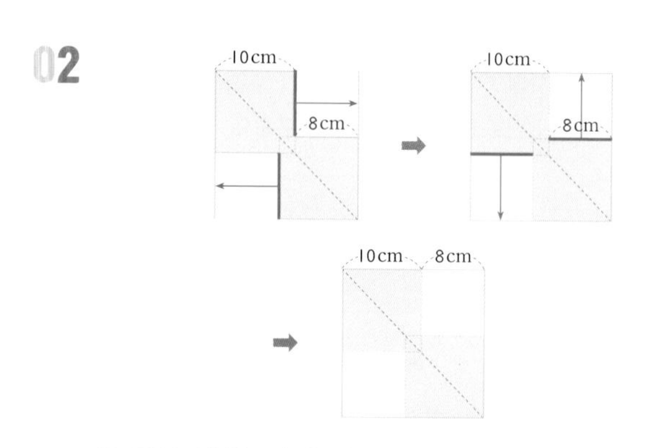

두 정사각형을 겹쳐 만든 모양의 둘레는 한 변의 길이가 18cm인 정사각형의 둘레와 같습니다.
따라서 도형의 둘레는 $18\times4=72$(cm)입니다.

03 모양과 크기가 같은 4개의 금화 중 가짜 금화를 찾고 가벼운지 무거운지를 알아보는 방법은 다음과 같습니다.

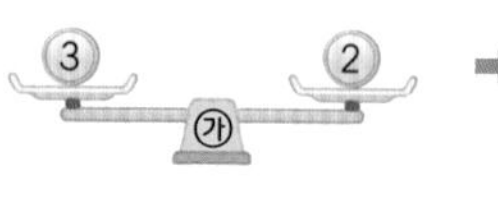
➡ 금화 ②, ③은 진짜 금화입니다.

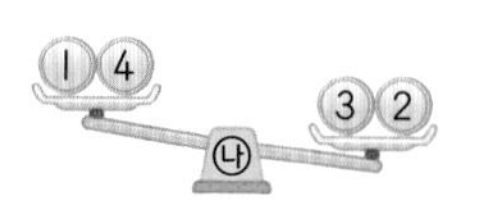
➡ 금화 ①, ④ 중 1개가 가벼운 가짜 금화입니다.

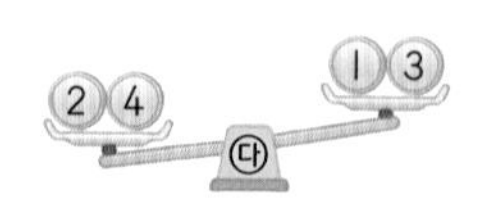
➡ 금화 ①이 가벼운 가짜 금화입니다.

04 ㉮ 부분의 무게는 ㉯ 부분의 전체 무게와 같으므로
$2\times18=6\times$(㉯ 부분),
(㉯ 부분)=6g입니다.
㉯ 부분은 수평이므로
$2\times$ 🐦 $=4\times$ 🐦, 🐦 $=2\times$ 🐦

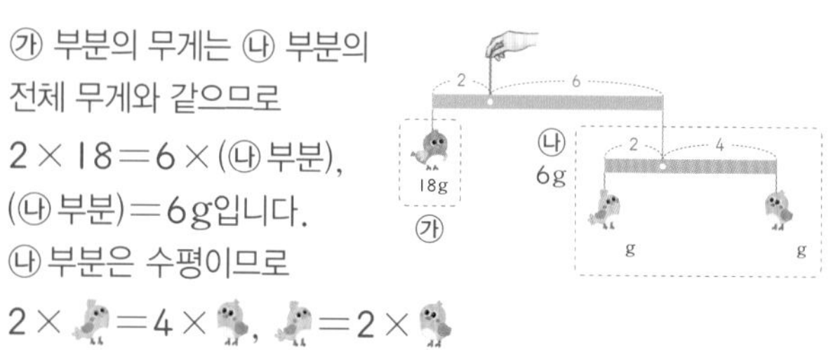

🐦 + 🐦 = 6, 2 × 🐦 + 🐦 = 6
3 × 🐦 = 6에서 🐦는 2g,
🐦는 4g임을 알 수 있습니다.

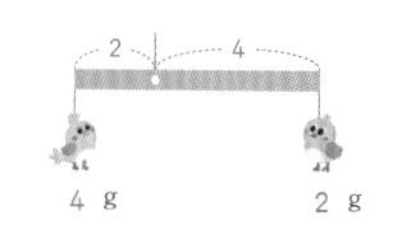

정답과 풀이 35쪽

05 모양과 크기가 같은 18개의 금화 중 가벼운 가짜 금화가 1개 있습니다. 가벼운 가짜 금화는 저울을 최소한 몇 번 사용하여 찾을 수 있는지 구해 보시오. 3번

06 색종이를 2조각으로 잘랐습니다. ㉮와 ㉯ 조각 중 둘레가 더 긴 것을 찾아보시오. ㉮

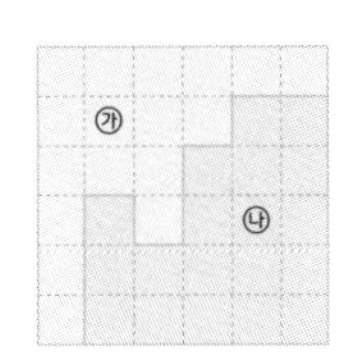

07 정사각형 모양의 색종이에서 ㉯ 조각을 잘라냈습니다. 자르고 남은 색종이 ㉮의 둘레가 23cm일 때, ㉯ 조각의 둘레를 구해 보시오. 9 cm

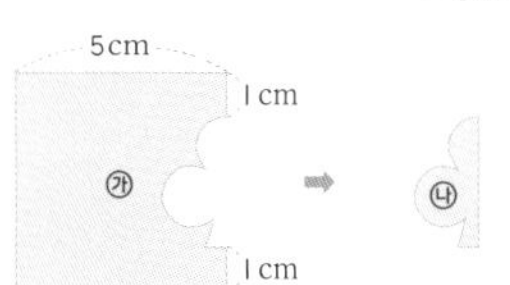

08 저울에 추를 매달려고 합니다. 저울이 수평이 되도록 에 각각 알맞은 무게를 써넣으시오. (단, 막대의 무게는 생각하지 않습니다.)

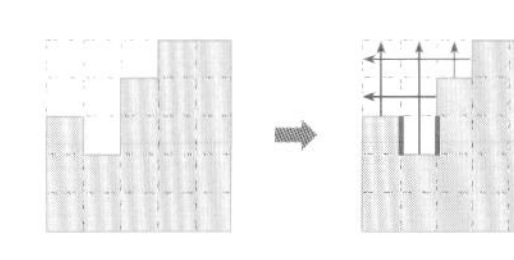

78

79

05 모양과 크기가 같은 18개의 금화를 ㉮, ㉯, ㉰ 주머니에 6개씩 나누어 넣습니다. 가벼운 가짜 금화를 찾는 방법은 다음과 같습니다.

경우 1 예

주머니 ㉮, ㉯, ㉰에 금화를 6개씩 나누어 넣기	주머니 ㉰의 금화 6개를 2개씩 나누어 비교하기	금화 2개를 비교하기
가짜 금화가 있는 주머니: ㉰	가짜 금화: ⑤, ⑥ 중 1개	가짜 금화: ⑥
	가짜 금화: ③, ④ 중 1개	가짜 금화: ④

경우 2 예

주머니 ㉮, ㉯, ㉰에 금화를 6개씩 나누어 넣기	주머니 ㉯의 금화 6개를 2개씩 나누어 비교하기	금화 2개를 비교하기
가짜 금화가 있는 주머니: ㉯	가짜 금화: ⑤, ⑥ 중 1개	가짜 금화: ⑥
	가짜 금화: ③, ④ 중 1개	가짜 금화: ④

저울을 최소 3번 사용하면 가벼운 가짜 금화를 찾을 수 있습니다.

06 한 칸의 길이를 1이라 하면

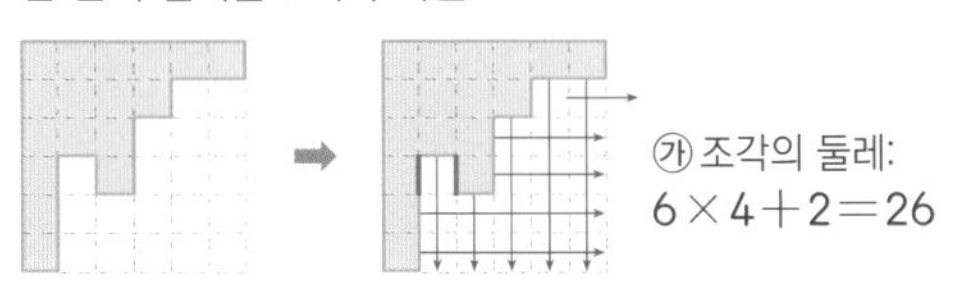

㉮ 조각의 둘레: $6\times4+2=26$

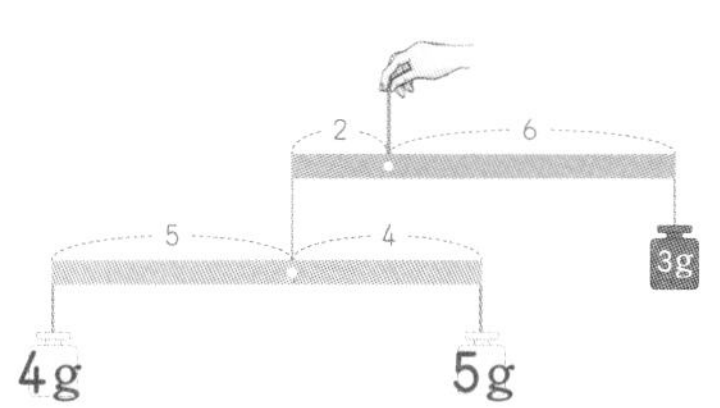

㉯ 조각의 둘레: $5\times4+2=22$

따라서 ㉮ 조각이 ㉯ 조각보다 둘레가 4만큼 더 깁니다.

별해 ㉮, ㉯ 조각이 만나는 부분을 뺀 나머지의 길이를 비교합니다. ➡ ㉮ : 14, ㉯ : 10
따라서 ㉮ 조각이 ㉯ 조각보다 둘레가 4만큼 더 깁니다.

07 잘라내기 전의 색종이의 둘레는 $5\times4=20$(cm)입니다.
㉮의 둘레가 23cm이므로 잘라낸 빨간색 선의 길이는 $23-(5+5+5+1+1)=6$(cm)입니다.
따라서 ㉯ 조각의 둘레는 (빨간색 선의 길이)$+3=6+3=9$(cm)입니다.

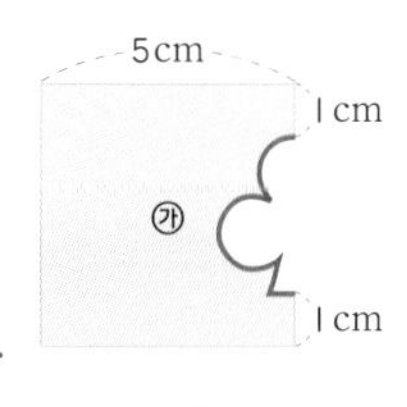

08 ㉮ 부분의 전체 무게는 ㉯ 부분의 무게와 같으므로
$2\times$(㉮ 부분)$=6\times3$,
(㉮ 부분)$=9$g입니다.
㉮ 부분이 수평이고, 합이 9이므로 왼쪽 추는 4g, 오른쪽 추는 5g입니다.

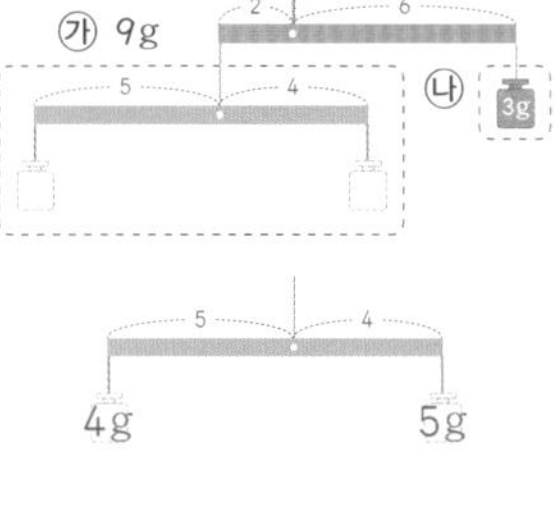

Perfect 경시대회

정답과 풀이 36쪽

01 한 변의 길이가 같은 정삼각형과 정사각형을 겹치지 않게 붙여 다음 모양을 만들었습니다. 만든 모양의 둘레가 24 cm일 때, 정사각형의 한 변의 길이를 구해 보시오. 2 cm

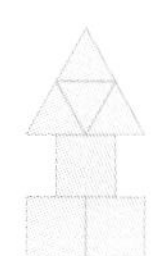

02 모양과 크기가 같은 7개의 금화 중 무게를 알 수 없는 가짜 금화 1개가 섞여 있습니다. 저울을 보고 가짜 금화의 번호를 찾고, 가짜 금화는 진짜 금화보다 가벼운지 무거운지 알아보시오. 가짜 금화 ②, 무거운 금화

03 정확한 시계 ㉮와 시침과 분침이 모두 거꾸로 돌아가는 시계 ㉯가 있습니다. 두 시계 모두 시침과 분침이 시간에 따라 움직이는 거리는 같다고 할 때, 물음에 답해 보시오.

㉮

㉯

(1) 두 시계를 12시에 정확히 맞추어 놓았을 때, 30분 후와 2시간 후 시계의 모양을 각각 그려 보시오.

	시계 ㉮	시계 ㉯
30분 후		
2시간 후		

(2) 두 시계는 시계를 정확히 맞추어 놓은 지 몇 시간 후에 처음으로 같은 시각을 가리키는지 구해 보시오. 6시간 후

01 도형에서 찾을 수 있는 변의 개수는 모두 12개입니다.
도형의 둘레가 24 cm이므로,
정삼각형과 정사각형의 한 변의 길이는 2 cm입니다.

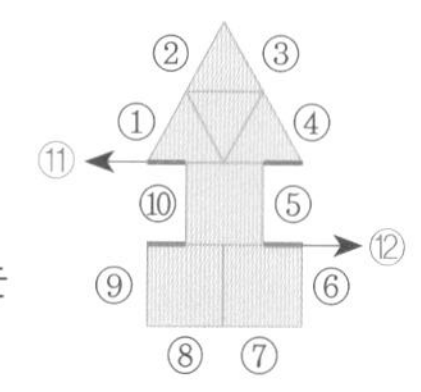

02 모양과 크기가 같은 7개 금화 중 가짜 금화를 찾고 가벼운지 무거운지를 알아보는 방법은 다음과 같습니다.

경우 1 가짜 금화가 가벼운 경우

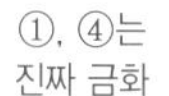
①, ④는
진짜 금화

가벼운 가짜 금화: ⑥

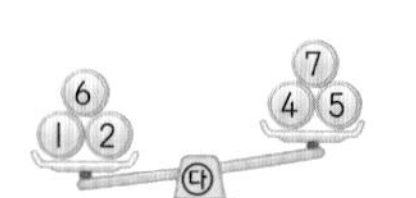
㉯ 저울에서 가짜 금화가 ⑥이라고 하였으므로 ㉰저울에서 금화 ⑥이 있는 접시가 위로 올라가야 하는데 모순입니다.

경우 2 가짜 금화가 무거운 경우

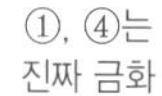
①, ④는
진짜 금화

무거운 가짜 금화: ②, ③, ⑤ 중 1개

㉰ 저울에서 금화 ②와 ⑤ 중 ②가 무거운 가짜 금화입니다.

03 (1) 시계 ㉮를 거울에 비추었을 때, 시침과 분침의 모양은 시계 ㉯와 같습니다. 따라서 30분 후인 12시 30분과 2시간 후인 2시의 시계의 모양을 그린 후, 시침과 분침만 좌우로 바뀌게 그리면 시계 ㉯의 모양이 됩니다.

	시계 ㉮	시계 ㉯
30분 후		
2시간 후		

(2) 시계 ㉮와 시계 ㉯의 바늘은 서로 거울에 비친 모양입니다. 원래 모양과 거울에 비친 모양이 같아지는 시각은 좌우의 모양이 같은 12시와 6시이므로, 6시간 후인 6시에 처음으로 두 시계 ㉮, ㉯의 모양이 같아집니다.

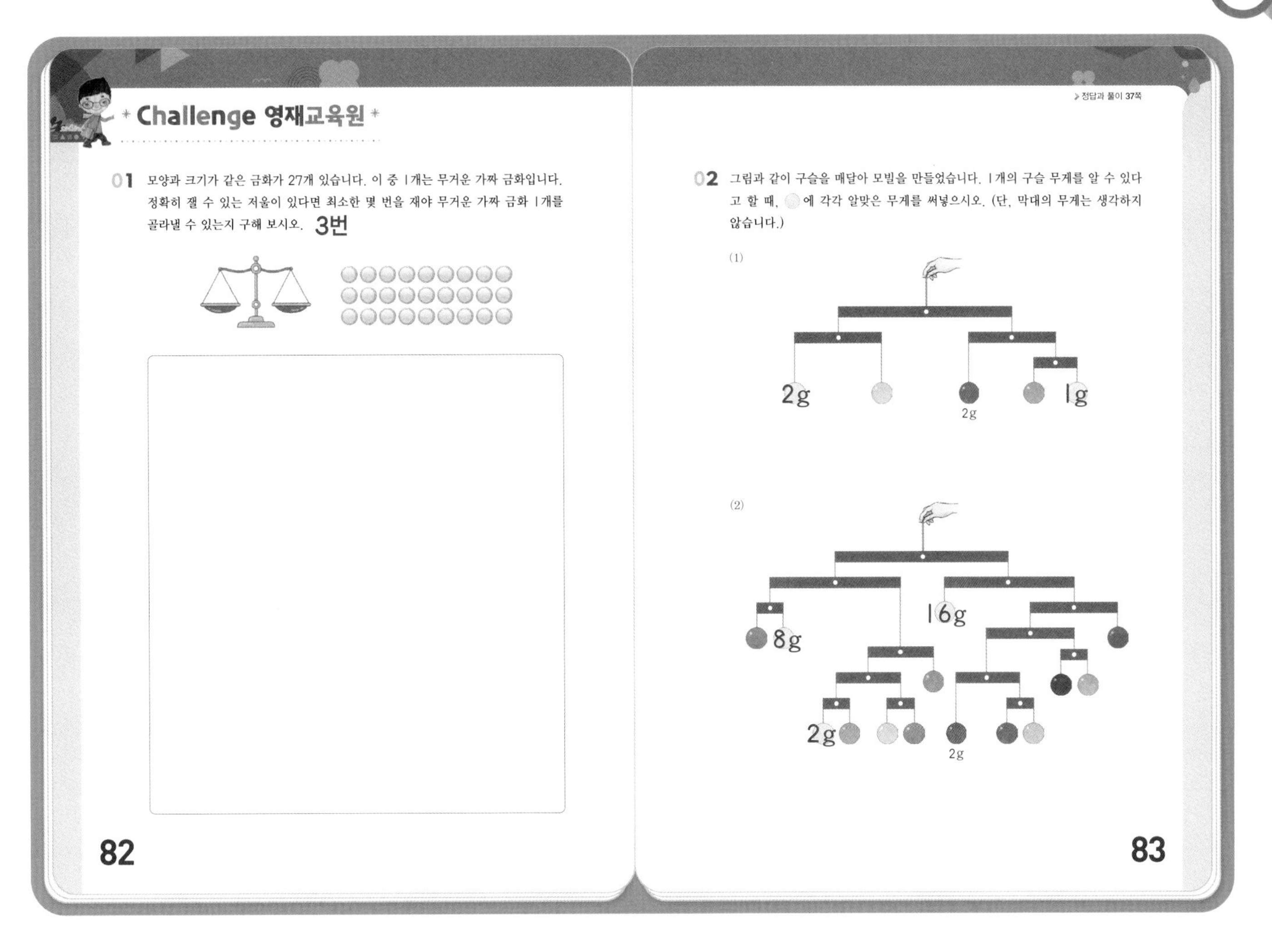

Challenge 영재교육원
01 모양과 크기가 같은 금화가 27개 있습니다. 이 중 1개는 무거운 가짜 금화입니다. 정확히 잴 수 있는 저울이 있다면 최소한 몇 번을 재야 무거운 가짜 금화 1개를 골라낼 수 있는지 구해 보시오. 3번
정답과 풀이 37쪽
02 그림과 같이 구슬을 매달아 모빌을 만들었습니다. 1개의 구슬 무게를 알 수 있다고 할 때, 에 각각 알맞은 무게를 써넣으시오. (단, 막대의 무게는 생각하지 않습니다.)
(1)
2g
2g
1g
(2)
16g
8g
2g
2g
82
83

01 모양과 크기가 같은 27개 금화를 ㉮, ㉯, ㉰ 주머니에 9개씩 나누어 넣습니다. 무거운 가짜 금화를 찾는 방법은 다음과 같습니다.

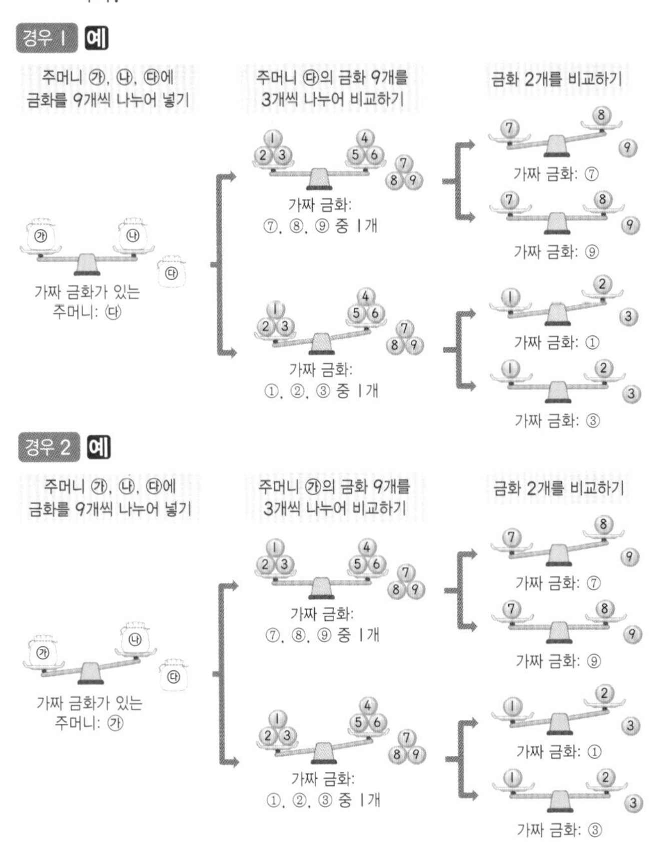

따라서 저울을 최소 3번 사용하면 무거운 가짜 금화를 찾을 수 있습니다.

02

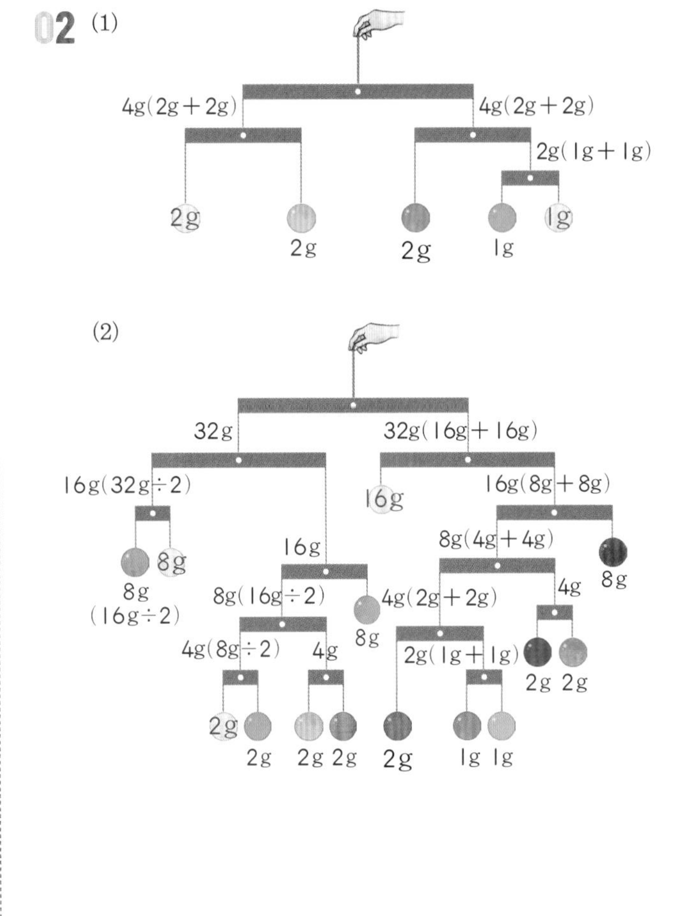

형성평가 수 영역

1 수민이는 공책에 50부터 110까지의 수를 모두 쓴 후 짝수를 모두 지웠습니다. 남아 있는 숫자의 개수를 구해 보시오. 65개

2 주어진 4장의 숫자 카드 중 3장을 사용하여 세 자리 수를 2개 만들려고 합니다. 만든 두 수의 차가 가장 클 때의 계산 결과를 구해 보시오. 538

4 7 2 0

2

3 주어진 5장의 숫자 카드를 모두 사용하여 같은 숫자가 이웃하지 않게 놓아 가장 작은 수를 만들어 보시오.

2 2 3 5 5 → 가장 작은 수 2 3 5 2 5

4 다음 조건에 맞는 수를 구해 보시오. 781

조건
① 700보다 크고 800보다 작은 세 자리 수입니다.
② 십의 자리 수는 백의 자리 수보다 큰 짝수입니다.
③ 각 자리 수의 합은 16입니다.

3

01 50부터 110까지의 수를 모두 쓴 후 짝수를 모두 지웠으므로 남아 있는 수는 모두 홀수입니다.
- 두 자리 홀수
  51 ~ 59: 5개, 61 ~ 69: 5개, 71 ~ 79: 5개,
  81 ~ 89: 5개, 91 ~ 99: 5개
  → 수의 개수: 25개, 숫자의 개수: $25 \times 2 = 50$(개)
- 세 자리 홀수
  101, 103, 105, 107, 109
  → 수의 개수: 5개, 숫자의 개수: $5 \times 3 = 15$(개)

따라서 남아 있는 숫자는 $50 + 15 = 65$(개)입니다.

02 가장 큰 수에서 가장 작은 수를 뺄 때 두 수의 차가 가장 큽니다.
만들 수 있는 가장 큰 수는 742, 가장 작은 수는 204입니다.
따라서 두 수의 차는 $742 - 204 = 538$입니다.

03 더 작은 수가 왼쪽에 들어가게 하려면 가장 왼쪽에 2를 놓아야 합니다.

2 □ □ □ □

2와 이웃하지 않게 작은 수를 만들려면 왼쪽에서 둘째 카드에 3을 놓아야 합니다.

2 3 □ □ □

3과 서로 이웃하지 않게 작은 수를 만들려면 왼쪽에서 셋째 카드에는 2 또는 5를 놓을 수 있지만 2를 놓으면 5와 5가 이웃하게 되므로 5를 놓아야 합니다.

2 3 5 □ □

5와 서로 이웃하지 않게 작은 수를 만들려면 왼쪽에서 넷째 카드에는 2를 놓아야 합니다.
그러면 마지막 카드에는 5가 놓여지게 됩니다.

2 3 5 2 5

04 ① 700보다 크고 800보다 작은 세 자리 수의 백의 자리 수는 7입니다. → 7□□
② 백의 자리 수가 7이고 7보다 큰 짝수는 8이므로 십의 자리 수는 8입니다. → 78□
③ $7 + 8 + □ = 16$, $□ = 1$

따라서 조건에 맞는 수는 781입니다.

형성평가 수 영역

05 10부터 220까지의 수 중에서 팔린드롬 수는 모두 몇 개인지 구해 보시오. 21개

06 주어진 10장의 숫자 카드로 1부터 199까지의 수를 만들려고 합니다. 숫자 카드 1은 몇 장 필요한지 구해 보시오. 140장

0 1 2 3 4 5 6 7 8 9

07 1, 2, 3, 3, 4, 4의 숫자가 적혀 있는 주사위를 3번 던져 나온 숫자를 순서대로 써서 세 자리 수를 만들려고 합니다. 만들 수 있는 수 중에서 200보다 작은 짝수는 모두 몇 개인지 구해 보시오. 8개

08 다음 조건 에 맞는 수를 모두 구해 보시오. 113, 131, 213, 231

조건
① 300보다 작은 세 자리 수입니다.
② 일의 자리 수와 십의 자리 수의 합이 4입니다.
③ 일의 자리 수와 십의 자리 수의 곱이 홀수입니다.

4 5

05 10부터 220까지의 수 중에서
- 두 자리 팔린드롬 수는 일의 자리 숫자와 십의 자리 숫자가 같은 수이므로 11, 22, 33, 44, 55, 66, 77, 88, 99로 모두 9개입니다.
- 세 자리 팔린드롬 수는 일의 자리 숫자와 백의 자리 숫자가 같은 수이므로 101, 111, 121, 131, 141, 151, 161, 171, 181, 191, 202, 212로 모두 12개입니다.

따라서 10부터 220까지의 팔린드롬 수는 모두 $9+12=21$(개)입니다.

06
- 일의 자리에 숫자 1이 들어가는 경우: 1, 11, 21···, 191 → 20장
- 십의 자리에 숫자 1이 들어가는 경우: 10, 11, 12···, 19, 110, 111, 112···, 119 → 20장
- 백의 자리에 숫자 1이 들어가는 경우: 100, 101, 102···, 199 → 100장

따라서 숫자 카드 1은 모두 $20+20+100=140$(장) 필요합니다.

07 200보다 작은 수이므로 백의 자리 숫자는 1입니다. 짝수이므로 일의 자리에는 2, 4가 올 수 있습니다. 따라서 조건에 맞게 세 자리 수를 만들면 112, 114, 122, 124, 132, 134, 142, 144이므로 모두 8개입니다.

08 ① 300보다 작은 세 자리 수이므로 백의 자리 수는 1, 2입니다. → 1□□, 2□□
② 합이 4인 두 수는 0과 4, 1과 3, 2와 2입니다.
③ 두 수가 모두 홀수이면 두 수의 곱이 홀수입니다.
②에서 찾은 수 중 두 수가 모두 홀수인 수는 1과 3입니다.
따라시 조건에 맞는 수는 113, 131, 213, 231입니다.

형성평가 수 영역

09 보기 와 같이 시각을 수로 나타낼 수 있습니다. 오전 6시와 오전 7시 59분 사이의 몇 시 몇 분의 시각을 보기 와 같이 나타낼 때, 그 수가 팔린드롬 수가 되는 경우는 모두 몇 번인지 구해 보시오. 12번

보기

2시 ➡ 200 3시 7분 ➡ 307 5시 48분 ➡ 548

10 7개의 공이 들어 있는 주머니에서 공을 3개 꺼내 세 자리 수를 만들려고 합니다. 만들 수 있는 세 자리 수 중에서 570에 가장 가까운 수를 구해 보시오. 569

수고하셨습니다!

6

정답과 풀이 38쪽

09 세 자리 팔린드롬 수는 일의 자리 숫자와 백의 자리 숫자가 같으므로 '시'를 나타내는 숫자와 '분'을 나타내는 수의 일의 자리 숫자가 같아야 합니다.
오전 6시와 오전 6시 59분 사이의 시각에는 '시'를 나타내는 숫자가 항상 6이므로 '분'을 나타내는 수의 일의 자리 숫자도 6이어야 팔린드롬 수가 됩니다.
따라서 팔린드롬 수가 되는 시각은 6시 6분, 6시 16분, 6시 26분, 6시 36분, 6시 46분, 6시 56분입니다.
→ 606, 616, 626, 636, 646, 656
오전 7시에서 오전 7시 59분까지도 같은 방식으로 알아보면 7시 7분, 7시 17분, 7시 27분, 7시 37분, 7시 47분, 7시 57분입니다.
→ 707, 717, 727, 737, 747, 757
따라서 팔린드롬 수가 되는 경우는 모두 12번입니다

10 • 570보다 큰 수 중에서 570에 가장 가까운 수: 573
• 570보다 작은 수 중에서 570에 가장 가까운 수: 569
따라서 570에 가장 가까운 수는 569입니다.

형성평가 퍼즐 영역

01 노노그램의 규칙에 따라 빈칸을 알맞게 색칠해 보시오.

규칙
① 위에 있는 수는 세로줄에 연속하여 색칠된 칸의 수를 나타냅니다.
② 왼쪽에 있는 수는 가로줄에 연속하여 색칠된 칸의 수를 나타냅니다.
③ 연속하는 수 사이에는 빈칸이 있어야 합니다.

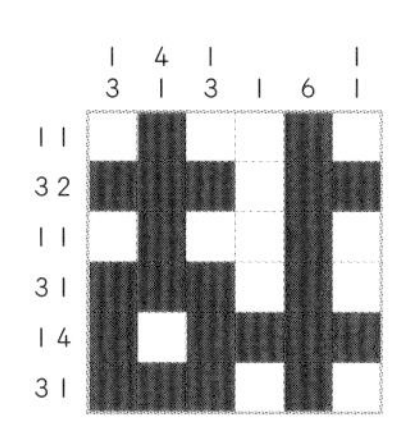

02 스도쿠의 규칙에 따라 빈칸에 알맞은 수를 써넣으시오.

규칙
① 가로줄과 세로줄의 각 칸에 주어진 수가 한 번씩만 들어갑니다.
② 굵은 선으로 나누어진 부분의 각 칸에 주어진 수가 한 번씩만 들어갑니다.

1, 2, 3, 4, 5, 6

1	3	4	2	5	6
5	6	2	3	4	1
3	4	5	1	6	2
6	2	1	5	3	4
2	5	6	4	1	3
4	1	3	6	2	5

8

03 길 찾기 퍼즐의 규칙에 따라 두더지가 집까지 가는 길을 그려 보시오.

규칙
① ○ 안의 수는 두더지가 집으로 갈 때 지나가는 칸의 수입니다.
② 두더지는 가로나 세로로만 갈 수 있습니다.
③ 한 번 지난 칸은 다시 지날 수 없고, 서로 다른 두더지는 같은 칸을 지날 수 없습니다.

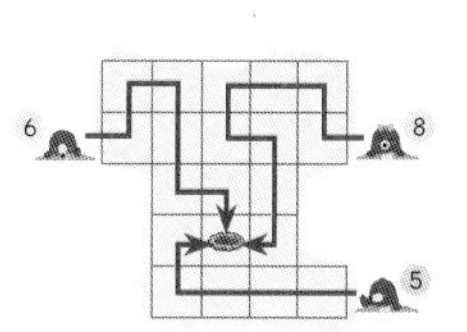

04 폭탄 찾기 퍼즐의 규칙에 따라 폭탄을 찾아 ○표 하고, 폭탄의 개수를 구해 보시오. **8개**

규칙
수를 둘러싼 칸에 그 수만큼 폭탄이 숨겨져 있습니다.

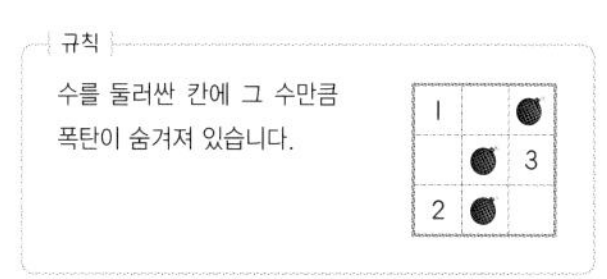

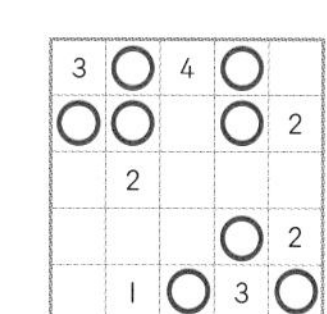

9

01 반드시 채워야 하는 6칸을 먼저 색칠하고, 색칠하지 않아야 하는 칸에는 ×표 하며 퍼즐을 해결합니다.

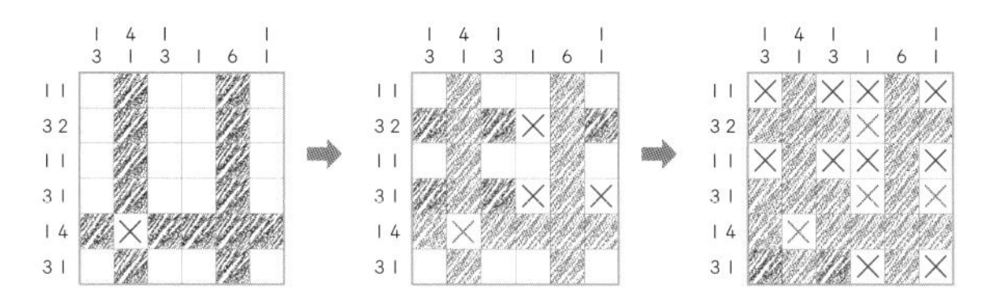

02 가로줄과 세로줄 및 굵은 선으로 나누어진 부분에서 1, 2, 3, 4, 5, 6 중 빠진 수를 찾습니다.

1	3	4	2	5	6
	6		3	4	1
3	4	5	1	6	2
6	2	1	5	3	4
			4	1	3
	1		6	2	5

➡

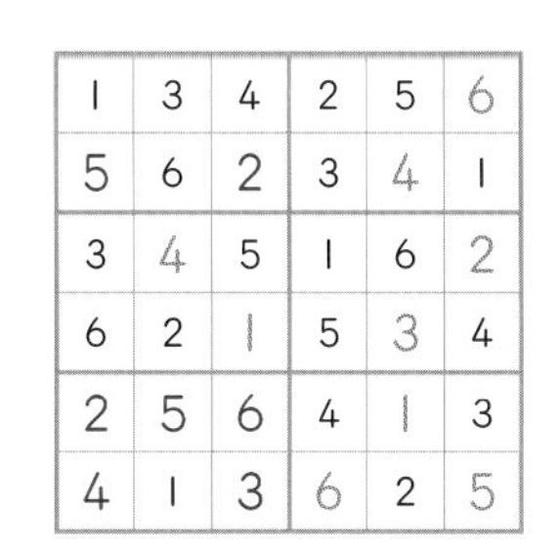

1	3	4	2	5	6
5	6	2	3	4	1
3	4	5	1	6	2
6	2	1	5	3	4
2	5	6	4	1	3
4	1	3	6	2	5

03 두더지가 지나가는 칸에 번호를 쓰면 집까지 가는 길의 칸 수를 알 수 있습니다.

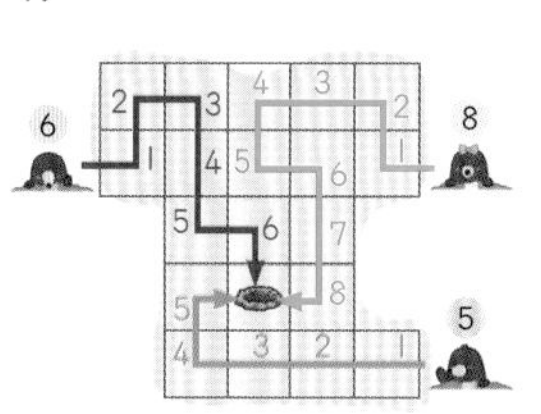

04 폭탄 찾기 퍼즐의 전략에 따라 폭탄이 꼭 있어야 하는 칸에는 ○표, 폭탄이 없는 칸에는 ×표를 하여 퍼즐을 해결합니다.

3	○	4	○	
○	○	×	○	2
×	2	×		
×	×	×		2
	1		3	

➡

3	○	4	○	×
○	○	×	○	2
×	2	×	×	×
×	×	×	○	2
×	1	○	3	○

형성평가 퍼즐 영역

5 규칙 에 따라 빈칸에 알맞은 수를 써넣으시오.

규칙
① 색칠한 곳의 수는 오른쪽 또는 아래쪽으로 쓰인 수들의 합입니다.
② 빈칸에는 1부터 9까지의 수를 쓸 수 있습니다.
③ 가로와 세로로 연결된 한 줄에는 같은 수를 쓸 수 없습니다.

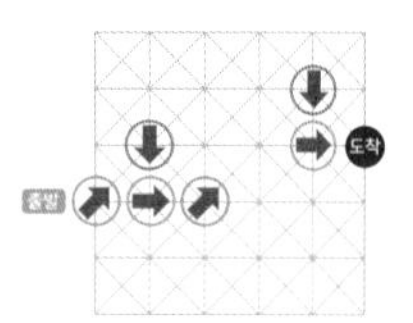

6 화살표 퍼즐의 규칙 에 따라 ◯ 안에 화살표를 알맞게 그려 넣으시오.

규칙
① 화살표가 가리키는 방향으로 움직이다가 다른 화살표를 만나면 방향을 바꾸어 움직입니다.
② 모든 화살표를 지나 도착으로 나와야 합니다.
③ 같은 색의 ◯는 같은 방향, 다른 색의 ◯는 다른 방향을 나타냅니다.

출발 도착

7 규칙 에 따라 낚시대와 물고기를 연결하는 선을 그려 보시오.

규칙
① ◯ 안의 수는 낚시줄이 물고기와 연결될 때 지나가는 칸의 수입니다.
② 각 낚시대는 서로 다른 물고기 한 마리와 연결됩니다.
③ 낚시줄은 가로나 세로로만 갈 수 있으며 물풀이 있는 곳은 갈 수 없습니다.
④ 한 번 지난 칸은 다시 지날 수 없고, 서로 다른 낚시대는 같은 칸을 지날 수 없습니다.

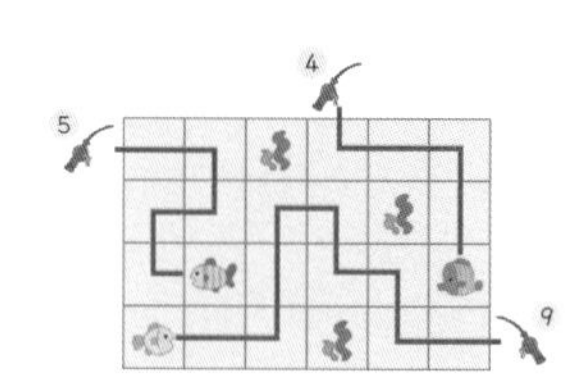

8 규칙 에 따라 빈칸에 알맞은 수를 써넣으시오.

규칙
① 가로줄과 세로줄의 각 ◯ 안에 주어진 수가 한 번씩만 들어갑니다.
② 같은 색으로 연결된 선의 각 ◯ 안에 주어진 수가 한 번씩만 들어갑니다.

1, 2, 3, 4, 5

05

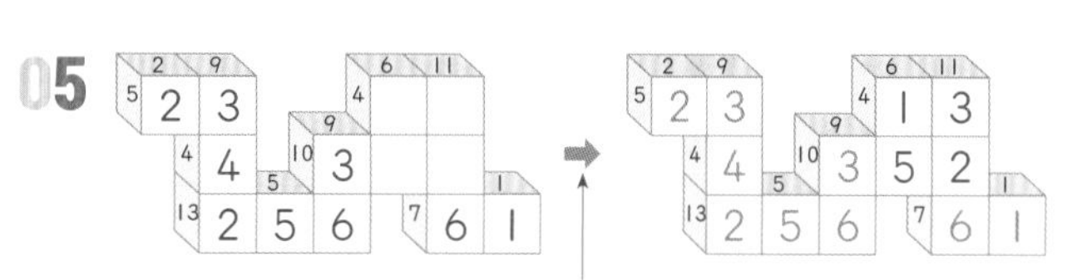

7, 4, 6, 11 중 가장 작은 수인 4를 1과 3으로 갈라서 왼쪽에 1을 쓰는 경우와 왼쪽에 3을 쓰는 경우를 확인해 봅니다.

06

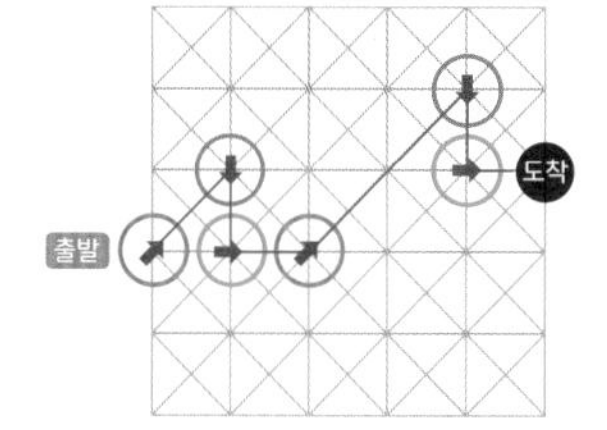

07

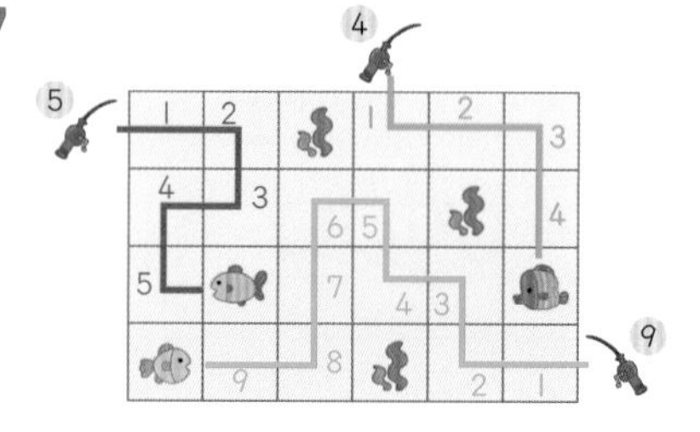

08 가로줄과 세로줄 및 색칠된 도형으로 나누어진 부분에서 1, 2, 3, 4, 5 중 빠진 수를 찾습니다.

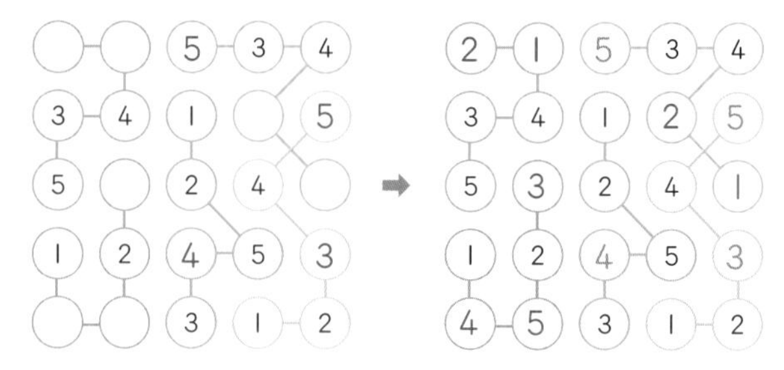

형성평가 퍼즐 영역

9 가쿠로 퍼즐의 규칙 에 따라 빈칸에 알맞은 수를 써넣으시오.

규칙
① 색칠한 삼각형 안의 수는 삼각형의 오른쪽 또는 아래쪽으로 쓰인 수들의 합입니다.
② 빈칸에는 1부터 9까지의 수를 쓸 수 있습니다.
③ 삼각형과 연결된 한 줄에는 같은 수를 쓸 수 없습니다.

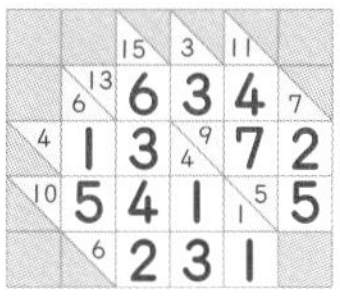

10 규칙 에 따라 폭탄을 찾아 ○표 하고, 폭탄의 개수를 구해 보시오. 5개

규칙
① 수를 둘러싼 칸에 그 수만큼 폭탄이 숨겨져 있습니다.
② 한 칸에 1개 또는 2개의 폭탄이 있습니다.

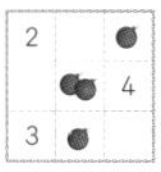

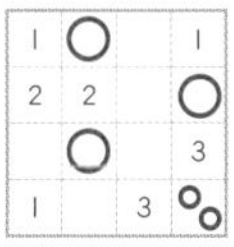

정답과 풀이 41쪽

09

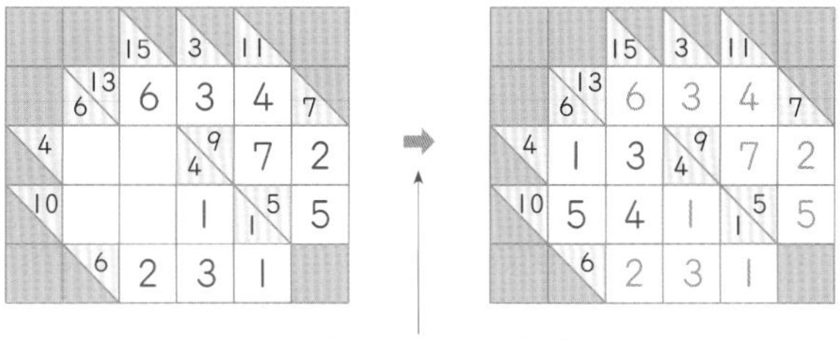

6, 7, 4, 10 중 가장 작은 수인 4를 1과 3으로 갈라서 왼쪽에 1을 쓰는 경우와 왼쪽에 3을 쓰는 경우를 확인해 봅니다.

10 폭탄 찾기 퍼즐의 전략에 따라 폭탄이 꼭 있어야 하는 칸에는 ○표, 폭탄이 없는 칸에는 ×표를 하여 퍼즐을 해결합니다.

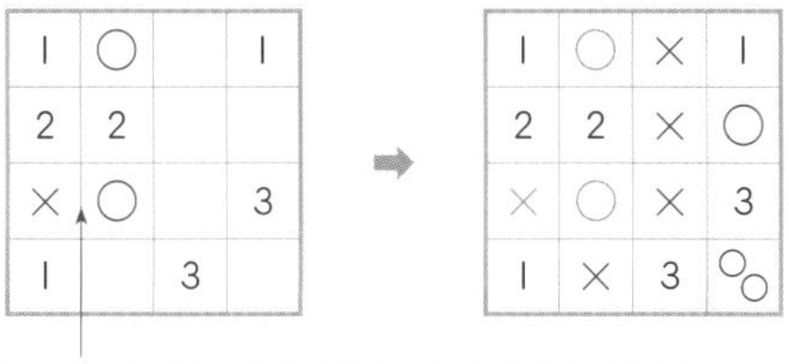

×○인 경우와 ○×인 경우를 각각 확인해 봅니다.

형성평가 측정 영역

01 태인이는 책상 서랍에서 눈금이 군데군데 지워진 오래된 자를 찾았습니다. 이 자를 이용하여 2cm부터 8cm까지 1cm 간격으로 길이를 재려고 할 때, 잴 수 없는 길이를 구해 보시오. **8 cm**

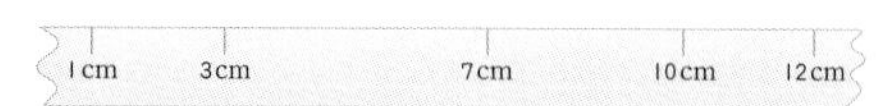

02 다음은 어느 해 찢어진 9월 달력의 일부분입니다. 오늘은 9월 둘째 주 일요일입니다. 89일 후 날짜는 몇 월 며칠 무슨 요일인지 구해 보시오. **12월 10일 금요일**

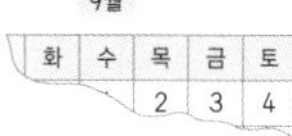

9월

화	수	목	금	토
		2	3	4

03 다음 도형의 둘레를 구해 보시오. **90 cm**

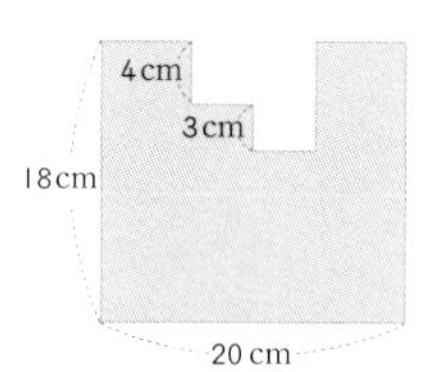

04 모양과 크기가 같은 6개의 구슬 중 무거운 구슬이 1개 있습니다. 무거운 구슬은 저울을 최소한 몇 번 사용하여 찾을 수 있는지 구해 보시오. **2번**

14 15

01 간격이 순서대로 3 − 1 = 2(cm), 7 − 3 = 4(cm), 10 − 7 = 3(cm), 12 − 10 = 2(cm)입니다

- 간격 1개로 잴 수 있는 길이: 2cm, 4cm, 3cm
- 간격 2개로 잴 수 있는 길이: 5cm(2 + 3), 6cm(2 + 4), 7cm(4 + 3)
- 간격 3개로 잴 수 있는 길이: 9cm(2 + 4 + 3)
- 간격 4개로 잴 수 있는 길이: 11cm(2 + 4 + 3 + 2)

따라서 잴 수 없는 길이는 8cm입니다

02 9월 둘째 주 일요일은 9월 12일입니다.
9월 12일의 89일 후 날짜를 먼저 계산합니다.
9월 30일은 18일 후입니다.
10월은 31일, 11월은 30일까지 있으므로
11월 30일은 18 + 31 + 30 = 79일 후입니다.
따라서 89일 후는 12월 10일입니다.
그리고 9월 12일은 일요일이므로 84일 후는 일요일이고, 따라서 89일 후는 금요일입니다.

03

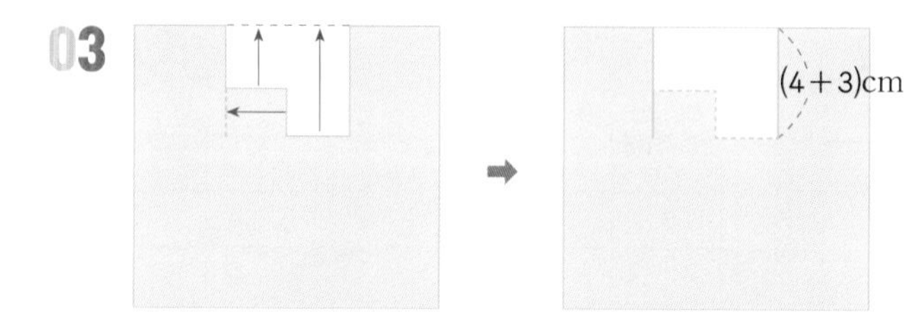

(도형의 둘레) = 18 + 18 + 20 + 20 + 7 + 7 = 90(cm)

04 □표 한 구슬이 무거운 구슬입니다.

방법 1 6개의 구슬을 2개씩 나누어 찾기

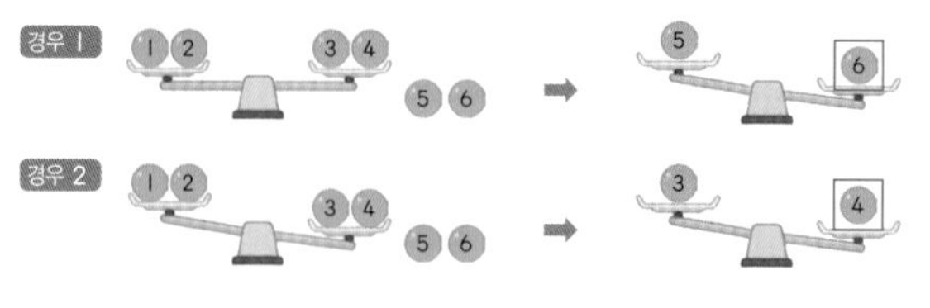

방법 2 6개의 구슬을 3개씩 나누어 찾기

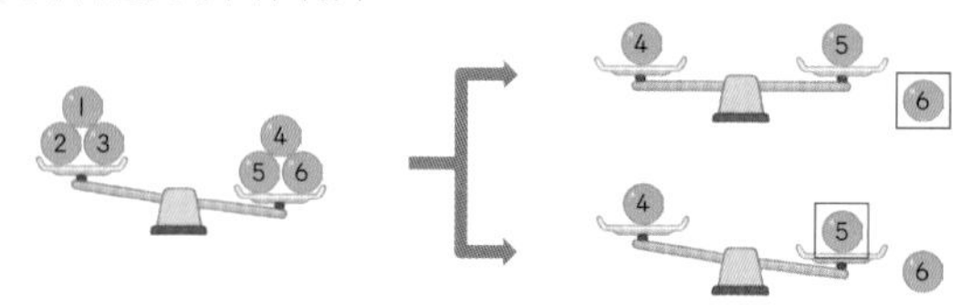

형성평가 측정 영역

05 시은이는 모빌에 모형을 매달려고 합니다. 모빌이 수평이 되도록 ☁에 각각 알맞은 무게를 써넣으시오. (단, 막대의 무게는 생각하지 않습니다.)

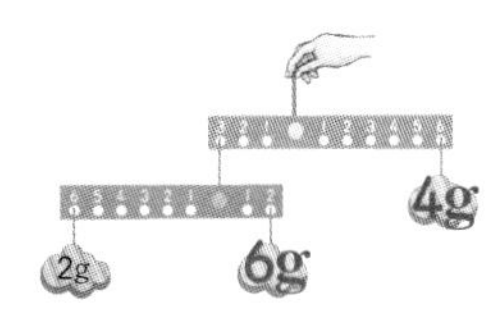

06 서하의 시계는 1시간에 5분씩 빨라지고, 태리의 시계는 1시간에 2분씩 느려집니다. 어느 날 오전 8시에 두 사람의 시계를 모두 정확히 맞췄다면 오후 2시에 두 시계가 가리키는 시각은 몇 분만큼 차이가 나는지 구해 보시오. **42분**

07 채윤이의 생일 60일 후는 연우의 생일입니다. 연우의 생일이 7월 17일 수요일일 때, 채윤이의 생일은 몇 월 며칠 무슨 요일인지 구해 보시오.

5월 18일 토요일

08 ㉮와 ㉯는 한 변의 길이가 서로 같은 정삼각형과 정사각형을 겹치지 않게 붙여 만든 도형입니다. ㉮의 둘레가 14 cm일 때, ㉯의 둘레는 몇 cm인지 구해 보시오.

20 cm

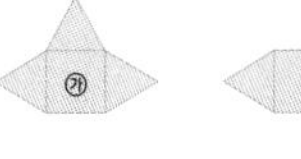

16 17

---

05 ㉮의 무게는 $6 \times 2 = 2 \times$ ㉮, ㉮ $= 6g$
$2 +$ ㉮ $= 2 + 6 = 8(g)$이므로 $3 \times 8 = 6 \times$ ㉯에서
㉯ $= 4g$입니다.

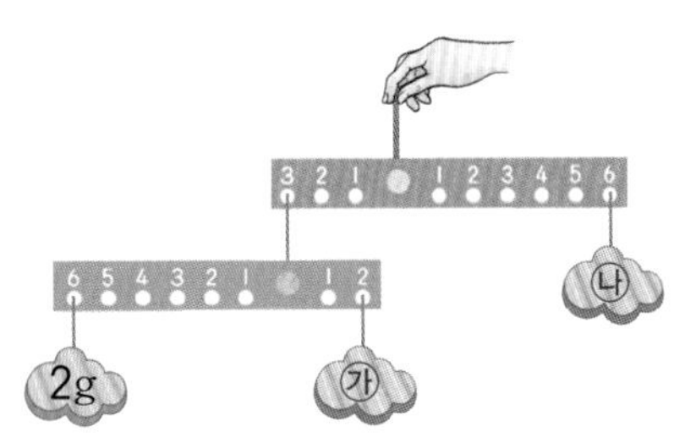

06 서하의 시계는 1시간에 5분씩 빨라지고, 태리의 시계는 1시간에 2분씩 느려집니다.
→ 두 사람의 시계는 1시간에 7분 차이납니다.
오전 8시부터 오후 2시까지는 6시간이므로 $6 \times 7 = 42$(분) 차이납니다.

07 연우의 생일이 7월 17일이므로 채윤이의 생일은 7월 17일의 60일 전입니다.
7월 17일에서 17일 전은 6월 30일이고, 6월 30일에서 30일 전은 5월 31일입니다.
$60 = 17 + 30 + 13$이므로 5월 31일의 13일 전인 5월 18일입니다
7일마다 같은 요일이 반복되므로 56일 전은 수요일입니다.
60일 전은 56일 전의 4일 전이므로 토요일입니다.

08

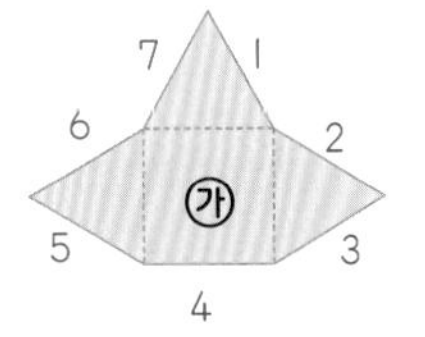

한 변의 길이는 $14 \div 7 = 2$ (cm)입니다.
초록색 선을 합치면 정사각형 한 변의 길이와 같으므로 ㉯의 둘레는 $2 \times 10 = 20$ (cm)입니다.

형성평가 측정 영역

09 모빌에 구슬이 매달려 있습니다. 모빌에 매달려 있는 각 구슬의 무게를 구하고, 구슬 4개의 무게의 합을 구해 보시오. (단, 막대의 무게는 생각하지 않습니다.)

11g

2 5

1g 3g 5g 2g

10 모양과 크기가 같은 4개의 금화 중 무게를 알 수 없는 가짜 금화가 1개 섞여 있습니다. 저울을 보고 가짜 금화의 번호를 찾고, 가짜 금화는 진짜 금화보다 가벼운지 무거운지 구해 보시오.

②③ ㉮ ①④ ③④ ㉯ ①② ③ ㉰ ②

가짜 금화: 4번, 가벼운 금화

수고하셨습니다!

18

정답과 풀이 44쪽

09 ●의 무게는 $5\times$ 2g $=2\times$ ●이므로 ● $=5$g입니다.
● + ● = ㉮라고 하면
● + ● $=5+2=7$(g)이므로
$7\times$ ㉮ $=4\times 7$에서 ㉮ $=4$g입니다
$3\times$ ● $=1\times$ ●이고, ● + ● $=4$이므로
● $=1$g, ● $=3$g입니다.
따라서 구슬의 무게의 합은 $1+3+5+2=11$(g)입니다.

10 ㉰ 저울에서 2번과 3번의 무게는 같으므로 가짜 금화가 아닙니다.
㉮ 저울에서 1번과 4번이 있는 쪽이 올라갔고, ㉯ 저울에서 3번과 4번이 있는 쪽이 올라갔으므로 4번이 가짜 금화이고, 가벼운 금화입니다.

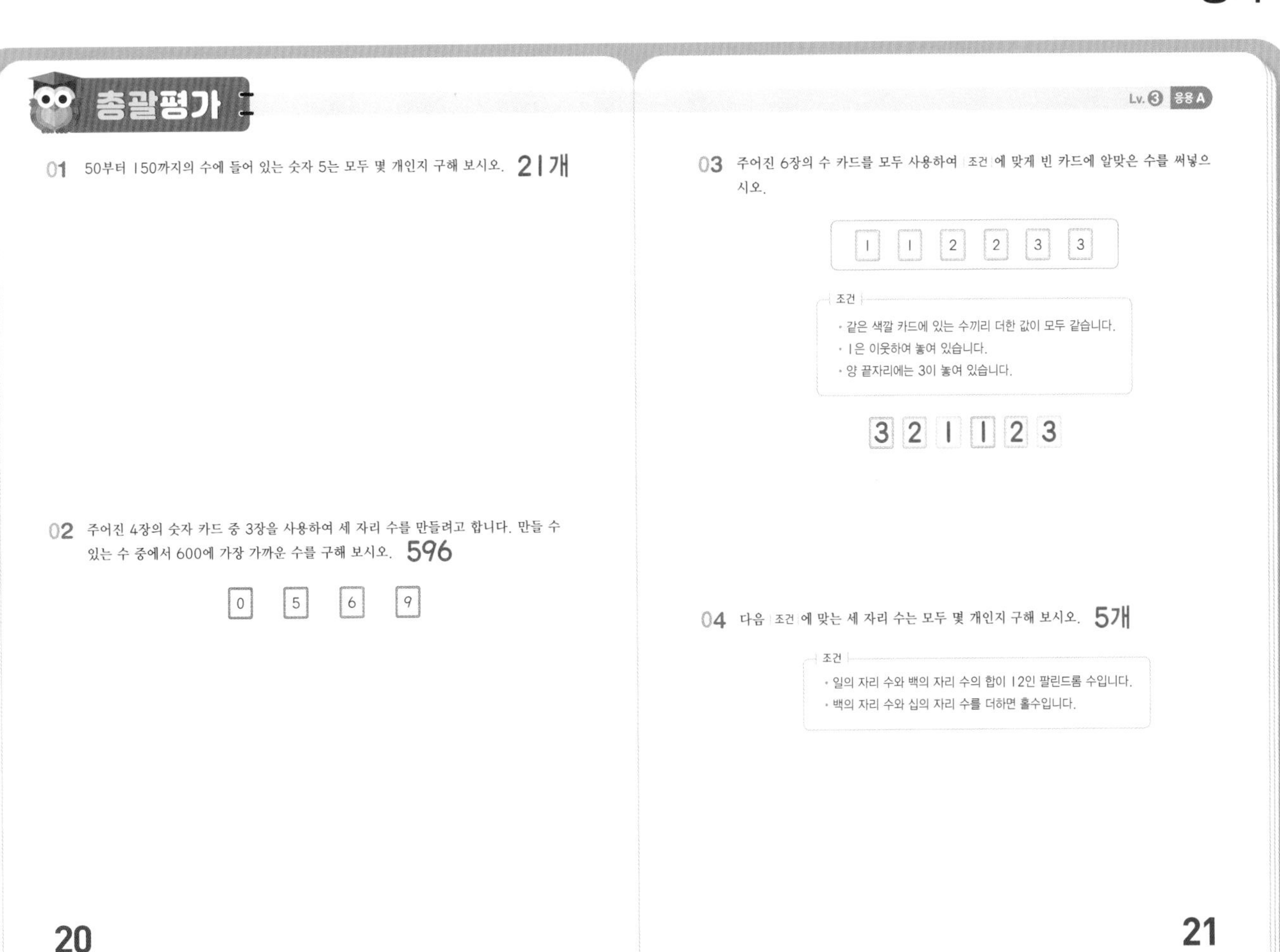

총괄평가

Lv.3 응용A

01 50부터 150까지의 수에 들어 있는 숫자 5는 모두 몇 개인지 구해 보시오. 21개

02 주어진 4장의 숫자 카드 중 3장을 사용하여 세 자리 수를 만들려고 합니다. 만들 수 있는 수 중에서 600에 가장 가까운 수를 구해 보시오. 596

0 5 6 9

03 주어진 6장의 수 카드를 모두 사용하여 조건 에 맞게 빈 카드에 알맞은 수를 써넣으시오.

1 1 2 2 3 3

조건
- 같은 색깔 카드에 있는 수끼리 더한 값이 모두 같습니다.
- 1은 이웃하여 놓여 있습니다.
- 양 끝자리에는 3이 놓여 있습니다.

3 2 1 1 2 3

04 다음 조건 에 맞는 세 자리 수는 모두 몇 개인지 구해 보시오. 5개

조건
- 일의 자리 수와 백의 자리 수의 합이 12인 팔린드롬 수입니다.
- 백의 자리 수와 십의 자리 수를 더하면 홀수입니다.

20

21

01 • 두 자리 수에 있는 5의 개수
일의 자리에 있는 5의 개수: 55, 65, 75, 85, 95(5개)
십의 자리에 있는 5의 개수: 50, 51⋯, 58, 59(10개)
• 세 자리 수에 있는 5의 개수
일의 자리에 있는 5의 개수:
105, 115, 125, 135, 145(5개)
십의 자리에 있는 5의 개수: 150(1개)
백의 자리에 있는 5의 개수: 없음
따라서 5의 개수는 모두 $5+10+5+1=21$(개)입니다.

02 600보다 작으면서 가장 가까운 수는 596이고,
600보다 크면서 가장 가까운 수는 605입니다.
따라서 600에 가장 가까운 수는 596입니다.

03 같은 색깔 카드에 있는 수끼리 더한 값이 모두 같으려면,
1과 3, 2와 2끼리 같은 색깔 카드에 있어야 합니다.
양 끝자리에 3이 있으므로 3□□□□3이 됩니다.
그런데 같은 색깔 카드에 있는 수끼리 더하면
같아야 하므로, 3□11□3이 됩니다.
따라서 하늘색 카드에는 2가 들어가므로 321123이 됩니다.

04 일의 자리 수와 백의 자리 수의 합이 12인 팔린드롬 수는
6□6입니다.
그런데 백의 자리 수와 십의 자리 수를 더하면 홀수여야 하므로, □안에 들어가는 수는 홀수입니다.
따라서 616, 636, 656, 676, 696이므로 모두 5개입니다.

총괄평가 Lv.3 응용 A

05 스도쿠의 규칙에 따라 빈칸에 알맞은 수를 써넣으시오.

규칙
① 가로줄과 세로줄의 각 칸에 주어진 수가 한 번씩만 들어갑니다.
② 굵은 선으로 나누어진 부분의 각 칸에 주어진 수가 한 번씩만 들어갑니다.

1, 2, 3, 4

3	4	2	1
2	1	3	4
1	3	4	2
4	2	1	3

06 가쿠로 퍼즐의 규칙에 따라 빈칸에 알맞은 수를 써넣으시오.

규칙
① 색칠한 삼각형 안의 수는 삼각형의 오른쪽 또는 아래쪽으로 쓰인 수들의 합입니다.
② 빈칸에는 1에서 9까지의 수를 쓸 수 있습니다.
③ 삼각형과 연결된 한 줄에는 같은 수를 쓸 수 없습니다.

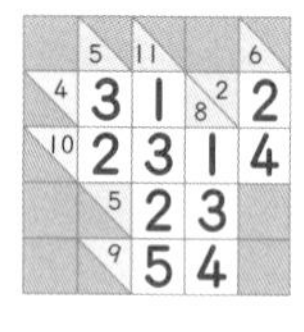

22

07 화살표 퍼즐의 규칙에 따라 ◯ 안에 화살표를 알맞게 그려 넣으시오.

규칙
① 화살표가 가리키는 방향으로 움직이다가 다른 화살표를 만나면 방향을 바꾸어 움직입니다.
② 모든 화살표를 지나 도착으로 나와야 합니다.
③ 같은 색의 ◯는 같은 방향, 다른 색의 ◯는 다른 방향을 나타냅니다.

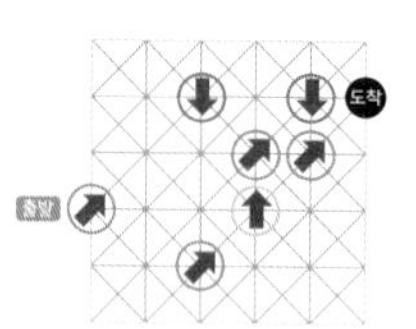

08 류하의 시계는 1시간에 5분씩 느려지고, 희찬이의 시계는 1시간에 5분씩 빨라집니다. 오전 8시에 두 사람의 시계를 모두 정확히 맞췄다면, 6시간 후 두 사람의 시계가 가리키는 시각은 몇 분만큼 차이가 나는지 구해 보시오. **60분**

23

05

3		2	
2	1		
1	3	4	2
4		1	3

➡

3	4	2	1
2	1	3	4
1	3	4	2
4	2	1	3

06 삼각형과 연결된 한 줄에는 같은 수를 쓸 수 없습니다.
오른쪽 위의 6을 2와 4로 가르기했으므로, 왼쪽의 10은 2, 3, 1, 4로 가르기 할 수밖에 없습니다.

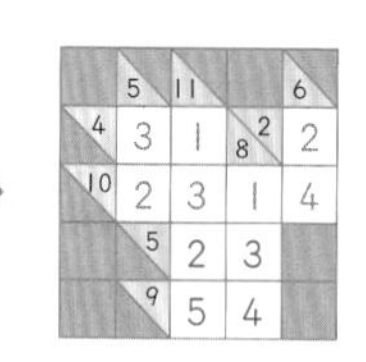

07 도착으로 갈 수 있는 ◯은 ◯과 ◯입니다.
그런데 만약 ◯에서 도착으로 간다면, 화살표는 ➡이어야 합니다. 그런데 ◯의 화살표가 ➡라면, 다른 색 원들을 지나지 못하게 되므로, ◯에서 도착으로 가야 합니다.
따라서 ◯의 화살표는 ↗이어야 합니다.

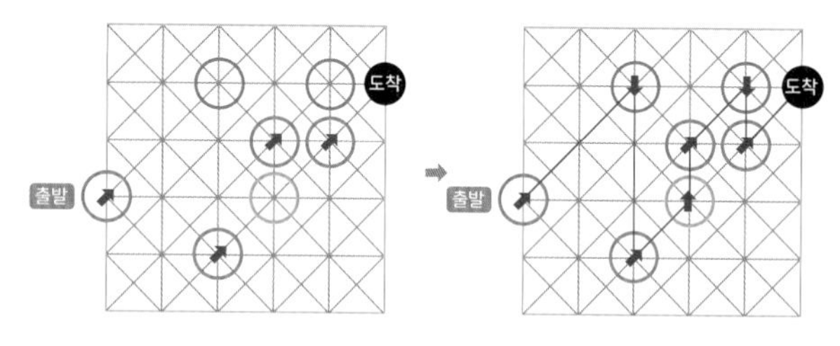

08 두 시계는 1시간에 10분(5+5)씩 차이가 납니다.
따라서 6시간 동안 $10 \times 6 = 60$(분)만큼 차이가 납니다.

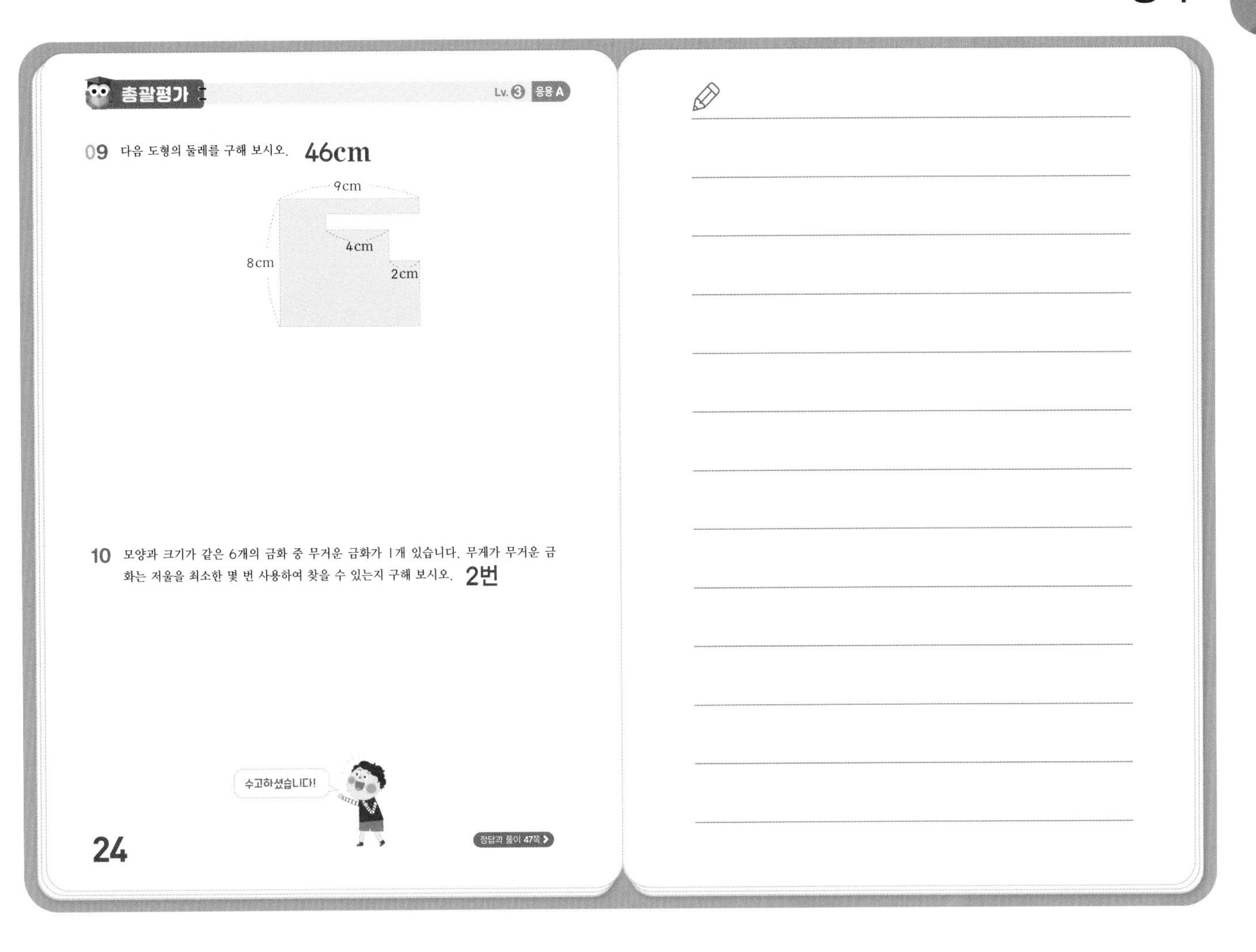
총괄평가 Lv.3 응용 A

09 다음 도형의 둘레를 구해 보시오. 46cm

10 모양과 크기가 같은 6개의 금화 중 무거운 금화가 1개 있습니다. 무게가 무거운 금화는 저울을 최소한 몇 번 사용하여 찾을 수 있는지 구해 보시오. 2번

24

정답과 풀이 47쪽

09 직사각형의 둘레: $8+9+8+9=34$(cm)
움푹 파여 생긴 선의 길이의 합: $6+4+2=12$(cm)
따라서 도형의 둘레는 $34+12=46$(cm)입니다.

10 6개의 금화를 2개씩 나누거나 3개씩 나누어 양팔 저울을 2번 사용하면 무거운 금화 1개를 찾을 수 있습니다.

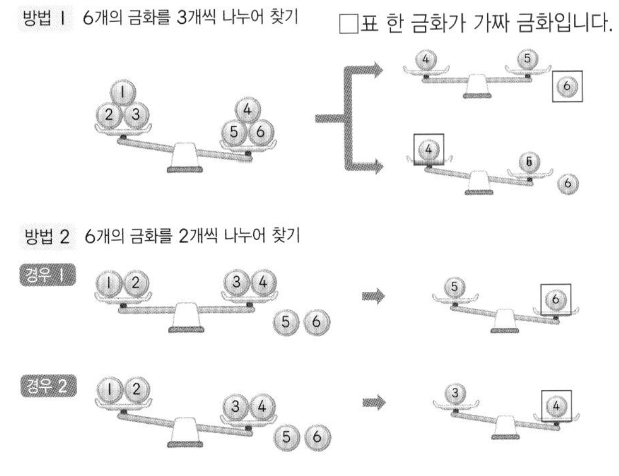

방법 1 6개의 금화를 3개씩 나누어 찾기
□표 한 금화가 가짜 금화입니다.
방법 2 6개의 금화를 2개씩 나누어 찾기
경우 1
경우 2

따라서 저울을 최소한 2번 사용하면 무거운 가짜 금화를 찾을 수 있습니다.

MEMO

MEMO

MEMO

창의사고력
초등수학

팩토

팩토는 자유롭게 자신감있게 창의적으로
생각하는 주·니·어·수·학·자입니다.

Free Active Creative Thinking O. Junior mathtian

논리적 사고력과 창의적 문제해결력을 키워 주는

매스티안 교재 활용법!

대상	창의사고력 교재		연산 교재
	팩토슐레 시리즈	팩토 시리즈	원리 연산 소마셈
4~5세	팩토슐레 Math Lv.1 (6권)		
5~6세	팩토슐레 Math Lv.2 (6권)		
6~7세	팩토슐레 Math Lv.3 (6권)	팩토 킨더 A, 팩토 킨더 B, 팩토 킨더 C, 팩토 킨더 D	소마셈 K시리즈 K1~K8
7세~초1		팩토 키즈 기본 A, B, C / 팩토 키즈 응용 A, B, C	소마셈 P시리즈 P1~P8
초1~2		팩토 Lv.1 기본 A, B, C / 팩토 Lv.1 응용 A, B, C	소마셈 A시리즈 A1~A8
초2~3		팩토 Lv.2 기본 A, B, C / 팩토 Lv.2 응용 A, B, C	소마셈 B시리즈 B1~B8
초3~4		팩토 Lv.3 기본 A, B, C / 팩토 Lv.3 응용 A, B, C	소마셈 C시리즈 C1~C8
초4~5		팩토 Lv.4 기본 A, B / 팩토 Lv.4 응용 A, B	소마셈 D시리즈 D1~D6
초5~6		팩토 Lv.5 기본 A, B / 팩토 Lv.5 응용 A, B	
초6~		팩토 Lv.6 기본 A, B / 팩토 Lv.6 응용 A, B	